"十四五"精品课程系列规划教材
工学结合创新型系列教材

数控编程与技能训练项目教程

主　编　刘毅斌　易富平

副主编　刘　斌　孙成国　康银宇　张晓东
　　　　唐　冬　冯　刚　黄友文

编　委　陈　禹　胡迎春

U0833684

哈爾濱工程大學出版社
Harbin Engineering University Press

内 容 简 介

全书主要内容有数控车床基础知识及基本操作、数控车床技能训练、数控铣床/加工中心基础知识及基本操作、数控铣床/加工中心技能训练。同时，书中保留了编程指令的相对完整性和系统性，以方便学生对编程基本方法的学习并提高编程能力。它可作为中等职业学校教材和技术工人的培训教材，亦可供机械制造有关工程技术人员参考。

图书在版编目(CIP)数据

数控编程与技能训练项目教程/ 刘毅斌,易富平主编.—哈尔滨:哈尔滨工程大学出版社,2021. 12

ISBN 978-7-5661-3355-7

Ⅰ.数… Ⅱ.①刘… ②易… Ⅲ.数控机床-程序设计-中等专业学校-教材 Ⅳ.TG659

中国版本图书馆 CIP 数据核字(2021)第 264591 号

数控编程与技能训练项目教程

SHUKONG BIANCHENG YU JINENG XUNLIAN XIANGMU JIAOCHENG

责任编辑 李　暖

封面设计 梁　洁

出版发行 哈尔滨工程大学出版社

社　　址 哈尔滨市南岗区南通大街 145 号

邮政编码 150001

发行电话 0451-82519328

传　　真 0451-82519699

经　　销 新华书店

印　　刷 明玺印务（廊坊）有限公司

开　　本 889mm×1 194mm　1/16

印　　张 14

字　　数 420 千字

版　　次 2021 年 12 月第 1 版

印　　次 2021 年 12 月第 1 次印刷

定　　价 48. 00 元

http://www. hrbeupress. com

E-mail:heupress@ hrbeu. edu. cn

前　言

数控编程是数控加工准备阶段的主要内容之一，通常包括分析零件图样，确定加工工艺过程；计算走刀轨迹，得出刀位数据；编写数控加工程序；制作控制介质；校对程序及首件试切。有手工编程和自动编程两种方法。总之，它是从零件图纸到获得数控加工程序的全过程。对于国家的工业基础而言，数控技术以及数控设备的先进程度是衡量水平的重要标准之一。世界上的工业强国均致力于发展本国的数控技术、研发新的数控设备，借此提高自己的工业实力。

本书由职业院校教学工作一线的学科带头人、骨干教师和行业企业专家共同开发，共同研究后确定项目和任务，力争做到“以企业岗位任职要求、职业标准、工作过程或产品”为标准选取内容，全书包括数控车床基础知识及基本操作、数控车床技能训练、数控铣床/加工中心基础知识及基本操作、数控铣床/加工中心技能训练 4 个项目共 28 个任务。教材采用项目导向-任务驱动的形式，将知识渗透到每个任务中，使教材能更好地对接企业岗位需求、符合生产实际和行业最新趋势。为适应 1+X 证书制度试点工作需要，教材内容融入了职业技能等级标准有关内容及要求，努力实现“书证融通、课证融通”，同时满足学历教育培训的需要。

本书由刘毅斌、易富平担任主编；刘斌、孙成国、康银宇、张晓东、唐冬、冯刚、黄友文担任副主编；陈禹、胡迎春担任编委。另外在编写过程中得到了湖南工业职业技术学院欧阳陵江、陈志坚教授，中国电子科技集团有限公司第四十八研究所谢辉、梁钜新工程师的大力支持和悉心指导，在此表示衷心的感谢。

本书可作为中等职业学校教材和技术工人的培训教材，并可供机械制造有关工程技术人员参考。教材有配套开发的信息化资源，有教师授课、任务仿真和实践操作视频，可同步本教材的在线开放课程，实现学生线上、线下同步学习。

编　者

2021 年 9 月

目　录

项目一 数控车床基础知识及基本操作

任务一 认识数控车床

学习目标

1. 素质目标

(1) 培养中职生的爱国情怀;

(2) 培养中职生良好的学习创新能力;

(3) 培养中职生具有良好的安全认知能力。

2. 知识目标

(1) 了解数控车床;

(2) 掌握数控车床基本构造。

3. 技能目标

(1) 能正确认识数控车床;

(2) 掌握数控车床的日常保养与维护。

1.1 数控车床概念

数控车床与普通车床一样,主要用于轴类、盘类等回转体零件的加工,如完成各种圆柱面、圆锥面、圆柱螺纹、圆锥螺纹、切槽、钻扩、铰孔等工序的加工;还可以完成卧式车床上不能完成的圆弧、各种非圆曲面构成的回转面、非标准螺纹、变螺距螺纹等表面的加工。数控车床适于的复杂形状的零件或中批量零件的加工。

数控车床的外形与普通车床相似，即由床身、主轴箱、刀架、进给系统、液压系统、冷却和润滑系统等部分组成。

认识数控车床教学视频

1.1.1 数控车床的分类

1. 按车床主轴位置分类

（1）立式数控车床　立式数控车床简称为数控立车，其主轴垂直于水平面，如图 1-1-1所示，其又可分为立式单主轴数控车床和立式双主轴数控车床。这类机床主要用于加工径向尺寸大、轴向尺寸相对较小的大型复杂零件。

（a）立式单主轴数控车床　　（b）立式双主轴数控车床

图 1-1-1　立式数控车床

（2）卧式数控车床　卧式数控车床的主轴轴线处于水平位置。其又分为数控水平导轨卧式车床和数控倾斜导轨卧式车床，如图 1-1-2 所示。其中倾斜导轨结构可以使车床具有更大的刚性，并易于排除切屑。

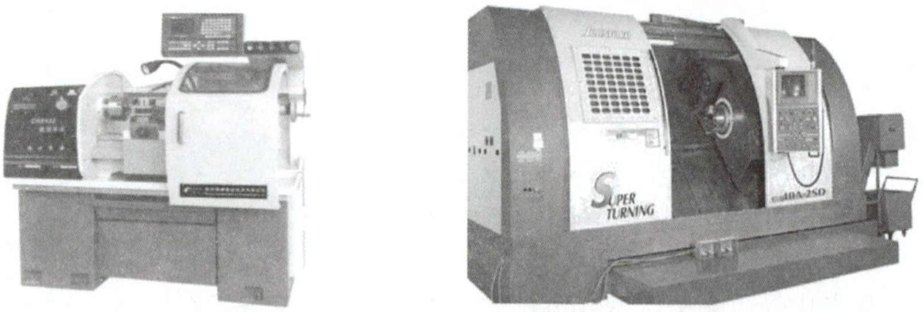

（a）数控水平导轨卧式车床　　（b）数控倾斜导轨卧式车床

图 1-1-2　卧式数控车床

2. 按功能分类

（1）简易数控车床　简易数控车床一般由单板机或单片机进行控制，机床主体部分由普通车床略做改进而成，如图 1-1-3 所示。此类车床结构简单，价格低廉，但功能较低、无刀尖圆弧半径自动补偿功能。

（2）经济型数控车床　经济型数控车床一般采用开环或半闭环控制系统进行控制，如图 1-1-4 所示。它的主电动机采用的是普通三相异步电动机。

（3）全功能型数控车床　全功能型数控车床一般采用半闭环或闭环控制系统进行控制，如图 1-1-5 所示。它具有高刚度、高精度和加工高速度等特点。此类车床具备恒线速度切削和刀尖圆弧半径自动补偿功能。

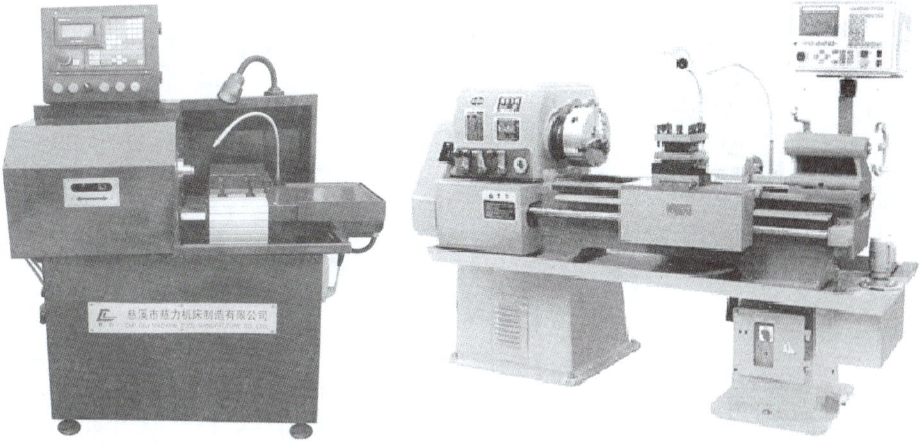

图 1-1-3　简易数控车床

图 1-1-4　经济型数控车床

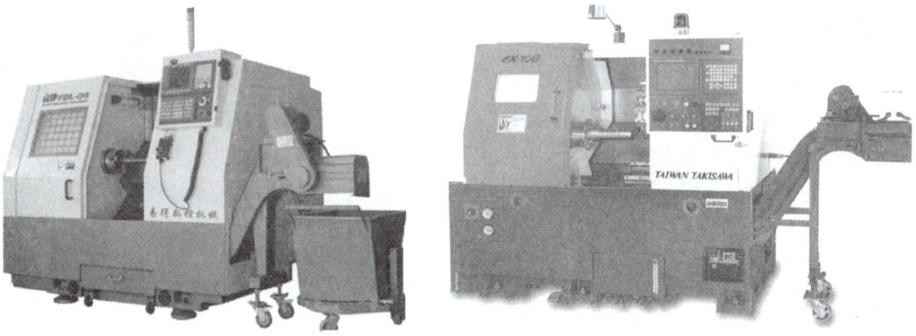

图 1-1-5　全功能型数控车床

（4）车削中心　车削中心以全功能型数控车床为主体，并配置刀库和换刀机械手，如图 1-1-6 所示。此类车床的功能较全面，但价较高。

1.1.2　数控车床的组成

数控车床主要由数控车床的床身和导轨、主轴、进给系统以及刀架组成。

1. 数控车床的床身结构和导轨的布置形式

数控车床的床身结构和导轨有多种布置形式，主要有水平床身、倾斜床身、水平床身斜滑板及立床身等，如图 1-1-7 所示。

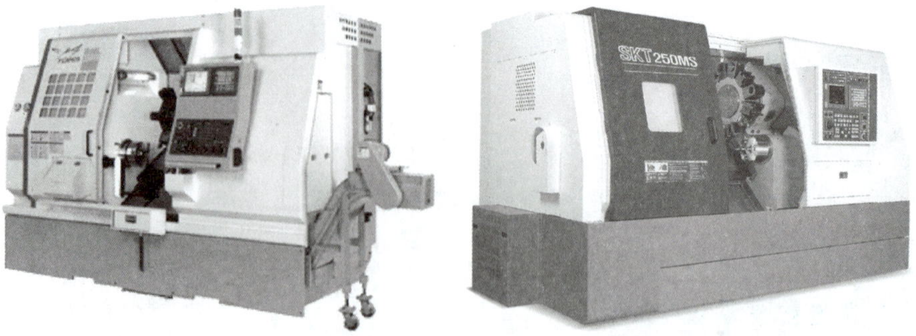

图 1-1-6　车削中心

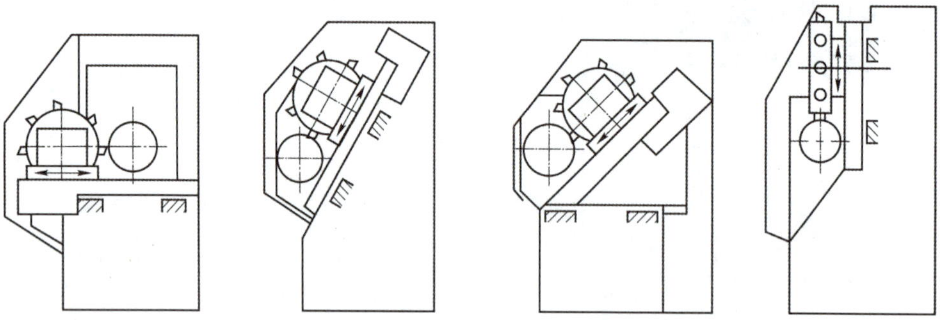

（a）水平床身　（b）倾斜床身　（c）水平床身斜滑板　（d）立床身

图 1-1-7　数控车床的床身结构和导轨的布置形式

水平床身配上水平放置的刀架可提高刀架的运动精度；水平床身配上倾斜放置的滑板，具有排屑方便，且易于实现单机自动化的特点。在实际应用中多采用 45°、60°、75°倾斜床身。

2. 主轴部分

数控车床由相应的辅助功能指令控制主轴转动、停止、变速、变向等工作，主轴回转精度直接影响零件的加工精度，如图 1-1-8 所示。

图 1-1-8　数控车床主轴部分实物图

3. 进给系统部分

数控车床的进给系统与普通车床有质的区别，数控车床进给系统大为简化，仅保留了由伺服电动机控制的纵向、横向进给滚珠螺旋传动机构。数控车床的主轴脉冲发生器发出脉冲信号以供给数控装置控制长丝杠，使长丝杠与主轴转速呈一定比例的频率运行，以加工出符合螺距的螺纹。

4. 刀架部分

数控车床配置自动换刀的四刀位回转刀架或多刀位转塔刀架，如图 1-1-9 所示。这类刀架具有运动灵活、重复定位精度高、夹紧力大等特点。

四刀位回转刀架　多刀位转塔刀架

图 1-1-9　刀架实物图

1.2　数控车床的坐标系

数控车床的坐标系是为了确定工件在车床中的位置，车床运动部件特殊位置及运动范围，即为描述车床运动，产生数据信息而建立的几何坐标系。通过车床坐标系的建立，可确定车床位置关系，获得所需的相关数据。

1.2.1　数控车床坐标系建立的原则

（1）刀具相对于静止的工件而运动的原则。

（2）标准坐标系是一个右手笛卡儿直角坐标系。在图 1－1－10 所示中，大拇指的方向为 X 轴的正方向，食指为 Y 轴的正方向，中指为 Z 轴的正方向。

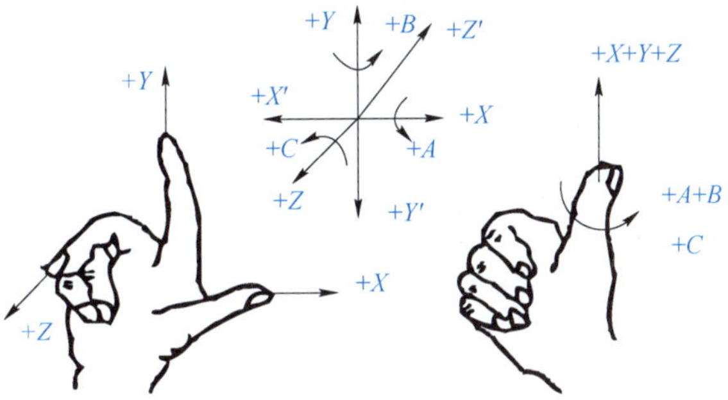

图 1－1－10　车床的直角坐标系

1.2.2　数控车床的坐标系

1. 车床坐标系和车床原点

（1）对于工件旋转的车床（车床、磨床），X 轴的方向在工件的径向上，并且平行于横滑座，刀具离开工件回转中心的方向为 X 轴的正方向，如图 1－1－11 所示。

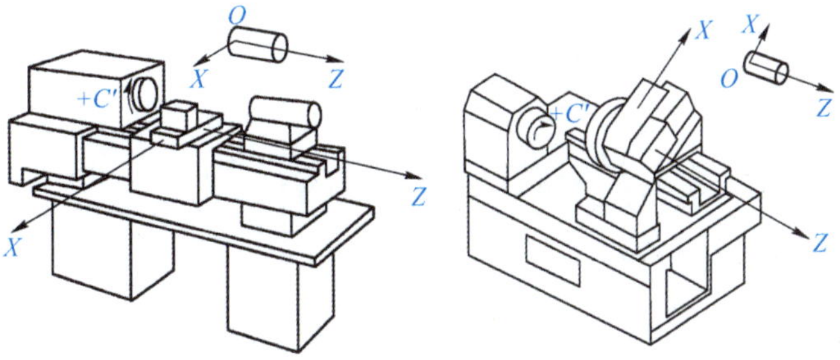

（a）前置刀架　　（b）后置刀架

图 1－1－11　车床坐标系

（2）机床坐标系原点是指在机床上设置的一个固定点，即机床原点。其是机床制造商设置在机床上的一个物理位置。其作用是使机床与控制系统同步，以及建立测量机床运动坐标的起始点。它在机床装配、调试时就已确定下来，是数控机床进行加工运动的基准参考点。一般为在机床运动方向的最远点，如图 1－1－12 所示。

通常车床的机床零点多在主轴法兰盘接触面的中心，即主轴前端面的中心。主轴即为 Z 轴，主轴法兰盘接触面的水平面则为 X 轴。$+X$ 轴和 $+Z$ 轴的方向指向加工空间。

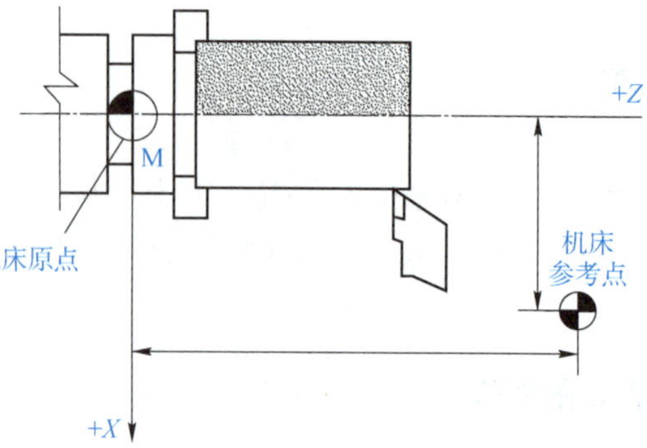

图 1-1-12　机床原点

机床参考点也是机床上的一个固定点，不同于机床原点。机床参考点对机床原点的坐标是已知值，即可根据机床参考点在机床坐标系中的坐标值间接确定机床原点的位置。回零操作（回参考点）后即建立机床坐标系。

2. 工件坐标系

编程人员在编程时设定的坐标系称为工件（编程）坐标系。工件坐标系坐标轴的确定与机床坐标系坐标轴的方向一致。

（1）工件坐标系原点　也称为工件原点或编程原点，由编程人员根据编程计算方便性、机床调整方便性、对刀方便性而在毛坯上确定的几何基准点。一般为零件图上最重要的设计基准点，如图 1-1-13。

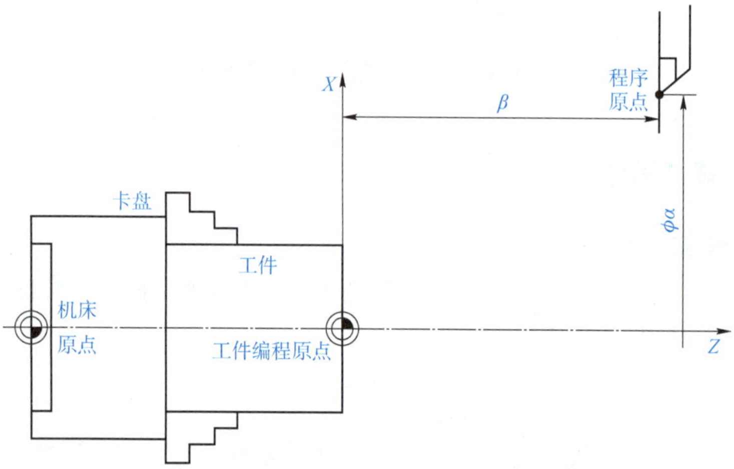

图 1-1-13　工件坐标系

（2）工件原点的选择原则

①与设计基准一致；

②尽量选在尺寸精度高，粗糙度低的工件表面；

③最好在工件的对称中心上；

④要便于测量和检测。

1.3　数控车床的维护与保养

1.3.1　数控车床维护与保养的目的和意义

数控机床是一种综合应用了计算机技术、自动控制技术、自动检测技术和精密机械设计和制造等先进技术的高新技术的产物，是技术密集度及自动化程度都很高的、典型的机电一体化产品。与普通机床相比，数控机床不仅具有零件加工精度高、生产效率高、产品质量稳定且自动化程度极高的特点，而且它还可以完成普通机床难以完成或根本不能加工的复杂曲面的零件加工，因而数控机床在机械制造业中的地位显得越来越重要。可以说，在机械制造业中，数控机床的档次和拥有量，是反映一个企业制造能力的重要标志。

但是应当清醒地认识到，在企业生产中，数控机床能否达到加工精度高、产品质量稳定、提高生产效率的目标，这不仅取决于机床本身的精度和性能，很大程度上也与操作者在生产中能否正确地对数控机床进行维护保养和使用密切相关。

还应当注意到，数控机床维修的概念，不能单纯地理解是数控系统或者是数控机床的机械部分和其他部分在发生故障时，仅仅是依靠维修人员如何排除故障和及时修复，使数控机床能够尽早地投入使用就可以了，这还应包括正确使用和日常保养等工作。

综上两方面所述，只有坚持做好对机床的日常维护保养工作，才可以延长元器件的使用寿命，延长机械部件的磨损周期，防止意外事故的发生，争取机床长时间稳定工作；也才能充分发挥数控机床的加工优势，达到数控机床的技术性能，确保数控机床能够正常工作，因此这无论是对数控机床的操作者，还是对数控机床的维修人员来说，数控机床的维护与保养就显得非常重要，必须高度重视。数控车床具有机、电、液集于一身的、技术密集和知识密集的特点，是一种自动化程度高、结构复杂且又昂贵的先进加工设备。为了充分发挥其效益，减少故障的发生，必须做好日常维护工作，所以要求数控车床维护人员不仅要掌握机械、加工工艺以及液压气动方面的知识，也要具备电子计算机、自动控制、驱动及测量技术等知识，这样才能全面了解、熟悉数控车床，及时做好维护与保养工作。

1.3.2　数控车床主要的日常维护与保养工作的内容

1. 选择合适的使用环境

数控车床的使用环境（如温度、湿度、振动、电源电压、频率及干扰等）会影响机床的正常运转，所以在安装机床时应严格要求做到符合机床说明书规定的安装条件和要求。在经济条件许可的条件下，应将数控车床与普通机械加工设备隔离安装，以便于维修与保养。

2. 为数控车床配备数名专业人员

这些人员应熟悉所用机床的机械、数控系统、强电设备、液压、气压等部分及使用环境、加工条件等，并能按机床和系统使用说明书的要求正确使用数控车床。

3. 对于长期不用的数控车床的维护与保养

在数控车床长期闲置不用时，应经常给数控系统通电，在机床锁住的情况下，使其空运行。在空气湿度较大的霉雨季节应天天通电，利用电器元件本身发热驱走数控柜内的潮气，以保证电子部件性能的稳定、可靠。

4. 数控系统中硬件控制部分的维护与保养

每年让有经验的维修电工检查一次。主要检查内容包括有关的参考电压是否在规定范围内（如电源模块的各路输出电压、数控单元参考电压等）；系统内各电器元件连接是否松动；各功能模块的风扇运转是否正常，并清除灰尘；伺服放大器和主轴放大器使用的外接式再生放电单元的连接是否可靠，并清除灰尘；各功能模块使用的存储器后备电池的电压是否正常，一般应根据厂家的要求定期更换。对于长期停用的机床，应每月开机运行4 h，这样可以延长数控机床的使用寿命。

5. 对于机床机械部分的维护与保养

操作者在每班加工结束后，应清扫干净散落于拖板、导轨等处的切屑；在工作时注意检查排屑器是否正常，以免造成切屑堆积，损坏导轨精度，危及滚珠丝杠与导轨的寿命；在工作结束前，应将各伺服轴回归原点后停机。

6. 对于机床主轴电机的维护与保养

维修电工应每年检查一次伺服电动机和主轴电动机。着重检查其运行噪声、温升，若噪声过大，应查明原因，是轴承等机械问题还是与其相配的放大器的参数设置问题，采取相应措施加以解决。对于直流电动机，应对其电刷、换向器等进行检查、调整、维修或更换，使其工作状态保持良好。检查电动机端部的冷却风扇运转是否正常并清扫灰尘；检查电动机各连接插头是否松动。

7. 对于机床进给伺服电动机的维护与保养

对于数控车床的伺服电动机，要在10~12个月进行一次维护保养，加速或者减速变化频繁的机床要在两个月进行一次维护保养。维护保养的主要内容有用干燥的压缩空气吹除电刷的粉尘，检查电刷的磨损情况，如需更换，需选用规格相同的电刷，更换后要空载运行一定时间使其与换向器表面吻合；检查清扫电枢整流子以防止短路；如装有测速电动机和脉冲编码器时，也要进行检查和清扫。

数控车床中的直流伺服电动机应每年至少检查一次，一般应在数控系统断电的情况下，并且电动机已完全冷却的情况下进行检查；取下橡胶刷帽，用螺钉旋具刀拧下刷盖取出电刷；测量电刷长度，如FANUC直流伺服电动机的电刷由10 mm磨损到小于5 mm时，必须更换同一型号的电刷；仔细检查电刷的弧形接触面是否有深沟和裂痕，以及检查电刷弹簧上是否有无打火痕迹。

8. 对于机床测量反馈元件的维护与保养

检测元件采用编码器、光栅尺的较多，也有使用感应同下尺、磁尺、旋转变压器等。维修电工每周应检查一次检测元件的连接是否松动，是否被油液或灰尘污染。

9. 对于机床电器部分的维护与保养

（1）检查三相电源的电压值是否正常，有无偏相，如果输入的电压超出允许范围就进行相应调整。

（2）检查所有电器连接是否良好。

（3）检查各类开关是否有效，可借助于数控系统CRT显示的自诊断画面及可编程机床控制器（PMC）、输入/输出模块上的LED指示灯检查确认，若不良，则应更换。

（4）检查各继电器、接触器是否工作正常，触点是否完好，可利用数控编程语言编辑一个功能试验程序，通过运行该程序确认各元器件是否完好有效。

（5）检验热继电器、电弧抑制器等保护器件是否有效等等。电器保养应由车间电工实施，每年检查调整一次。电器控制柜及操作面板显示器的箱门应密封，不能用打开柜门使用外部风扇冷却的方式降温。操作者应每月清扫一次电器柜防尘滤网，每天检查一次电器柜冷却风扇或空调运行是否正常。

10. 对于机床润滑部分的维护与保养

各润滑部位必须按润滑图定期加油，注入的润滑油必须清洁。润滑处应每周定期加油一次，找出耗油量的规律，发现供油减少时应及时通知维修工检修。操作者应随时注意CRT显示器上的运动轴监控画面，若发现电流增大等异常现象时，应及时通知维修工维修。维修工每年应进行一次润滑油分配装置的检查，若发现油路堵塞或漏油，应及时疏通或修复。底座里的润滑油必须加到油标的最高线，以保证润滑工作的正常进行，因此必须经常检查油位是否正确，润滑油应5~6个月更换一次。由于新机床各部件的初磨损较大，因此第一次和第二次换油的时间应提前到每月换一次，以便及时清除污物。废油排出后，箱内应用煤油冲洗干净（包括床头箱及底座内油箱），同时清洗或更换滤油器。

任务二　凯恩帝数控系统面板介绍

学习目标

1. 素质目标

（1）培养中职生的爱国情怀；

（2）培养中职生良好的学习创新能力；

（3）培养中职生具有良好的安全认知能力。

2. 知识目标

（1）了解凯恩帝数控系统面板；

（2）掌握凯恩帝数控程序编制方法。

3. 技能目标

（1）能正确认识数控机床基本操作；

（2）会简单操作凯恩帝数控系统。

数控编程基础教学视频

2.1　数控车床安全操作规程

（1）操作者必须熟悉机床使用说明书和机床的一般性能、结构，严禁超性能使用。

（2）工作前穿戴好个人的防护用品，长发（男女）职工戴好工作帽，头发压入帽内，切削时戴防护眼镜，严禁戴手套。

（3）开机前要检查润滑油是否充裕、冷却是否充足，发现不足应及时补充。

（4）打开数控车床电器柜上的电器总开关。

（5）按下数控车床控制面板上的“ON”按钮，启动数控系统。

（6）手动返回数控车床参考点。首先返回+X方向，然后返回+Z方向。

（7）手动操作时，在X、Z移动前，必须使刀架处于安全位置，以免撞刀。

（8）数控车床出现报警时，要根据报警号，查找原因，及时排除警报。

（9）在自动运行程序前，必须认真检查程序，确保程序的正确性。在操作过程中，必须集中注意力，谨慎操作。运行过程中，一旦发生问题，及时按下复位按钮或紧急停止按钮。

（10）加工完毕后，应把刀架停放在远离工件的位置。

（11）在操作时，实习旁观的同学禁止按控制面板的任何按钮、旋钮，以免发生意外事故。

（12）严禁任意修改、删除机床参数。

（13）在生产过程中产生的废机油和切削油，要集中存放到废液标识桶中，倾倒过程中防止滴漏到桶外，严禁将废液倒入下水道污染环境。

（14）关机前，应使刀具处于安全位置，把工作台上的切屑清理干净、把机床擦拭干净。

（15）关机时，先关闭系统电源，再关闭电器总开关。

（16）做好机床清扫工作，保持清洁，认真执行交接班手续，填好交接班记录。

2.2 凯恩帝数控系统操作面板及各键功能

2.2.1 凯恩帝数控系统的操作面板

K2000TC(i)是凯恩帝公司开发的新一代总线式高档车床用数控系统，如图 1-2-1 所示。配套的伺服驱动器与高分辨率绝对值编码器电动机可实现 0.1 μm 级位置精度，可满足高精度车铣复合加工需求。

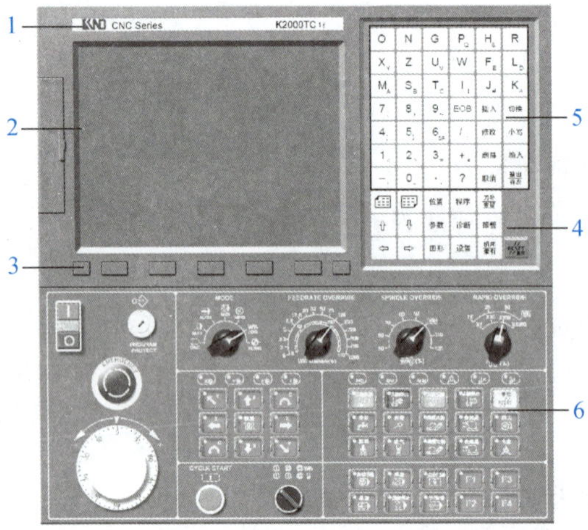

1—厂家及数控型号区；2—显示屏区；3—软键；4—功能键区；5—字母及数字键盘区；6—机床控制面板

图 1-2-1　K2000TC(i)数控系统显示及操作控制面板

K2000TC(i)数控系统的显示界面如图 1-2-2 所示。

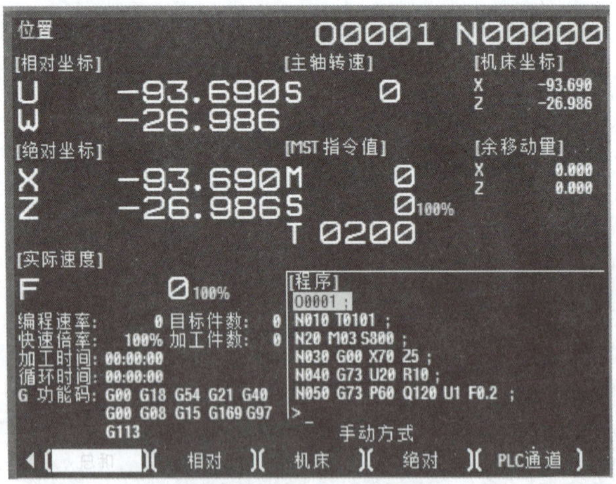

图 1-2-2　显示界面

2.2.2 凯恩帝数控系统各键的功能及其操作

1. 开关机操作步骤

(1) 开机操作步骤

①检查机床状态是否正常；

②检查电源电压是否符合要求，接线是否正确；

③按下“急停”按钮；

④机床上电；

⑤数控上电；

⑥检查面板上的指示灯是否正常；

⑦接通数控装置电源后，系统自动运行系统，此时工作方式为“急停”；

⑧系统上电进入系统操作界面时，初始工作方式显示为“急停”，为使控制系统运行，右旋并拔起“急停”按钮使系统复位，接通伺服使能。

（2）关机操作步骤

关闭机床前要将 *X*、*Z* 轴置于机床中间位置，先关闭数控系统，再关闭强电，按动开关顺序与开机相反。

2. 返回机床零点的操作方法

控制机床运动的前提是建立机床坐标系，为此系统接通电源、复位后首先应进行机床各轴返回参考点操作，方法如下：

（1）如果系统显示的当前工作方式不是回零方式，应将功能旋钮旋转至回零位置，确保系统处于“机械回零”方式；

（2）根据 *X* 轴机床参数“回参考点方向”，按一下“X”以及方向键（“回参考点方向”为“+”），*X* 轴回到参考点后，“X”按键内的指示灯亮；

（3）用同样的方法使用“Z”按键，使 *Z* 轴回参考点；

（4）所有轴回参考点后，即建立了机床坐标系。

图 1－2－3　返回机床零点

3.“急停”按钮的操作方法

机床运行过程中，在危险或紧急情况下，按下“急停”按钮，数控系统即进入急停状态，伺服进给及主轴运转立即停止工作（控制柜内的进给驱动电源被切断）；松开“急停”按钮（右旋此按钮，自动跳起），系统进入复位状态。

解除急停前，应先确认故障原因是否已经排除；在急停解除后，应重新执行返回参考点操作，以确保坐标位置的正确性。在上电和关机之前应按下“急停”按钮以减少设备电的冲击。

图 1－2－4　右钮“急停”按钮

4. 手动进给

将功能旋钮旋转至手动位置，系统处于手动运行方式，可点动移动机床坐标轴（下面以点动移动 *X* 轴为例说明）：

（1）按下“X”按键以及方向键（指示灯亮），*X* 轴将产生正向或负向连续移动；

（2）松开“X”按键以及方向键（指示灯灭），*X* 轴即减速停止。

用同样的操作方法，使用“Z”按键可使 *Z* 轴产生正向或负向连续移动。

在手动运行方式下，同时按压 *X*、*Z* 方向的轴手动按键，能同时手动控制 *X*、*Z* 坐标轴连续移动。

图 1－2－5　手动进给

在自动方式或 MDI 运行方式下，当 F 代码编程的进给速度偏高或偏低时，可旋转进给修调波段开关，以修调程序中编制的进给速度。修调范围为 0～150%

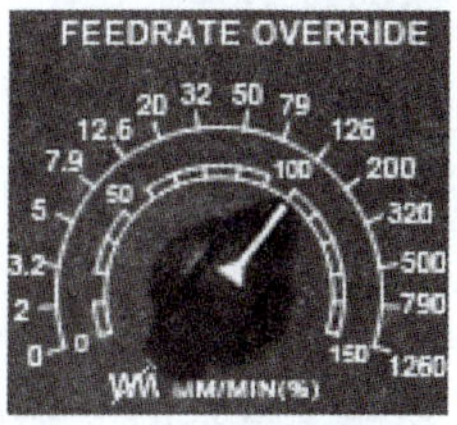

图 1－2－6　修调程序中编制的进给速度

5. 手摇进给

在非急停的状态下将功能旋钮旋转至手轮位置（图 1－2－7），系统处于手摇进给方式，可通过手摇单元（图 1－2－8）控制机床坐标轴的移动。操作方法：选择需要移动的轴，再旋转倍率选择旋钮，并置于所需倍率挡位，每次拨动手持单元一格，机床便移动相应的倍率增量（图 1－2－9）。注意：手摇进给方式每次只能增量进给一个坐标轴。

图 1－2－7　手轮位置

6. 主轴控制

（1）在手动方式下，单击“主轴正转”按键［图 1－2－10（a）］（指示灯亮），主轴电机以机床参数设定的转速正转，直到按压“主轴停止”或“主轴反转”按键。

（2）在手动方式下，单击“主轴反转”按键［图 1－2－10（b）］（指示灯亮），主轴电机以机床参数设定的转速反转，直到按压“主轴停止”或“主轴正转”按键。

图 1－2－8　手摇单元

图 1－2－9　倍率挡位

（3）在手动方式下，单击“主轴停止”按键［图 1－2－10（c）］（指示灯亮），主轴电机停止运转。

（a）　（b）　（c）

图 1－2－10　主轴控制按键

注意：“主轴正转”“主轴反转”“主轴停止”3 个按键互锁，即单击其中一个按钮键（指示灯亮），其余两个就会失效（指示灯灭）。

7. 手动数据输入（MDI）运行

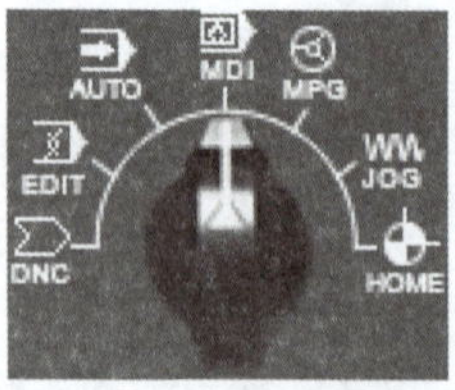

图 1－2－11　MDI 主菜单键

单击 MDI 主菜单键（图 1－2－11），弹出 MDI 功能界面，用户可以在此界面从 NC 键盘上输入并执行一行或多行 G 代码指令段，如图 1－2－12 所示。

MDI 输入的最小单位是一个有效指令字，因此输入一个 MDI 运行指令段可以有下述两种方法：

（1）一次输入，即一次输入多个指令字信息；

（2）多次输入，即每次输入一个指令字信息。

例如要输入“G00 X100 Z1000”MDI 运行指令段，可以直接输入“G00 X100 Z1000”；然后单击“EOB”键执行。

在输入命令时，如果发现输入错误，可用“取消”“►”和“◄”键进行编辑；按“EOB”键后，系统若发现输入错误，就会提示相应的错误信息，此时按“复位”键将输入的数据清除后再重新输入正

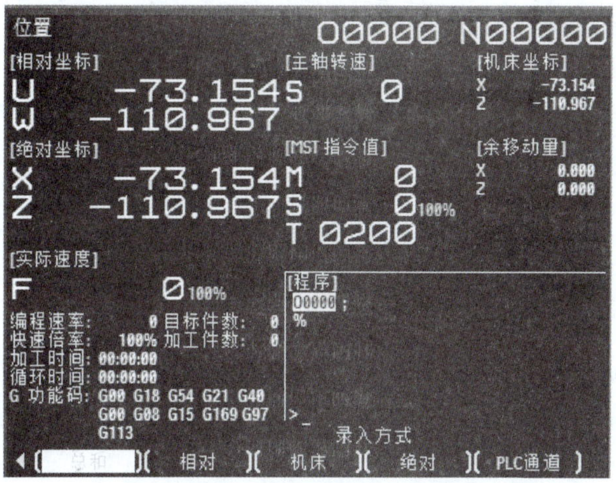

图 1-2-12　MDI 录入界面

确的命令。

在输入完一个 MDI 指令段后，单击操作面板上的“循环启动”键，系统即开始运行所输入的 MDI 指令。

如果输入的 MDI 指令信息不完整或存在语法错误，系统就会提示相应的错误信息，此时不能运行 MDI 指令。

8. 程序新建

进入程序主菜单，在程序主菜单下单击“选择”对应功能键，将弹出如图 1-2-13 所示的界面。

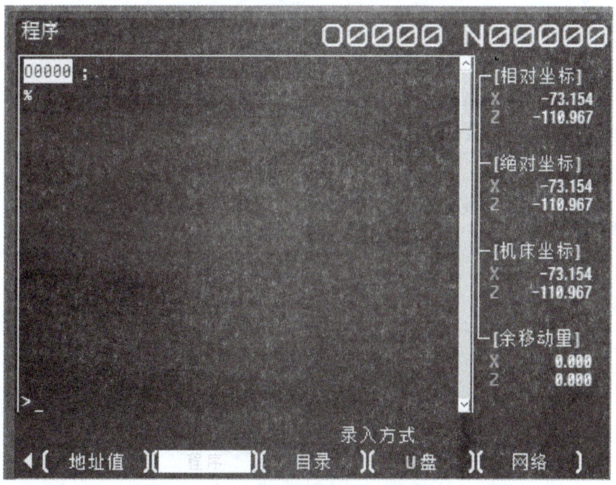

图 1-2-13　程序界面

直接输入程序名，单击“EOB”键后即可新建程序。

9. 显示机能键的作用

切换到位置画面；

切换显示程序画面和恢复管理画面；

切换显示刀补画面和宏变量画面；

切换显示参数画面和伺服参数画面；

切换到诊断画面和轴控制诊断画面；

切换到报警画面；

切换到图形画面；

切换到设置画面；

切换显示机床软操作面板画面和索引画面。

当按上述显示机能键后，可直接显示对应的画面；单击软菜单可直接进入其子目录；对于未复用的显示功能键，连续按两次，将回到对应显示画面的第一页。

2.3 数控车床基本功能指令

数控程序编制就是编程员根据零件图确定该零件的加工工艺，将零件加工的工艺过程、工艺参数、加工路线以及加工中需要的辅助动作，如换刀、冷却、夹紧等，按照加工顺序和所用数控车床规定的指令代码及程序格式，编制成加工程序单，再将程序单中的全部内容输入到数控装置中，从而使数控车床按程序单中内容进行加工。

程序编制及加工的一般方法和步骤如图 1-2-14 所示。

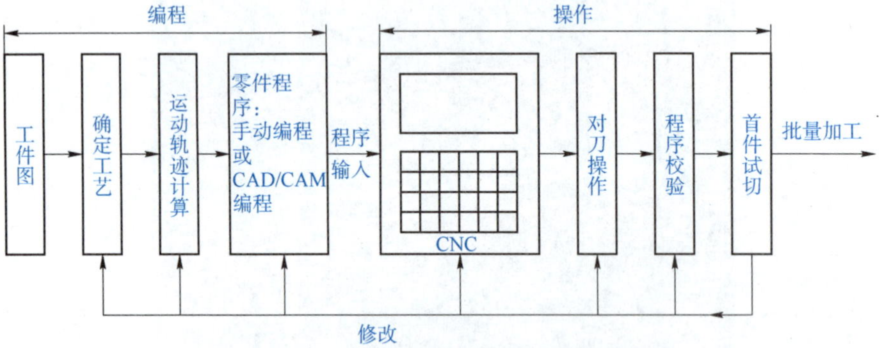

图 1-2-14　程序编制及加工的一般方法和步骤

向控制装置提供信息时的样式称为程序格式。数控装置所使用的格式称为字地址格式。程序是“程序段”单位的集合，用一个“程序段”指定一个机床动作（顺序），按照实际移动刀具的顺序记叙这些指令（程序段）。程序段是“字”单位的集合，用一个“字”指定对一个操作的命令。字是字符（英文字母、数字、符号）的集合，字符按照某种顺序排列。

凯恩帝数控装置使用的指令信息由字母（A~Z）、数字（0~9）、符号（+、-、/…）构成，这些字母、数字、符号统称为字符。以这样的形式被表现出的称为代码。如凯恩帝数控装置使用 ISO 代码，编写格式采用记事本格式书写。

程序段中不同的指令字符及其后续数值确定了每个指令字的含义。在数控程序段中包含的主要指令字符如表 1-2-1 所示。

表 1-2-1　在数控程序段中包含的主要指令字符及意义

机　能	地址	意　　义
零件程序号	字母 O	程序编号：01~4294967295
程序段号	N	程序段编号：N0~N4294967295
准备机能	G	指令动作方式（直线、圆弧等）G00~G200
尺寸字	X，Y，Z	直线轴的移动命令±21474
	A，B，C	旋转轴的移动命令±21474
	U，V，W	车床增量编程指令±21474
	R	圆弧的半径，固定循环的参数
	I，J，K	圆心相对于起点的坐标，固定循环的参数
进给速度	F	进给速度的指定：F0~F50000
主轴机能	S	主轴旋转速度的指定：S0~S100000
刀具机能	T	刀具编号的指定：T0~T99
辅助机能	M	机床侧开/关控制的指定：M0~M99
	A	工作台分度等
补偿号	H，D	刀具补偿号的指定：00~99
暂停	P，X	暂停时间的指定：ms（毫秒），s（秒）
程序号的指定	P	子程序号的指定：P1~P4294967295
重复次数	L	子程序的重复次数，固定循环的重复次数
参数	P，Q，R	固定循环的参数

（1）程序段的组成　一个程序段是由 1 个及以上的字组成的。一组单步的顺序指令或者一行若干功能指令称为程序段。

（2）程序段段号　用于区分每个程序段的号码，由地址 N 和后面的 5 位数字（1~99999）组成程序段段号。程序段段号放在程序段的开头，可以按任意顺序指定，除有特殊意义的代码指令指定的段号外，任何段号都可以跳过；可以对全部程序段指定程序段段号；还可以仅对程序要求的程序段指定程序段段号。但是，为方便起见，在一般是按加工步骤的顺序指定程序段段号。

2.3.1　准备功能（G 代码）

1. G 代码的模态

G 代码按其有效状态可分为非模态 G 代码和模态 G 代码两种两种。

（1）非模态 G 代码　只有指定该 G 代码时才有效，未指定时无效。

（2）模态 G 代码　该类 G 代码执行一次后由数控系统存储，且在同组其他代码替换前一直有效。

2. G 代码的分组

G 代码按其功能类分为若干个组，其中 00 组为非模态 G 代码，其他组均为模态 G 代码。同一程序段中可以指定多个不同组的 G 代码。若在同一程序段中指定了多个同组代码，则只有最后指定的代码有效。如果固定循环中指定了 01 组的 G 代码，就像指定了 G80 指令一样，可取消固定循环。

但指令固定循环的G代码不影响01组的代码。

3. G代码一览表

带★记号的G代码为系统默认G代码。在系统启动时，同组模态G代码处于默认状态。表1-2-2所示为G代码一览表。

表1-2-2 G代码一览表

G代码	组别	功　能
G04	00	暂停，准停
G10		可编程数据输入
G27		返回参考点检查
G28		返回参考点
G29		从参考点返回
G65		宏程序调用命令
G70		精加工循环
G71		外圆粗车循环
G72		端面粗车循环
G73		封闭切削循环
G74		端面深孔加工循环
G75		外圆、内圆切槽循环
G76		复合形螺纹切削循环
★G00	01	定位（快速移动）
G01		直线插补（切削进给）
G02		圆弧插补CW（顺时针）
G03		圆弧插补CCW（逆时针）
G32		螺纹切削
G34		变螺距螺纹切削
G90		外圆，内圆车削循环
G92		螺纹切削循环
G93		攻丝固定循环
G94		端面切削循环
G17	02	*XY*平面选择
★G18		*ZX*平面选择
G19		*YZ*平面选择
G20	06	英制数据输入
G21		公制数据输入
★G40	07	刀尖半径补偿取消
G41		刀尖半径补偿（左）
G42		刀尖半径补偿（右）

表 1-2-2（续）

G 代码	组别	功　　能
★G80	09	固定循环注销
G81		钻孔循环（点钻循环）
G82		钻孔循环（镗阶梯孔循环）
G83		深孔钻循环
G84		攻丝循环
G85		镗孔循环
G86		钻孔循环
G87		反膛循环
G88		镗孔循环
G89		镗孔循环
★G98	10	每分进给
G99		每转进给
G96	14	恒线速 ON
★G97		恒线速 OFF

2.3.2　辅助功能（M 指令）

辅助功能代码由地址字 M 及其后的数字组成，主要用于控制零件程序的走向以及机床各种辅助开关动作等辅助功能。其中 M00、M01、M02、M30、M92、M93、M98、M99 等用于控制零件程序的走向，是数控内定的辅助功能，不由机床制造商设计决定，与 PLC 程序无关；其他 M 代码用于机床各辅助功能的开关动作，其功能不由 C 数控内定，而是由 PLC 程序指定，所以不同机床厂可能有差异。下面的说明书提供功能为常规定义，具体情况以机床说明为准。

1. 多个 M 指令指定说明

通常，一个程序段只有一个 M 代码有效。本系统中在某些情况下一个程序段中最多可以指定 4 个 M 代码。当需要在一个程序段中指定多个 M 代码时请注意以下情况：

（1）一个程序段中最多可以指定 4 个 M 代码，多个同组 M 代码则视为 1 个。

（2）一个程序段中指定多个同组 M 代码时，程序段中最后一个 M 代码生效。

（3）一个程序段中指定多个不同组 M 代码时，程序段中 M 代码均生效。

（4）M00、M01、M02、M30、M99 等 M 代码不得与其他 M 代码一起指定。

（5）M00、M01、M02、M30、M99 等 M 代码要求单行指定，即含上述 M 代码的程序行，不仅只能有一个 M 代码，且不能有 G 指令和 T 指令等其他执行指令。

（6）M 代码和功能之间的对应关系取决于机床制造商的具体设定。详见机床制造商的说明书。

3. M 指令功能及常规状态表（表 1-2-3）

表 1-2-3　M 指令功能及常规状态表

代码	功　能	前置/后置/同步属性			功能保持到注销或取消	功能仅在出现的程序段执行
		同步	前置	后置		
M00	程序暂停			#		○
M01	选择停			#		○

表 1-2-3（续）

M02	程序结束			#		○
M03	主轴正转		○		○	
M04	主轴反转		○		○	
M05	主轴停止			#	○	
M06	换刀		○			○
M07	2 号冷却液开		○		○	
M08	1 号冷却液开		○		○	
M09	冷却液关			○	○	
M19	主轴定向		○			○
M30	程序结束并返回首行			#		○
M98	调用子程序			○		○
M99	子程序返回主程序			○		○

注：○表示指常规定该功能；#表示固定指定该功能状态。

任务三　数控车床刀具系统

学习目标

1. 素质目标

(1) 培养中职生的爱国情怀；

(2) 培养中职生良好的学习创新能力；

(3) 培养中职生具有良好的安全认知能力。

2. 知识目标

(1) 了解数控车床刀具；

(2) 掌握数控车床刀具的使用方法。

3. 技能目标

(1) 能正确分辨数控车床刀具；

(2) 会安装拆卸数控车床刀具。

3.1　认识数控车床刀具

3.1.1　数控车床常用刀具、夹具的选用

1. 数控车床常用刀具

(1) 车刀分类

①车刀按刀刃形状一般分为三类，即尖形车刀、圆弧形车刀和成型车刀，如图 1-3-1 所示。

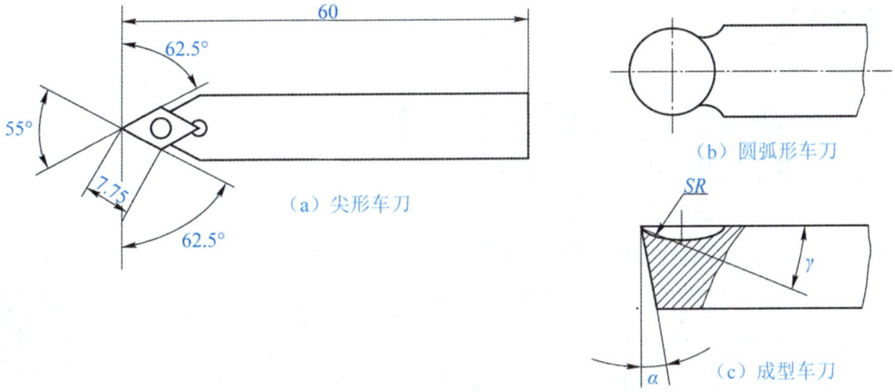

图 1-3-1　车刀按刀刃形状分类

a. 尖形车刀　以具有线形切削刃特征的车刀。它的刀尖同时也为其刀位点。

b. 圆弧形车刀　构成主切削刃的刀刃形状为圆弧，刀位点在圆弧的圆心上。

c. 成型车刀　俗称样板车刀，其加工零件的轮廓形状完全由车刀刀刃的形状和尺寸决定。

②车刀按结构分可分为整体式、焊接式、机夹式和可转位式四种类型，如图 1-3-2 所示。

③车刀按被加工表面特征可分为外圆车刀、割槽刀、镗孔刀、螺纹刀等，如图 1-3-3 所示。

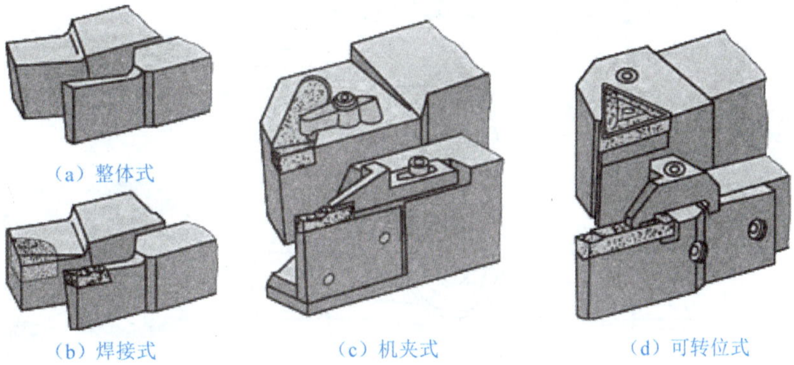

图 1-3-2　车刀按结构分类

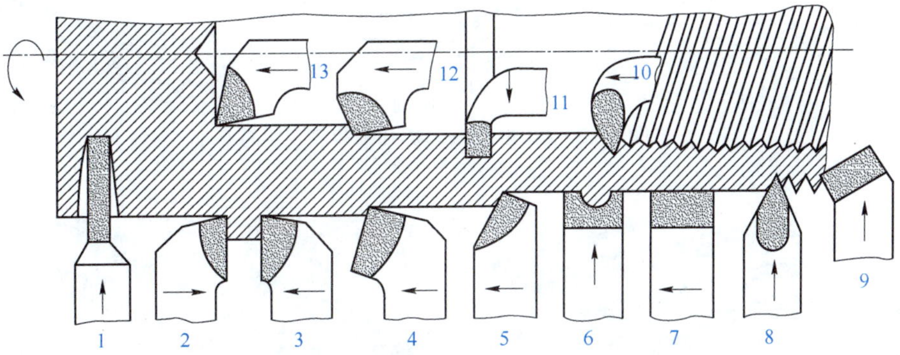

1—割槽刀；2—左偏刀；3—右偏刀；4—弯头外圆车刀；5—外圆车刀；6—成型刀；7—宽刃精车刀；8—螺纹车刀；9—端面车刀；10—内螺纹刀；11—内槽刀；12—通孔镗孔刀；13—盲孔镗孔刀

图 1-3-3　车削加工常用的车刀

3.1.2 车刀的选用

数控车床上车刀的选用与普通车削用的刀具基本相同，要注意在安装、车削过程中不要发生加工干涉现象。此外，车刀的选择还需遵循效率原则和精度原则。

（1）轴类零件加工用刀具的选用　传统的普通车床通常使用焊接式硬质合金车刀，仅是提倡使用可转位机夹车刀，但在数控车床上应尽可能多地使用可转位机夹车刀。在可转位机夹车刀磨损以后，只需松开螺钉将硬质合金刀片转位，使新的切削刃进入相应的切削位置即可。

由于刀片的尺寸精度较高，在刀片转位后，一般不需要进行较大的刀具尺寸补偿与调整，而仅需少量的位置补偿。加工轴类零件常用的可转位机夹车刀如图 1-3-4 所示。常用的可转位机夹车刀刀片如图 1-3-5 所示。

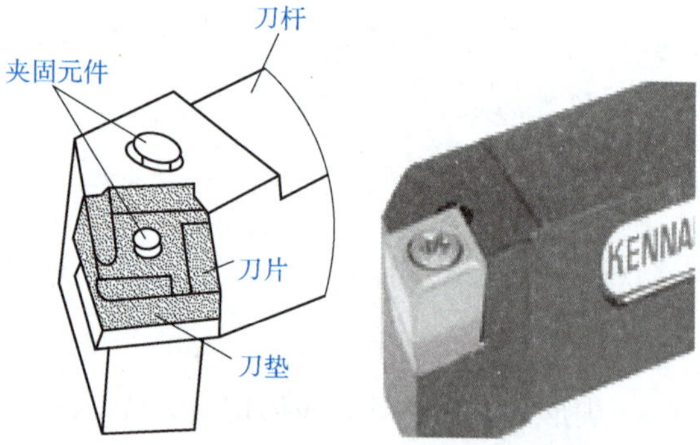

图 1-3-4　机夹式可转位车刀

（2）套类零件加工用刀具的选用　套类零件上孔的加工一般有钻孔、扩孔、铰孔和镗孔等加工方法。常用的孔加工刀具有麻花钻、扩孔钻、铰刀、镗孔刀和内孔槽刀等，如图 1-3-6 和图 1-3-7 所示。

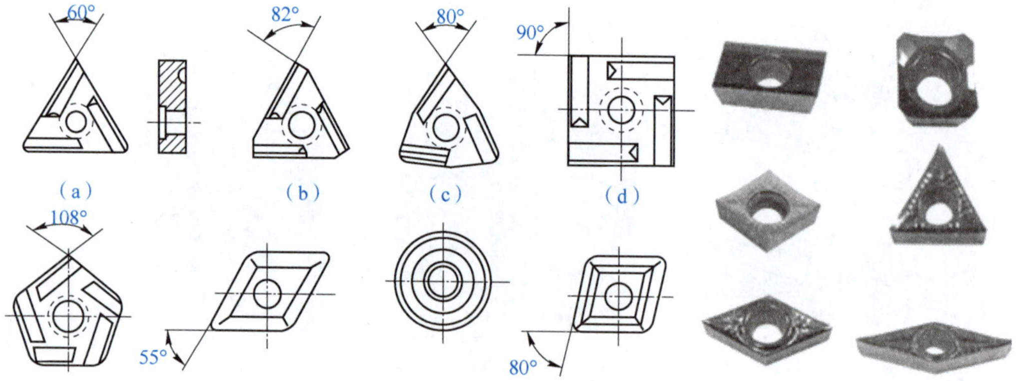

图 1-3-5　常用可转位机夹车刀刀片

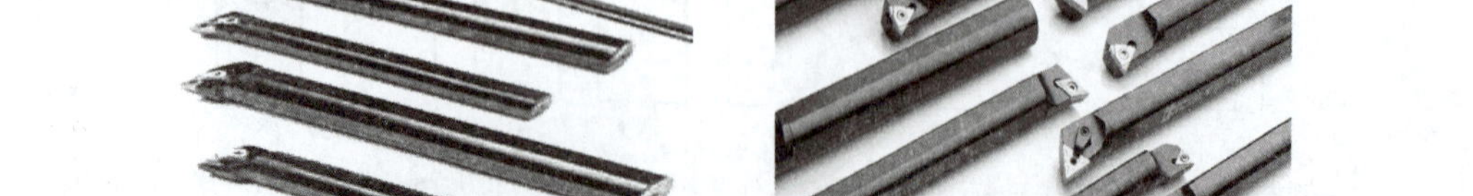

图 1-3-6　麻花钻、扩孔钻和铰刀示意

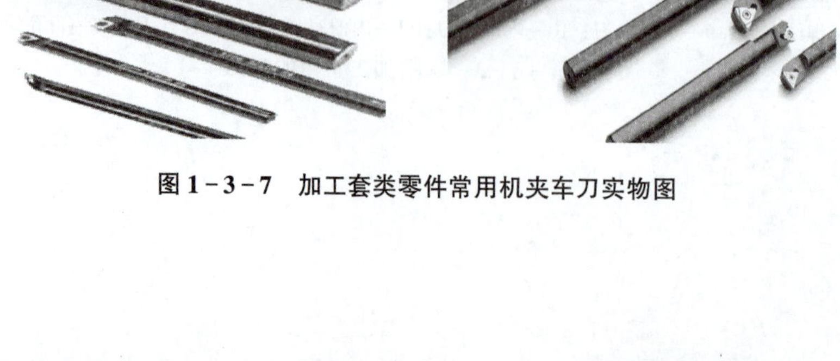
图 1-3-7　加工套类零件常用机夹车刀实物图

3.2　数控车床对刀操作

数控车床对刀教学视频

刀具偏置补偿可以使刀具快速移动，使刀具与工件的距离和上一把刀保持一致。寻找各刀需要长度补偿的过程为对刀。

对刀方法主要有一般对刀、ATC 对刀、机外对刀仪对刀和自动对刀四种。

经济型数控车床都采用一般对刀。一般对刀是指在机床上做手动对刀。手动对刀是通过试切零件来对刀。其要较多地占用机床时间，因此此方法用在数控车床上较为落后。

下面以凯恩帝数控系统为例讲解试切法对刀。

以使用绝对刀偏法来讲解。绝对刀偏法是指每一把刀具独立建立自己的补偿偏置值。该值将会反映到工件坐标系上。数控车刀刀位点是表示该刀具位置的点。常用车刀刀位点如图 1－3－8 所示。

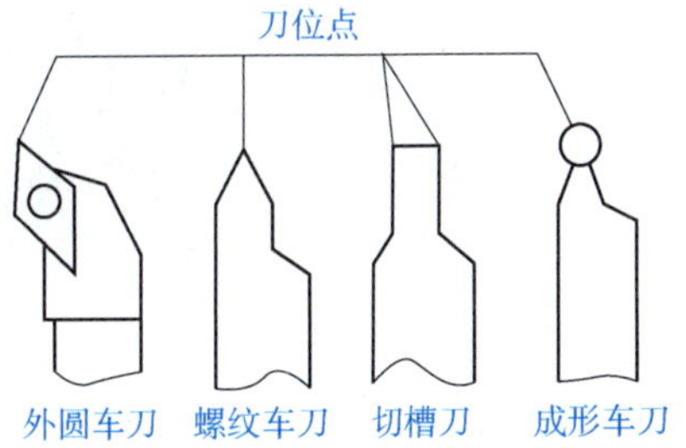

图 1－3－8　常用车刀刀位点

绝对刀偏法对刀的具体步骤如下。

1. Z 轴对刀

在 MDI 模式下输入 M03 S500 指令，或手动状态下，主轴转动，快速移动刀工件附件，切换成增量方式移动刀具，把快速倍率调至 0.01，刀具接近工件并切削端面（长为 0.1～0.5 mm），沿+*X* 方向退出车刀（刀具 *Z* 方向位置不能变动），如图 1－3－9 所示。

测量试切后的右端面，用光标键↑↓将蓝色亮条移动到要设置刀具的行；将它手工填入图 1－3－10 所示中的“长度”这一栏，输入值后按确认键才能移动 *Z* 轴，否则对刀值出错。输入确认后 *Z* 偏值会发生变化，就是工件坐标系的零点偏差值，这样这把刀的 *Z* 偏置就设置好了。

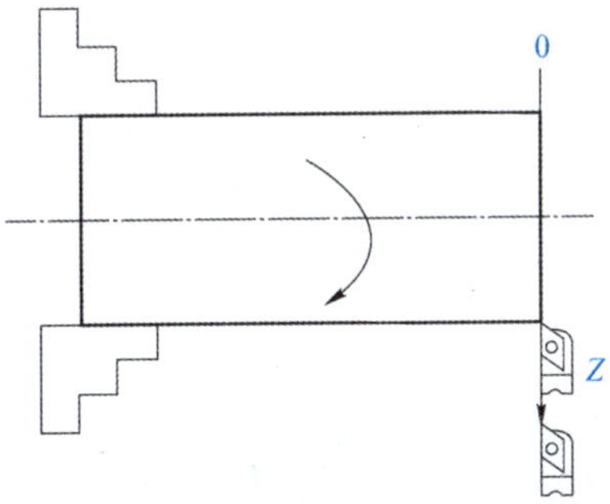

图 1－3－9　Z 轴对刀示意图

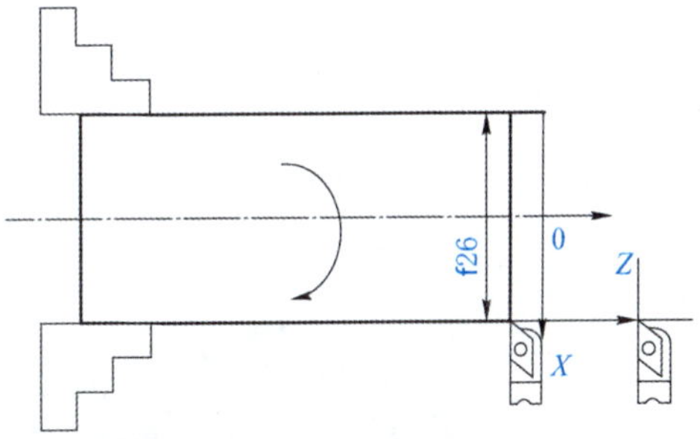

图 1－3－10　X 轴对刀示意图

2. X 轴对刀

在 MDI 模式下输入 M03 S500 指令，或手动状态下，主轴转动，快速移动刀工件附件，切换成增量方式移动刀具，把快速倍率调至 0.01，刀具接近工件并切削外圆（长为 3～5 mm），沿+*Z*方向退出车刀（刀具 *X* 方向位置不能变动）。

测量试切后的工件外径，用光标键↑↓将蓝色亮条移动到要设置刀具的行；将它手工填入图 1－3－11 所示中的“试切直径”这一栏，输入值后按确认键才能移动 *X* 轴，否则对刀值出错。输入确认后 *X* 偏值会发生变化，这样，工件坐标系的零点 *X* 偏差值就设置好了。

注意：

（1）对刀前，机床必须先回机械零点，回零→+*X*→+*Z*；

（2）试切工件端面到该刀具要建立的工件坐标系的零点位置的有向方向距离，也就是试切工件端面

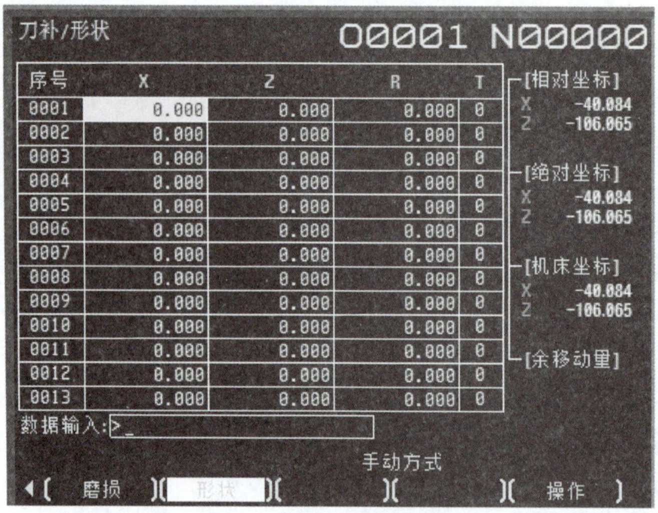

图 1-3-11　刀偏表编辑

在要建立的工件坐标系中的 Z 轴坐标系；

（3）设置的工件坐标系 X 轴的零点偏置=机床坐标系 X 坐标-试切直径，因此试切工件外径后，不得移动 X 轴；

（4）设置的工件坐标系 Z 轴的零点偏置=机床坐标系 Z 坐标-试切长度，因此试切工件端面后，不得移动 Z 轴。

3.3　数控车床磨耗补正

当刀具出现磨损或在更换刀片后，以及对刀后发现有较小对刀误差时，可以进行刀具磨损设置。

按

键，单击“磨损”软键即可进行刀具磨损设置。

当刀具磨损后或工件加工后的尺寸有误差时，只要修改“刀补/磨损”界面中每把刀具相应的补偿值中的数值即可，如图 1-3-12 所示。

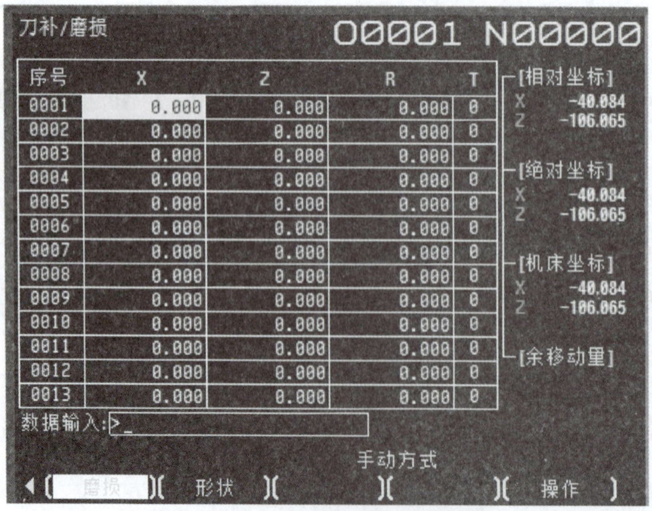

图 1-3-12　“刀补/磨损”界面

项目二　数控车床技能训练

任务一　阶梯轴的加工

阶梯轴教学视频

学习目标

1. 素质目标

(1) 培养学生安全文明生产的能力；

(2) 培养学生积极、认真的学习态度。

2. 知识目标

(1) 掌握 G00、G01、T、F、M、S 指令及其应用；

(2) 掌握阶梯轴加工工艺制定方法。

3. 技能目标

(1) 能熟练运用装夹工件、刀具；

(2) 熟悉机床的基本操作方法。

1.1　任务引入

阶梯轴零件的工件材料为 $\phi35$ 棒料，毛坯材料为硬铝，根据图 2－1－1 和图 2－1－2 制定完成该产品的工艺过程，并运用 G00、G01 等指令编写零件的加工程序。

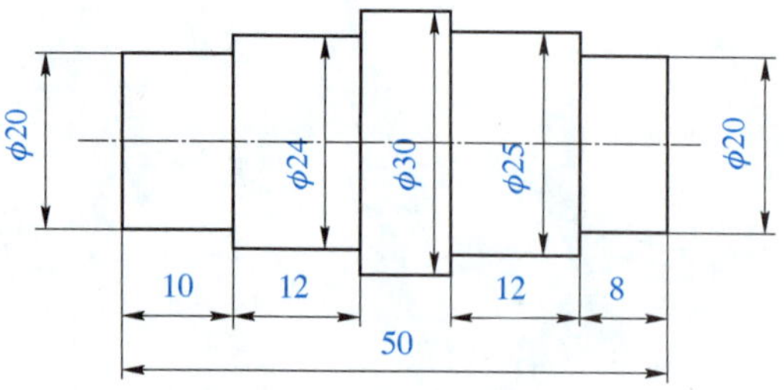

图 2-1-1　零件图

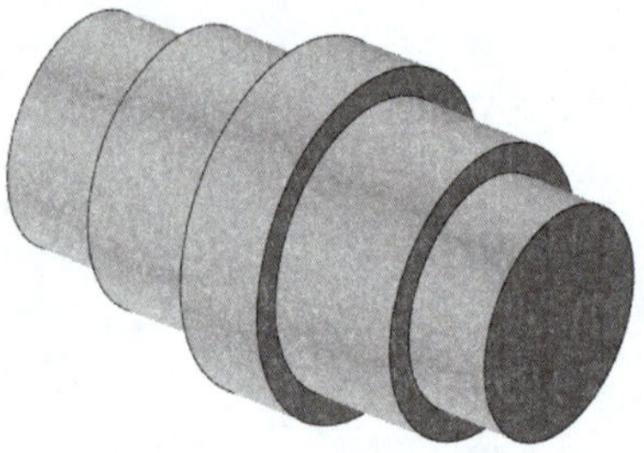
图 2-1-2　零件实物图

1.2　相关知识

1.2.1　辅助功能（M）

M 功能有非模态 M 功能和模态 M 功能两种形式。

（1）非模态 M 功能　只在书写了该代码的程序段中有效；

（2）模态 M 功能　一组可相互注销的 M 功能，这些功能在被同一组的另一个功能注销前一直有效。

1.2.2　主轴功能（S）

主轴功能 S 控制主轴转速，其后的数值表示主轴速度，单位为转/每分钟（r/min），S 是模态指令，S 功能只有在主轴速度可调节时有效。S 所编程的主轴转速可以借助机床控制面板上的主轴倍率开关进行修调。

主轴正转 M03 S__

主轴反转 M04 S__

主轴停止 M05

例 2-1　M03S500 代表主轴正转，转速为 500 r/min。

1.2.3　刀具功能（T）

功能：指定刀具及刀具补偿。

格式：T 01 01

说明：T 代码用于选刀和换刀，其后的 4 位数字前两位数字表示为刀具号，后两位数字表示为刀具补偿号。

例 2-2　T0102 中的 01 表示刀具号、02 表示刀具补偿号

同一把刀可以对应多个刀具补偿，如 T0101、T0102、T0103。

也可以多把刀对应一个刀具补偿，如 T0101、T0201、T0301。

1.2.4　进给速度（F）

当工作在 G01、G02 或 G03 方式下，编程的 F 一直有效，直到被新的 F 值所取代，而工作在 G00 方式下，快速定位的速度与所编 F 无关。借助机床控制面板上的倍率按键，F 可在一定范围内进行倍率修调。

当执行攻丝循环 G76、G82，螺纹切削 G32 时，倍率开关失效，进给倍率固定在 100%。

F 指令表示工件被加工时刀具相对于工件的合成进给速度，F 的单位取决于 G98（每分钟进给量，单位为 mm/min）或 G99（主轴每转一转刀具的进给量，单位为 mm/r），如图 2-1-3 所示。

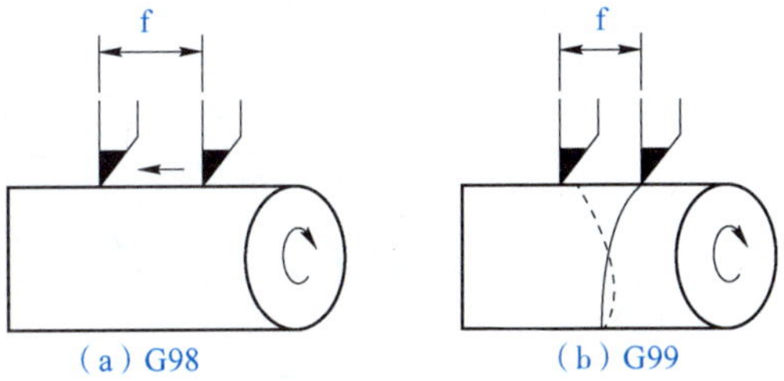

图 2－1－3　G98、G99 进给量示意

每分钟进给量 G98 的 F 后不跟小数点；每转进给量 G99 为数控车床的初始状态，F 后有小数点。

两者均为同组模态指令。所谓同组，就是同一程序行内，可以和 G01、G00 等指令并存。

例如G98 G0 X30. Z5. M3 S1000

G99 G1 W20. F0.15

两者的转换公式：f=F/S。式中 f 表示 G99 每转进给量；F 表示 G98 每分进给量；S 表示转速。

例如 G98 G1 Z10. F100 M3 S1000 T0101

转换后为 G99 G1 Z10 F0.1 M3 S1000 T0101

G98 不受系统主轴编码器的控制，而 G99 受编码器控制。

因此用 G98 车削时实际转速受切削深度的影响，转速会降低，但是切削速度没有变。然而 G99 车削时实际转速受编码器检测控制，它受切削深度和切削阻力等因素的影响，如果转速降低，系统就会放慢车削速度，满足转速基本恒定在指定的转速后，再执行每转进给量，因此 G99 对刀具和机床安全性的保护较好。

1.2.5　准备功能（G）

G 指令由 G 后一位或两位数值组成，它用来规定刀具和工件的相对运动轨迹、机床坐标系、坐标平面、刀具补偿、坐标偏置等多种加工操作。本课题主要介绍 G00、G01 指令。

1.2.6　快速定位（G00）

功能：使刀具以点位控制方式，从刀具所在点快速移动到目标点。

格式：G00 X(U)__ Z(W)__

说明：

X、Z：绝对编程时，快速定位终点在工件坐标系中的坐标；

U、W：增量编程时，快速定位终点相对于起点的位移量。

G00 指令的功能为快速定位、退刀，用于在加工前快速定位或加工后快速退刀，能减少运动时间，提高效率。G00 指令中的快移速度由机床参数“快速修调”对各轴分别设定，不能用 F 指定，编程的进给速度 F 在 G00 快速定位、退刀时无效。

加工时的快速定位、退刀速度可由面板上的快速修调按钮修正。

例 2-3

程序：G00 X50 Z6；

或

G00 U-70 W-84；

G00 轨迹示意如图 2－1－4 所示。

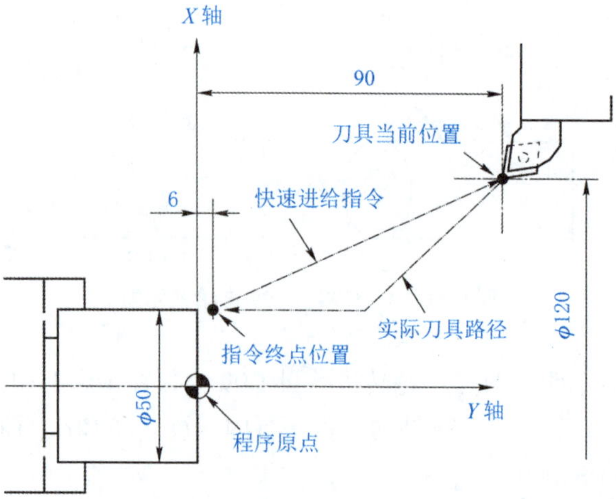

图 2-1-4 例 2-3 的 G00 轨迹示意

1.2.7 直线插补指令（G01）

功能：使刀具以给定的进给速度，从所在点出发，直线移动到目标点。

格式：G01 X(U)__ Z(W) __ F __

说明：

X、Z：绝对编程时终点在工件坐标系中的坐标；

U、W：增量编程时终点相对于起点的位移量；

F __：合成进给速度。

G01 指令刀具以联动的方式，按 F 规定的合成进给速度，从当前位置按线性路线（联动直线轴的合成轨迹为直线）移动到程序段指令的终点。

注：G00、G01 为模态有效代码，一经使用，便持续有效，直到被同组 G 代码（G00，G01，G02，G03，…）取代为止。

这类 G 代码必须在程序执行运动指令前设定，不能在程序执行的中途切换。

例 2-4

程序：G00 X60 Z-80 F0.2;

或

G00 U0 W-80 F0.2;

G01 轨迹如图 2-1-5 所示。

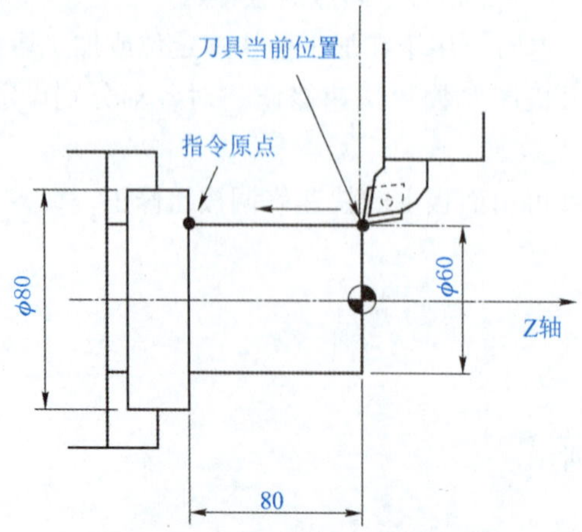

图 2-1-5 例 2-4 G01 轨迹示意

1.2.8　基点坐标

绝对坐标是在建立工件坐标系后形成的坐标，用（X，Y）表示，X 是工件的回转中心离当前刀具自刀尖位置的距离的2倍，即直径值，Z 是工件的假想原点离当前刀具刀尖位置的距离值。

相对坐标是把上一个坐标点视为“假想零点”，移动一个距离后，形成的坐标。任何一个相对坐标，可以随时清零，不对加工造成任何影响。相对坐标一般用(U，W）表示。U 为直径值，W 为单边值。

工件坐标系原点也称为工件原点或编程原点，由编程人员根据编程计算方便性、机床调整方便性、对刀方便性、在毛坯上确定的几何基准点为零件图上设计的最重要基准点，如图 2－1－6 所示。表 2－1－1 所示为图 2－1－6 所示中的基点坐标系。

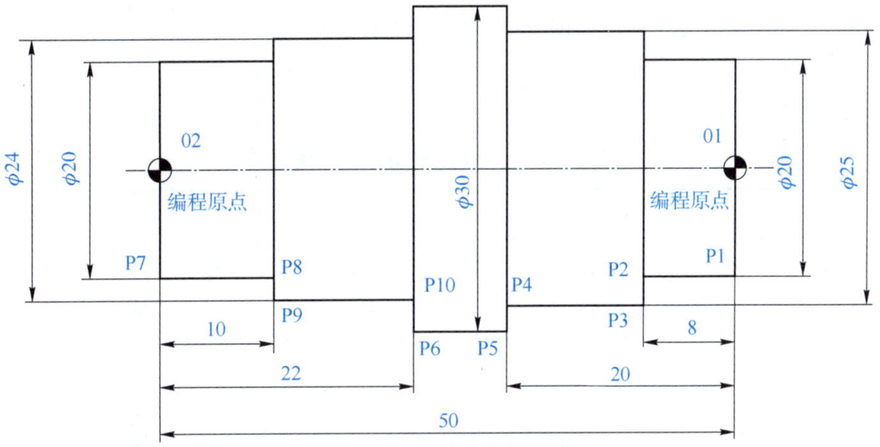

图 2－1－6　基点坐标示意

工件原点选择原则如下。

（1）与设计基准一致。

（2）尽量选在尺寸精度高、粗糙度低的工件表面。

（3）最好在工件的对称中心上。

（4）要便于测量和检测。

表 2－1－1　图 2－1－6 的基点坐标系

基点	坐标（X，Z）	基点	坐标（X，Z）
01	（0，0）	P6	（30，-28）
P1	（20，0）	02	（0，0）
P2	（20，-8）	P7	（20，0）
P3	（25，-8）	P8	（20，-10）
P4	（25，-20）	P9	（24，-10）
P5	（30，-20）	P10	（24，-22）

1.3　任务实施

阶梯轴仿真

1.3.1　工艺分析

（1）加工工艺分析

①编程原点的确定　该零件两端均需要加工，且需控制总长，分别将编程原点定在工件左、右端面与轴线的交点处。

②刀具选择 95°外圆车刀　该 95°主偏角车刀（图 2－1－7）主要用于外圆及端面的半精加工及精加工，其刀片为菱形，通用性好。

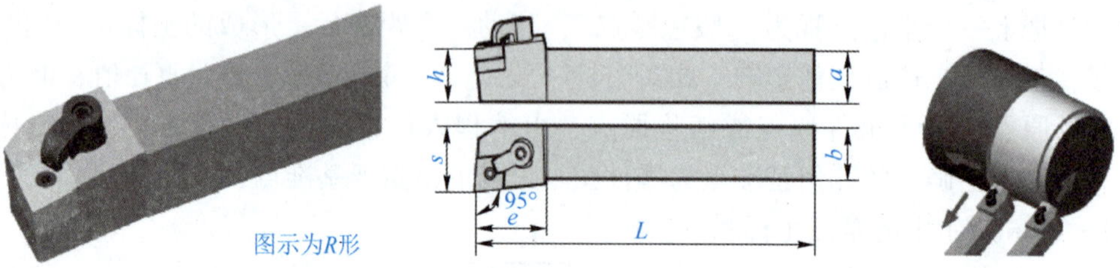

图 2－1－7　95°刀具示意

③确定刀具参数（表 2－1－2）。

表 2－1－2　切削用量及刀具选择

刀具号	刀具规格及名称	刀杆尺寸/mm	加工内容	主轴转速（r/min）	进给速度（mm/r）
T01	95°外圆刀	20×20	车端面、外轮廓	800	0.2

④填写工艺卡片（表 2－1－3）。

表 2－1－3　填写工艺卡片

<table>
<tr><td colspan="3" rowspan="2">数控加工工序</td><td colspan="2">零件名称</td><td>零件图号</td></tr>
<tr><td colspan="2">阶梯轴加工</td><td>图 2－1－1</td></tr>
<tr><td>材料名称</td><td>材料牌号</td><td>机床名称</td><td>机床型号</td><td>夹具名称</td><td>夹具编号</td></tr>
<tr><td>铝</td><td>6061</td><td>数控车床</td><td>CA6150</td><td>三爪卡盘</td><td></td></tr>
<tr><td>序号</td><td>工艺内容</td><td>切削转速（r/min）</td><td>进给速度（mm/r）</td><td>量具</td><td>刀具</td></tr>
<tr><td>1</td><td>装夹工件，伸出卡盘 50 mm</td><td></td><td></td><td></td><td></td></tr>
<tr><td>2</td><td>车图样上 ϕ30、ϕ25、ϕ22 外圆至尺寸</td><td>800</td><td>0.2</td><td>游标卡尺</td><td>95°外圆刀</td></tr>
<tr><td>3</td><td>掉头夹持零件右端 ϕ25 mm 的外圆</td><td></td><td></td><td></td><td></td></tr>
<tr><td>4</td><td>车左端面并控制总长 50 mm±0.1 mm</td><td>800</td><td>0.2</td><td>游标卡尺</td><td>95°外圆刀</td></tr>
<tr><td>5</td><td>车左端 ϕ24、ϕ20 外圆至尺寸</td><td>800</td><td>0.2</td><td>游标卡尺</td><td>95°外圆刀</td></tr>
</table>

（2）工件的装夹

①用三爪自定心卡盘夹住 ϕ35 mm、长约 20 mm 毛坯，零件伸出卡盘约 50 mm，如图 2－1－8 所示，②掉头夹持零件右端 ϕ25 mm 的外圆，如图 2－1－9 所示。

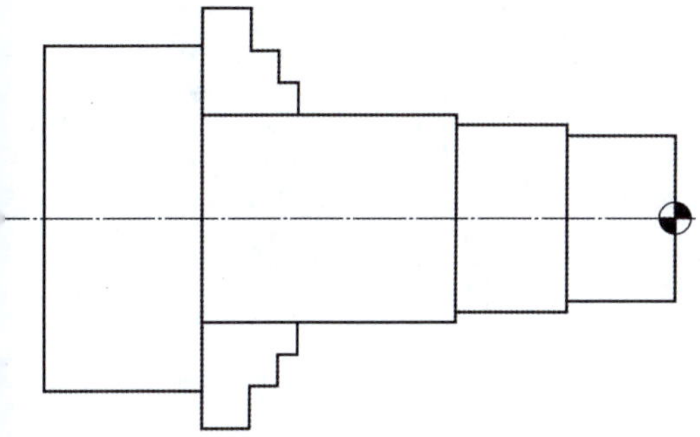

图 2-1-8　工件装夹（一）

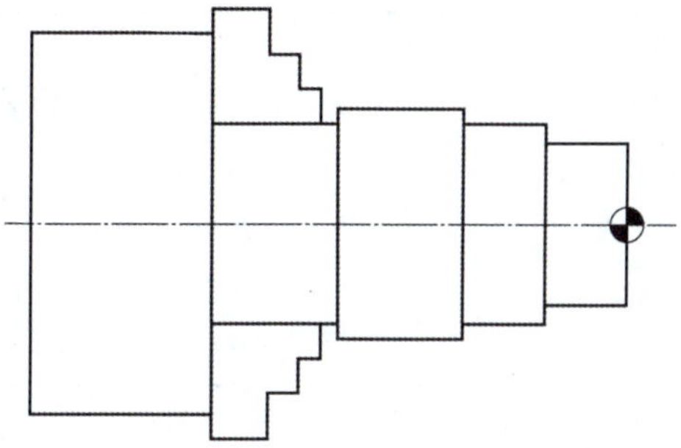

图 2-1-9　工件装夹（二）

阶梯轴实操

1.3.2　参考程序（表 2-1-4、表 2-1-5）

表 2-1-4　阶梯轴右端加工程序

O0001		主 程 序 名
N1	M03 S800	主轴正转转速 800 r/min
N2	T0101	选择 1 号刀具 95°右偏刀
N3	G99	选择每转进给量
N4	G00 X36 Z1	刀具快速定位到工件进刀点
N5	G01 X30 F0.2	吃刀量 5 mm，进给速度 0.2 mm/转
N6	G01 Z-30	车削长度 30 mm，比实际尺寸 28，长 2 mm
N7	G00 X31	快速退刀，刀具沿+X 方向退出
N8	Z1	快速退刀，刀具沿+Z 方向退出
N9	G01 X25	车 ϕ25 外圆，进刀 5 mm
N10	Z-20	车削长度 20 mm
N11	G00 X26	刀具沿+X 方向快速退刀
N12	Z1	刀具沿+Z 方向快速退刀
N13	G01 X20	车 ϕ20 外圆，进刀 5 mm
N14	Z-8	车削长度为 8 mm
N15	G00 X100	刀具退至安全点，方便测量、拆装工件
N16	Z100	刀具退至安全点，方便测量、拆装工件
N17	M30	程序结束并返回程序起点

表 2-1-5　阶梯轴左端加工程序

O0002		主 程 序 名
N1	M03 S800	主轴正转转速 800 r/min
N2	T0101	选择 1 号刀具 95°右偏刀
N3	G99	选择每转进给量
N4	G00 X36 Z1	刀具快速定位到工件进刀点
N5	G01 X30 F0.2	吃刀量 5 mm，进给速度 0.2 mm/转
N6	Z-22	车削长度 22 mm
N7	G00 X31	快速退刀，刀具沿+X 方向退出

表 2-1-5（续）

O0002		主 程 序 名
N8	Z1	快速退刀，刀具沿+*Z* 方向退出
N9	G01 X27	进刀 3 mm
N10	Z-22	车削长度 22 mm
N11	G00 X28	刀具沿+*X* 方向快速退刀
N12	Z1	刀具沿+*Z* 方向快速退刀
N13	G01 X24	车 ϕ24 外圆，进刀 3 mm
N14	Z-22	车削长度 22 mm
N15	G00 X26	刀具沿+*X* 方向快速退刀
N16	Z1	刀具沿+*Z* 方向快速退刀
N17	G01 X20	车 ϕ20 外圆，进刀 4 mm
N18	Z-10	车削长度为 10 mm
N19	G00 X100	刀具退至安全点，方便测量、拆装工件
N20	Z100	刀具退至安全点，方便测量、拆装工件
N21	M30	程序结束并返回程序起点

1.3.3 任务评价（表 2-1-6）

表 2-1-6 任务评价

班级：________ 小组：________ 姓名：________		指导教师： 日　期：				
评价项目	评价标准	评价依据	评价方式			小计
			学生自评 20%	小组互评 30%	教师评价 50%	
职业素养（30 分）	1. 遵守企业规章制度、劳动纪律； 2. 按时按质完成工作任务； 3. 积极主动承担工作任务，勤学好问； 4. 工作岗位 6S 完成情况；	1. 出勤率； 2. 工作态度； 3. 劳动纪律； 4. 团队协作精神； 5. 设备卫生保养；				
专业能力（50 分）	1. 熟练掌握阶梯轴的常见车削方法； 2. 掌握工件装夹技巧； 3. 认真填写任务单上的相关问答题；	1. 阶梯轴加工的规范性； 2. 工件装夹的正确性； 3. 专业技能任务完成情况；				
创新能力（20 分）	1. 在任务完成过程中能提出自己的见解及方案； 2. 在教学或生产管理上提出具有创新性的建议；	1. 方案的可行性及意义； 2. 建议的可行性；				
合　计						

【操作注意事项】

（1）加工前应做好各项检查工作。

（2）刀具、工件按要求装夹，认真遵守安全操作规程。
（3）在加工时，安全门上不许放任何物品，且须关好，手放在急停按钮上。
（4）在首次切削时，禁止采用自动方式加工，使用单段方式进行加工，以避免意外事故发生。

1.4　练习巩固

1. 分析 G00、G01 指令有何区别，运用 G00、G01 指令编写如图 2-1-10 所示的零件程序及加工。

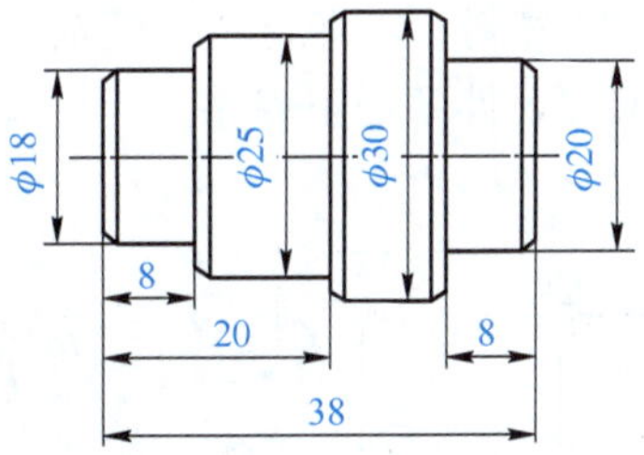

图 2-1-10　练习（一）

2. 运用 G00、G01 指令编写如图 2-1-11 所示的零件程序，未注倒角 *C*1。

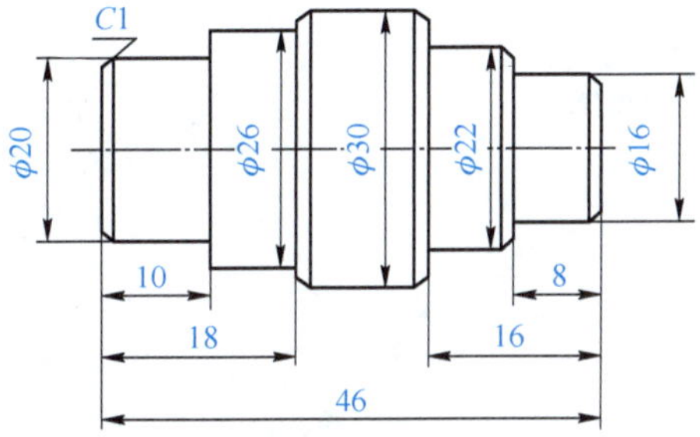

图 2-1-11　练习（二）

任务二　外圆锥零件的加工（一）

学习目标

1. 素质目标

（1）培养中职生的爱国情怀；
（2）培养中职生良好的学习创新能力。

2. 知识目标

（1）掌握 G90 指令的功能、格式及应用；
（2）掌握车锥度时锥度符号（正、负）的选择方法；
（3）了解编制外圆锥零件加工工艺。

3. 技能目标

(1) 掌握锥面零件的加工；

(2) 掌握内（外）径切削循环的加工方法；

(3) 熟练掌握零件的自动加工方法。

2.1 任务引入

如图 2-2-1 所示零件，材料为 ϕ35 棒料，毛坯材料为硬铝，根据图 2-2-1 和图 2-2-2 制定完成该产品的工艺过程，并运用 G90 指令编写零件的加工程序。

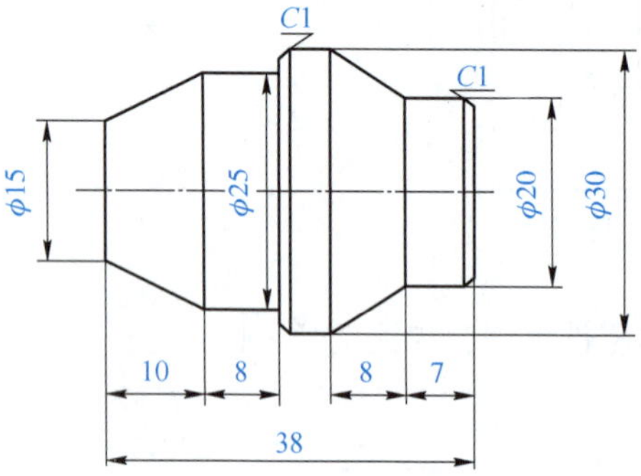

图 2-2-1 零件图

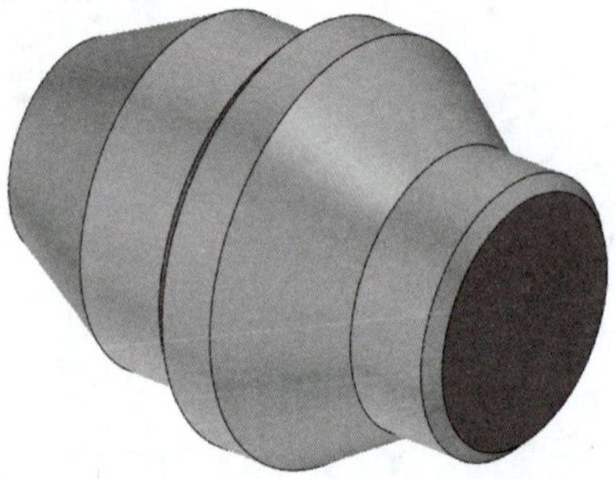

图 2-2-2 零件实物图

2.2 相关知识

圆锥在机械制造业中应用广泛，圆锥配合具有配合紧密、自动定心、自锁性好、装拆方便、互换性好等优点，常用于机床主轴、尾座锥孔、圆锥齿轮、顶尖、工具和刀具锥柄等。圆锥面的加工主要在车床上完成。

外圆锥教学视频

2.2.1 圆锥各部分名称

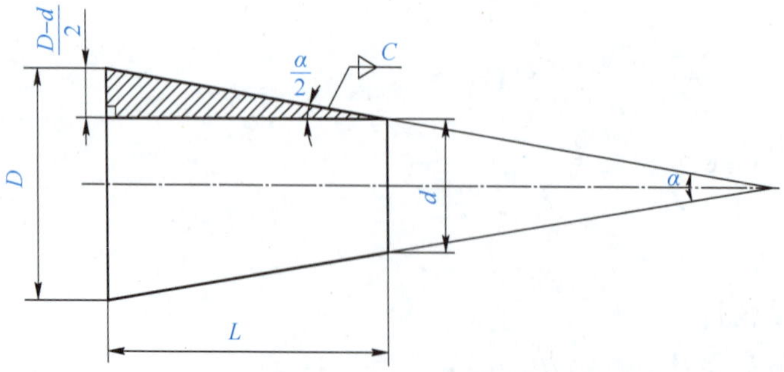

图 2-2-3 圆锥图

图 2-2-3 所示中各部分说明：

(1) D 为圆锥大径；

(2) d 为圆锥小径；

(3) L 为圆锥长度；

(4) C 为锥度。其计算公式为 $C=\dfrac{D-d}{L}$

(5) α 为圆锥角；

(6) $\alpha/2$ 为圆锥半角，关于圆锥半角的计算式为 $\tan\dfrac{\alpha}{2}=\dfrac{D-d}{2L}$

2.2.2　圆锥的基本参数计算

圆锥的基本参数如图 2-2-4 所示，其计算如表 2-2-1 所示。

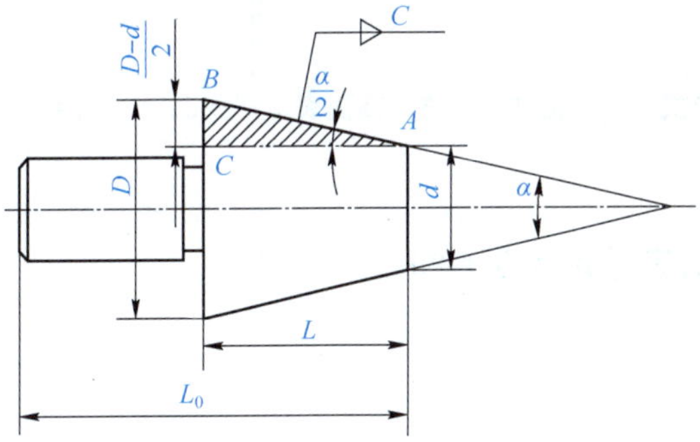

图 2-2-4　圆锥计算参数

表 2-2-1　锥度参数计算表

基本参数	代号	定　义	计算公式
锥度	C	圆锥大、小端直径之差与锥长之比	$C=\dfrac{D-d}{2}$
圆锥半角	$\alpha/2$	圆锥角 α 是通过圆锥轴线的截面内，两条素线间的夹角	$\tan\dfrac{\alpha}{2}=\dfrac{D-d}{2L}=\dfrac{C}{2}$
圆锥大端直径	D	圆锥最大端处直径	$D=d+CL=D+2L\tan\dfrac{\alpha}{2}$
圆锥小端直径	d	圆锥最小端处直径	$d=D-CL=D-2L\tan\dfrac{\alpha}{2}$
圆锥长度	L	圆锥最大端处直径与圆锥最小端处直径处的轴向距离	$L=\dfrac{D-d}{C}=\dfrac{D-d}{2\tan\dfrac{\alpha}{2}}$

2.2.3　大余量圆锥车削加工路线的确定

如图 2-2-5 (a) 所示为平行法车正锥的加工路线。平行法车正锥时，刀具每次的切削深度相等，切削运动的距离较短。采用这种加工路线时，加工效率高，但需要计算终刀距 S。

如图 2-2-5 (b) 所示为终点法车正锥加工路线。终点法车正锥时，不需要计算终刀距 S，但在每次切削中，切削深度是变化的，而且切削运动的路线较长，容易引起工件表面粗糙度不一致。

车倒锥的原理与正锥相同。

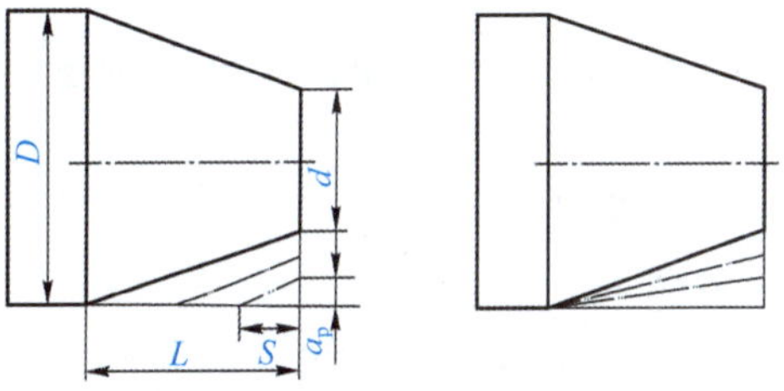

(a) 平行法车锥度　(b) 终点法车锥度

图 2-2-5　正锥图

2.2.4 锥度面的常见表达形式

(1) 锥度符号表达　如图 2-2-6 所示，可根据已知条件通过锥度公式求出其他未知尺寸。

(2) 角度表达　如图 2-2-7 所示，可根据已知条件通过直角三解函数关系求出其他未知尺寸。

(3) 直接已知大径、小径和长度，可直接从图中表达求出，如图 2-2-8 所示。

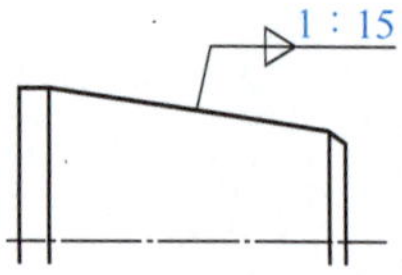

图 2-2-6　锥面表达形式一

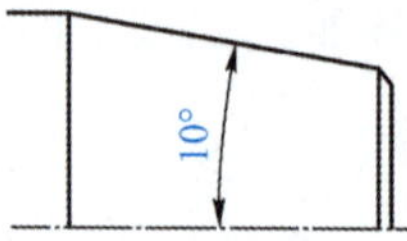

图 2-2-7　锥面表达形式二

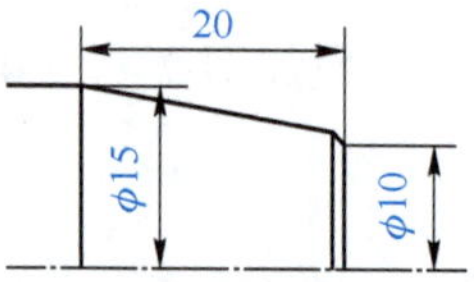

图 2-2-8　锥面表达形式三

2.2.5 内径、外径单一固定循环指令 G90

1. 车削圆柱面

格式：

G90 X(U)____ Z(W)____ F ____;

说明：

X(U)、Z(W) 表示内外径切削终坐标；F 表示进给速度。

G90 指令用于轴类零件车削加工（*X* 向切削半径小于 *Z* 向切削长度），刀具起点与指定的终点形成一个封闭的矩形。刀具从起点沿 *X* 轴方向进给，完成一个矩形循环，其中第一步和最后一步为 G00 动作方式，中间两步为 G01 动作方式，指令中的 F 字只对中间两步起作用。

如图 2-2-9 所示，沿刀具进给方向，按 *A*→*B*→*C*→*D* 顺序循环，最后回到循环起点，其中第一刀为 G00 方式运动，第二刀切削工件外圆，第三刀切削工件端面，第四刀以 G00 方式快速退刀回到切削起点。例如用 G90 编程，分粗、精加工简单圆柱零件，点画线代表毛坯尺寸。程序代码如下：

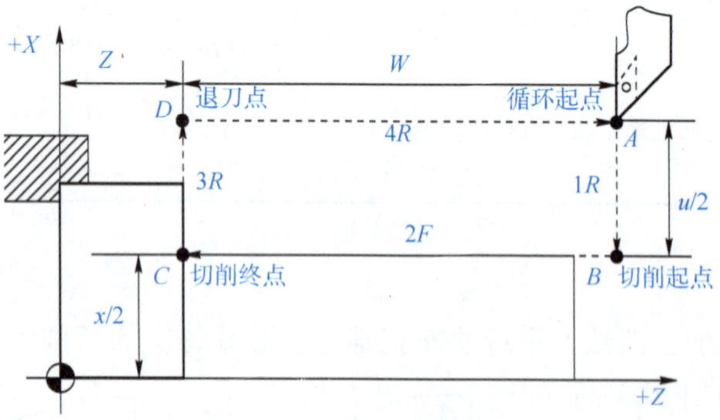

图 2-2-9　外径固定循环

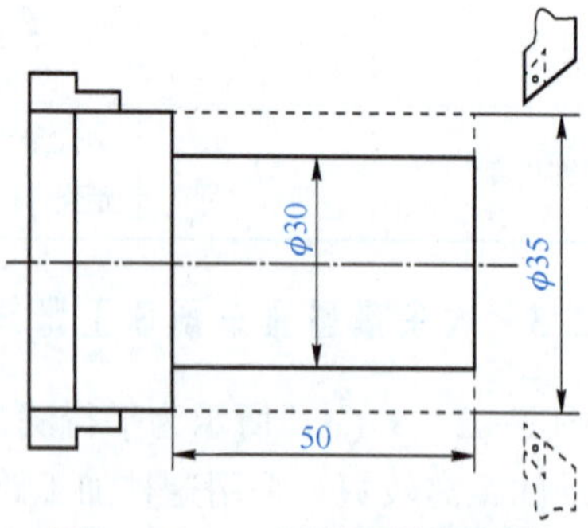

图 2-2-10　圆柱面编程实例

```
%1234
N10 T0101                     选择 1 号刀，1 号刀的刀补
N20 M03 S500                  主轴正转，500 r/min
N30 G00 X100 Z100             定位至安全距离
N40 X37 Z3                    定位至进刀点
N50 G90 X33 Z-50 F0.2         加工第一刀
N60 G90 X32 Z-50 F0.2         加工第二刀
```

```
N70                              加工第三刀
N80 G90 X31 Z-50 F0.2
N90 G90 X30 Z-50 F0.1            精车到位
N100 G00 X100                    X 向退至安全距离
N110 Z100                        Z 向退至安全距离
N120 M30                         程序结束并返回程序原点
```

2. 车削圆锥面

格式：

G90 X(U)____ Z(W)____ R____ F____;

说明：

X(U)、Z(W) 表示内外径切削终坐标；R 表示圆锥面切削起点与切削终点的半径差；F 表示进给速度。

如图 2-2-11 所示，沿刀具进给方向，按 *A*→*B*→*C*→*D* 的顺序循环，最后又回到循环起点。其中第一刀为 G00 方式运动；第二刀切削工件外圆；第三刀切削工件端面；第四刀以 G00 方式快速退刀回到切削起点。

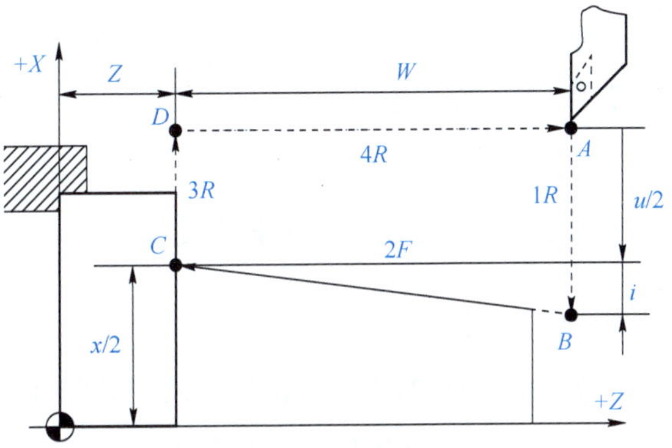

图 2-2-11 外圆锥固定循环

圆锥加工方法如下。

(1) 终点法车锥（图 2-2-12） *X*、*Z* 终点坐标不变，每个程序段只改变 *R* 值。其程序代码如下：

```
O0003;
T0101;
M03 S500;
G00 X52 Z2;
G90 X50 Z-30 R-4 F0.2;
R-8;
R-11.67 S1000 F0.1;
G00 X100 Z100;
```

(2) 平行法车锥（图 2-2-13） *R*、*Z* 值不变，只改变 *X* 值。

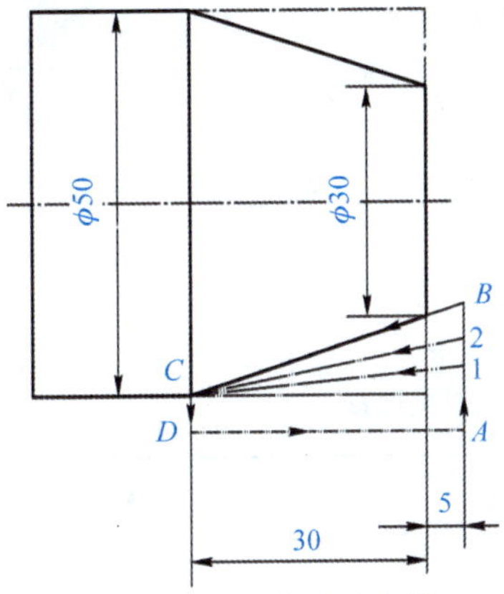

图 2-2-12 终点法车锥

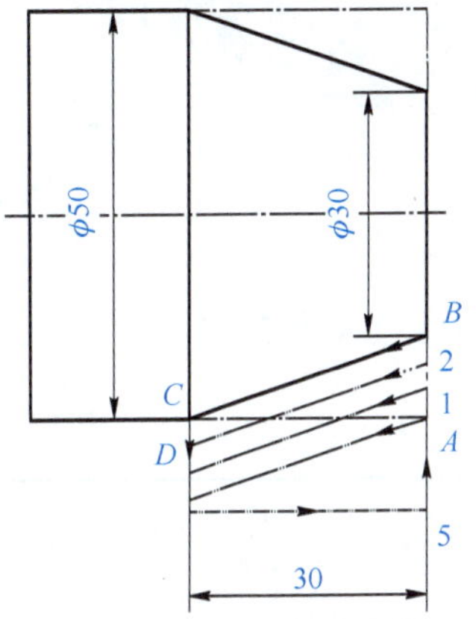

图 2-2-13 平行法车锥

其程序代码如下：

```
O0004;
T0101;
M03 S500;
G00 X66 Z5;
G90 X65 Z-30 R-10 F0.2;
X60;
X55;
X55;
X50 S1000 F0.1;
G00 X100 Z100;
M30;
```

外圆锥仿真

2.3 任务实施

2.3.1 工件的加工工艺分析及装夹

1. 加工工艺分析

（1）编程原点的确定　该零件两端均需要加工，且需控制总长，可分别将编程原点定在工件左、右端面与轴线的交点处。

（2）刀具选择95°外圆车刀　该95°主偏角车刀（图2－2－14）主要用于外圆及端面的半精加工及精加工，其刀片为菱形，通用性好。

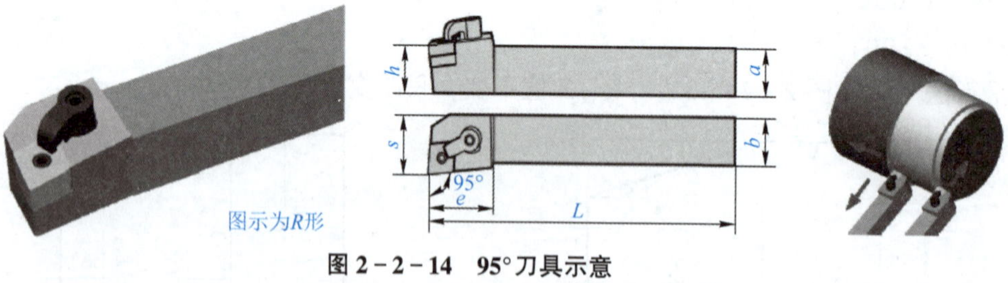

图2－2－14　95°刀具示意

（3）确定刀具参数（表2－2－2）。

表2－2－2　切削用量及刀具选择

刀具号	刀具规格及名称	刀杆尺寸/mm	加工内容	主轴转速（r/min）	进给速度（mm/r）
T01	95°外圆刀	20×20	车端面、外轮廓	800	0.2

(4) 填写工艺卡片（表 2-2-3）。

表 2-2-3　工艺卡片

数控加工工序			零件名称		零件图号
			外圆锥零件加工		图 2-2-1
材料名称	材料牌号	机床名称	机床型号	夹具名称	夹具编号
铝	6061	数控车床	CA6150	三爪卡盘	

序号	工艺内容	切削转速 (r/min)	进给速度 (mm/r)	量具	刀具
1	装夹工件，伸出卡盘 48 mm				
2	车图样上 ϕ30、ϕ25、外圆及锥面至尺寸	800	0.2	游标卡尺	95°外圆刀
3	掉头夹持零件左端 ϕ25 mm 的外圆				
4	车右端面并控制总长 38 mm±0.1 mm	800	0.2	游标卡尺	95°外圆刀
5	车右端 ϕ20 外圆及锥面至尺寸	800	0.2	游标卡尺	95°外圆刀

2. 工件的装夹

(1) 用三爪自定心卡盘夹住 ϕ35 mm 的毛坯，如图 2-2-15 所示。

(2) 掉头夹持零件右端 ϕ25 mm 的外圆，如图 2-2-16 所示。

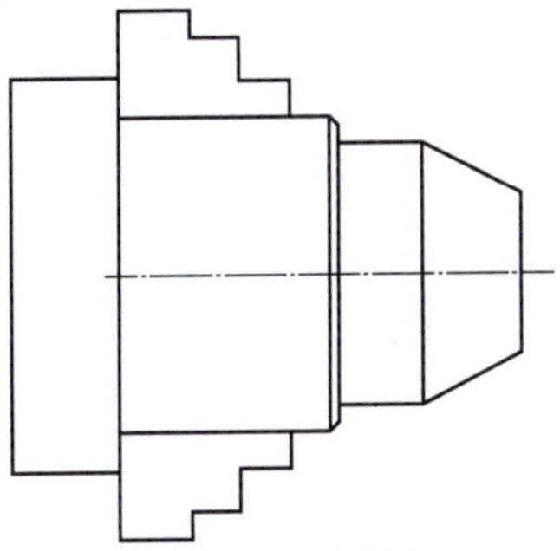

图 2-2-15　工件装夹（一）

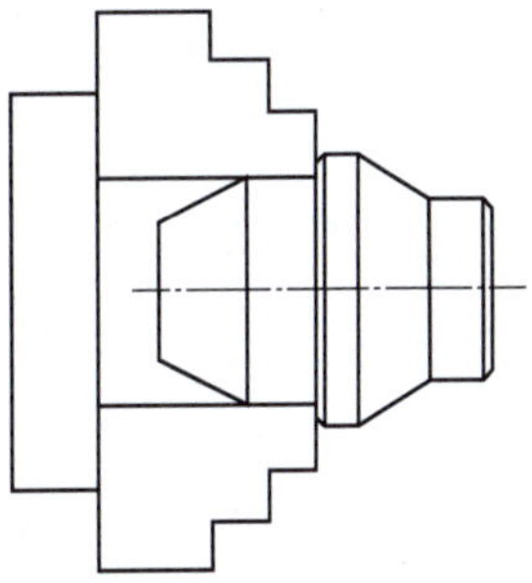

图 2-2-16　工件装夹（二）

2.3.2　零件加工程序（表 2-2-4、表 2-2-5）

表 2-2-4　外圆锥零件右端加工程序（一）

O0001		主　程　序　名
N1	M03 S800	主轴正转转速 800 r/min
N2	T0101	选择 1 号刀具 95°右偏刀
N3	G99	选择每转进给
N4	G00 X36 Z1	刀具快速定位到工件进刀点
N5	G90 X30 Z-25 F0.15	车削 ϕ30 外圆，每转进给 0.15 mm、
N6	X25 Z-18	车削 ϕ25 外圆，长 18 mm
N7	G90 X25 Z-10 R-3	粗车削锥面
N8	G90 X25 Z-10 R-5	车削锥面

表 2-2-4（续）

O0001		主 程 序 名
N9	G00 Z-17	移动至倒角位置
N10	G01 X28	移动至倒角位置
N11	G01 Z-18	移动至倒角位置
N12	X30 Z-19	车削倒角
N13	G00 X100	快速退刀，刀具沿+*X* 方向退出
N14	Z100	快速退刀，刀具沿+*Z* 方向退出
N15	M30	程序结束并返回程序起点

外圆锥实操

表 2-2-5　外圆锥零件左端加工程序（一）

O0002		主 程 序 名
N1	M03 S800	主轴正转转速 800 r/min
N2	T0101	选择 1 号刀具 95°右偏刀
N3	G99	选择每转进给
N4	G00 X36 Z1	刀具快速定位到工件进刀点
N5	G90 X31 Z-7 F0.15	车削 ϕ20 外圆部分，进给速度 0.15 mm/r
N6	X27	车削 ϕ20 外圆部分
N7	G00 X28	*X* 轴定位至 ϕ28
N8	G90 X23 Z-7	进刀 3 mm
N9	X20	车削 ϕ20 外圆部分
N10	G00 X32 Z-7	车削锥面定位
N11	G90 X30 Z-15 R-3	车削锥面
N12	G90 X30 Z-15 R-5	车削锥面
N13	G00 Z1	车削倒角快速定位
N14	G00 X18	车削倒角快速定位
N15	G01 Z0	倒角 *Z* 轴起点 0
N16	G01 X20 Z-1	车削倒角
N17	G00 X100	刀具退至安全点，方便测量、拆装工件
N18	Z100	刀具退至安全点，方便测量、拆装工件
N19	M30	程序结束并返回程序起点

2.3.3 任务评价（表 2-2-6）

表 2-2-6　任务评价表

班级：____ 小组：____ 姓名：____		指导教师： 日　期：				
评价项目	评价标准	评价依据	评价方式			小计
			学生自评 20%	小组互评 30%	教师评价 50%	
职业素养（30 分）	1. 遵守企业规章制度、劳动纪律； 2. 按时按质完成工作任务； 3. 积极主动承担工作任务，勤学好问； 4. 工作岗位 6S 完成情况；	1. 出勤率； 2. 作态度； 3. 劳动纪律； 4. 团队协作精神； 5. 设备卫生保养；				
专业能力（50 分）	1. 熟练掌握外圆锥零件的常见车削方法； 2. 掌握一般工件装夹技巧； 3. 认真填写任务单上的相关问答题；	1. 外圆锥零件加工的规范性； 2. 工件装夹的正确性； 3. 专业技能任务的完成情况；				
创新能力（20 分）	1. 在任务完成过程中能提出自己的见解及方案； 2. 在教学或生产管理上提出具有创新性的建议；	1. 方案的可行性及意义； 2. 建议的可行性；				
合　计						

【操作注意事项】

(1) 在加工前应做好各项检查工作。

(2) 刀具、工件按要求装夹，认真遵守安全操作规程。

(3) 在加工时，安全门上不许放任何物品，且须关好，手放在急停按钮上。

(4) 在首次切削时，禁止采用自动方式加工，使用单段方式进行加工，以避免意外事故发生。

2.4 练习巩固

1. 编写图 2-2-17 所示零件程序。

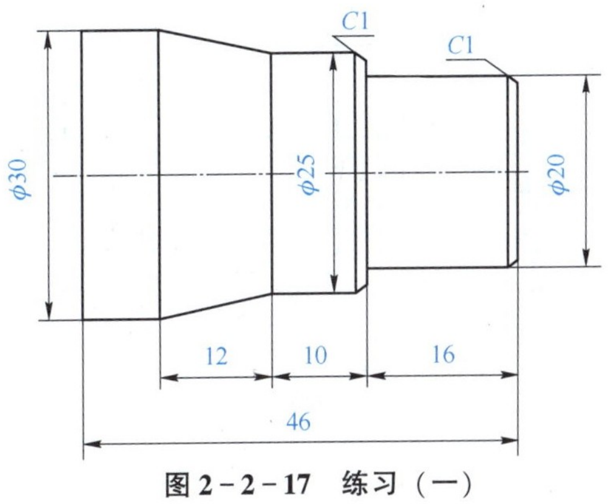

图 2-2-17　练习（一）

2. 加工如图 2－2－18 所示的工件，设毛坯尺寸 $\phi35$，编写加工程序。

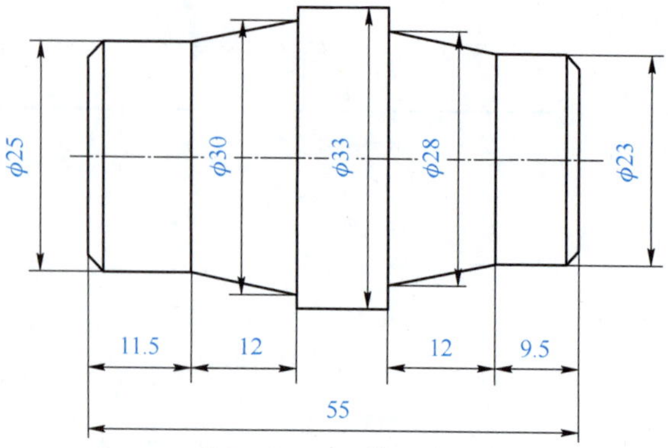

图 2－2－18　练习（二）

任务三　外圆锥零件的加工（二）

学习目标

1. 素质目标

（1）培养中职生的爱国情怀；

（2）培养中职生良好的学习创新能力。

2. 知识目标

（1）掌握 G94 指令的功能、格式及应用；

（2）掌握车锥度时锥度符号（正、负）的选择方法；

（3）了解编制圆锥台零件加工工艺。

3. 技能目标

（1）掌握锥面零件的加工；

（2）掌握端面切削循环的加工方法；

（3）熟练掌握零件的自动加工方法。

3.1　任务引入

如图 2－2－1 所示零件，材料为 $\phi35$ 棒料，毛坯材料为硬铝，根据图 2－3－1和图 2－3－2 制定完成该产品的工艺过程，并运用 G94 指令编写零件的加工程序。

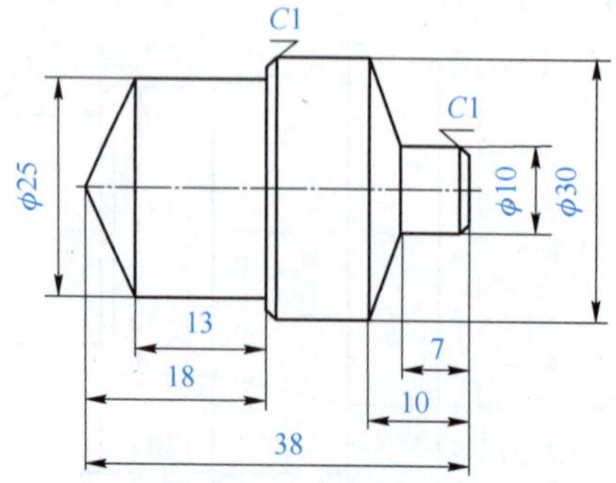

图 2－3－1　零件示意

图 2－3－2　零件实物示意

3.2　相关知识

外圆锥面零件仿真

3.2.1　端面单一固定循环指令（G94）

1. 车削端面

格式：

G94 X(U)____ Z(W)____ F ____；

说明：

X(U)、Z(W) 表示内外径切削终坐标；F 表示进给速度。

G94 指令用于盘类零件车削加工（*X* 向切削半径大于 *Z* 向切削长度），它的切削特点是利用刀具的端面切削刃作为主切削刃。G94 区别于 G90，它是先沿 *Z* 方向快速进给，再车削工件端面，退刀光整外圆，再快速退回切削起点。刀具的走向为一个矩形循环，其中第一步和最后一步为 G00 动作方式，中间两步为 G01 动作方式，指令中的 F 字只对中间两步起作用。

G94 走刀过程如图 2-3-3 所示，沿刀具进给方向，按 *A*→*B*→*C*→*D* 顺序循环，最后回到循环起点。

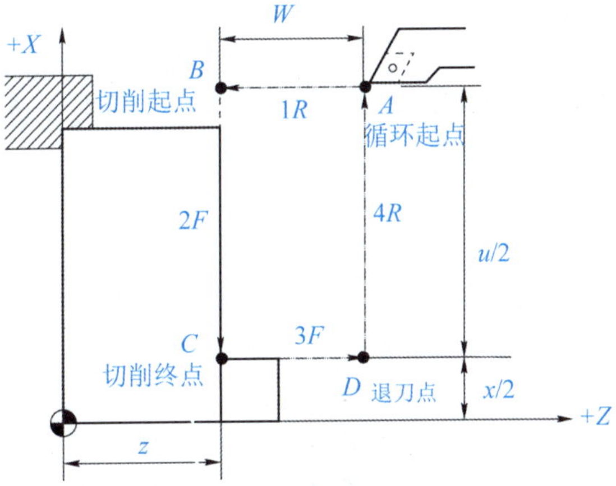

图 2-3-3　端面切削循环

如图 2-3-4 所示零件，采用 G94 程序编程，其代码如下：

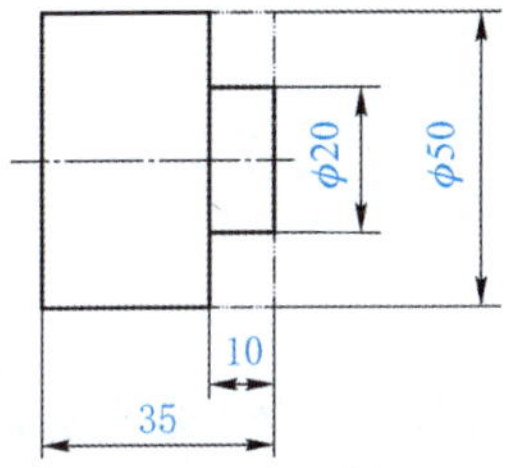

图 2-3-4　端面循环练习

```
%2310
N10 T0101
N20 M03 S500              主轴以 500 r/min 旋转
N30 G00 X100 Z100         定位至安全距离
N40 G00 X55 Z3            定位至进刀点
N50 G94 X20 Z-2.5 F0.2    加工第一次循环，切削深度 2.5 mm
N60 G94 X20 Z-5 F0.2      加工第二次循环，切削深度 2.5 mm
N70 G94 X20 Z-7.5 F0.2    加工第三次循环，切削深度 2.5 mm
N80 G94 X20 Z-10 F0.2     加工第四次循环，切削深度 2.5 mm
N90 G00 X100              X 向退出至安全距离
N100 Z100                 Z 向退出至安全距离
N110 M30
```

（2）车削锥面

格式：

G94 X(U)____ Z(W)____ R ____ F ____;

说明：

X(U)、Z(W) 表示内外径切削终坐标；R 表示锥端面切削起点轴向坐标减去终点轴向坐标；F 表示进给速度。

如图 2－3－5 所示，沿刀具进给方向，按 *A*→*B*→*C*→*D* 顺序循环，最后回到循环起点。其中第一刀为 G00 方式运动；第二刀切削工件外圆；第三刀切削工件端面；第四刀以 G00 方式快速退刀回到起点。

如图 2－3－6 所示零件，采用 G94 程序编程，其代码如下：

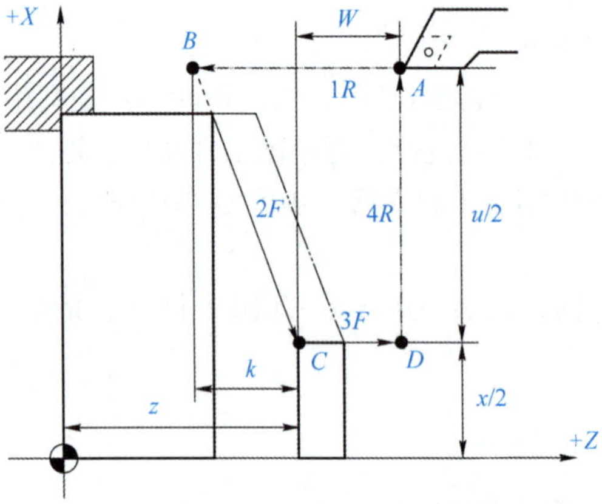

图 2－3－5　圆锥端面切削循环

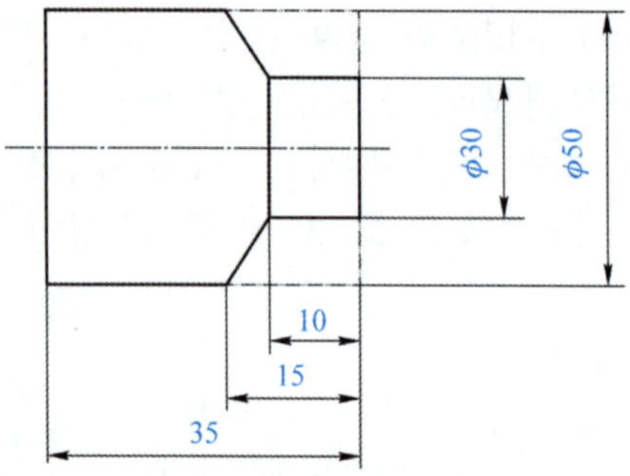

图 2－3－6　端面循环练习

```
%2320
N10 T0101
N20M03 S500                     主轴以 500 r/min 旋转
N30 G00 X100 Z100               定位至安全距离
N40 G00 X55 Z3                  定位至进刀点
N50 G94 X30 Z-2.5 R-6.5 F0.2    加工第一次循环，切削深度 2.5 mm
N60 G94 X30 Z-5 R-6.5 F0.2      加工第二次循环，切削深度 2.5 mm
N70G94 X30 Z-7.5 R-6.5 F0.2     加工第三次循环，切削深度 2.5 mm
N80 G94 X30 Z-10 R-6.5 F0.2     加工第四次循环，切削深度 2.5 mm
N90 G00 X100                    X 向退出至安全距离
N100 Z100                       Z 向退出至安全距离
N110 M30
```

3.2.2　G94 锥度循环中 *R* 值的求法

（1）*K* 值为切削起点 *B* 相对于切削终点 *C* 的 *Z* 向有向距离。

（2）图纸所示 *AB* 段为 *R* 值，如 *R*=5，表示进刀点为 *A* 点，则 *R*=5 mm。

（3）在实际加工过程中，进刀时刀具应从毛坯外部进入切削，*X* 向应延长 2~3 mm，如图 2－3－7 所示的 *C* 点，*C* 点坐标为编程确定，*A* 点 *X*=50，*B* 点可取 52~55，此处 *C* 点为 *X*=55，故实际加工 *R* 值等于 *CD* 段，根据三角形同比公式：

$$\frac{BE}{AB}=\frac{DE}{CD}\rightarrow\frac{10}{5}=\frac{12.5}{R}\rightarrow R=6.25$$

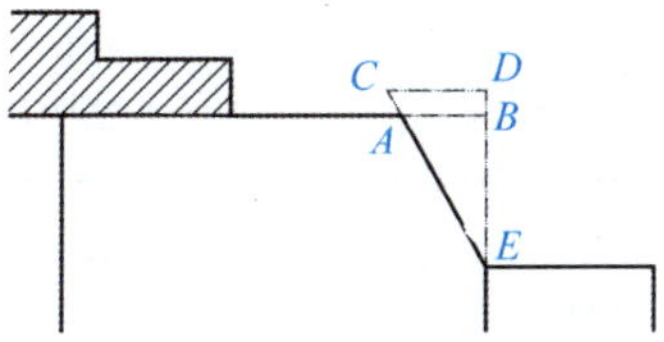

图 2-3-7　G94 锥面循环中 *R* 值的求法

3.2.3　百分表找正技巧

(1) 用手轻轻抵压表针，看它在受力时往哪个方向转动，这就是高出的方向。

(2) 百分表座吸在刀架座上，把百分表夹在表座上，注意不要太紧，以免夹坏表的伸缩套。以表不动即可。移动表座，使百分表对工件有 4 mm 的压力就可以了。

(3) 慢慢用手转动工件一圈，分别在四个方向用粉笔画上标记，高的地方画+，低的地方画-，最好是先将 180°的方向找得差不多了，然后再找另一个 180°方向，边找正，边松并车床卡盘的三爪，轻轻敲击工件，调整高低差别，就这样逐步慢慢调整，就会调到比较合适的圆度了。

3.2.4　百分表的工作原理

百分表是利用齿条齿轮或杠杆齿轮的传动，将测杆的直线位移变为指针的角位移的计量器具。百分表是一种精度较高的比较量具，它既能测出相对数值，也能测出绝对数值。其主要用于测量形状和位置误差，也可用于机床上安装工件时的精密找正。百分表的读数准确度为 0.01 mm。

百分表的工作原理就是将被测尺寸引起的测杆微小直线移动，经过齿轮传动放大，变为指针在刻度盘上的转动，从而读出被测尺寸的大小。当测量杆向上或向下移动 1 mm 时，通过齿轮传动系统带动大指针转一圈，小指针 7 转一格。刻度盘在圆周上有 100 个等分格，各格的读数值为 0.01 mm。小指针每格读数为 1 mm。测量时指针读数的变动量即为尺寸变化量。刻度盘可以转动，以便测量时大指针对准零刻线。

3.3　任务实施

3.3.1　工件的加工工艺分析及装夹

1. 加工工艺分析

(1) 编程原点的确定。该零件两端均需要加工，且需控制总长，分别将编程原点定在工件左、右端面与轴线的交点处。

(2) 刀具选择 95°外圆车刀。该 95°主偏角车刀（图 2-3-8）主要用于外圆及端面的半精加工及精加工，其刀片为菱形，通用性好。

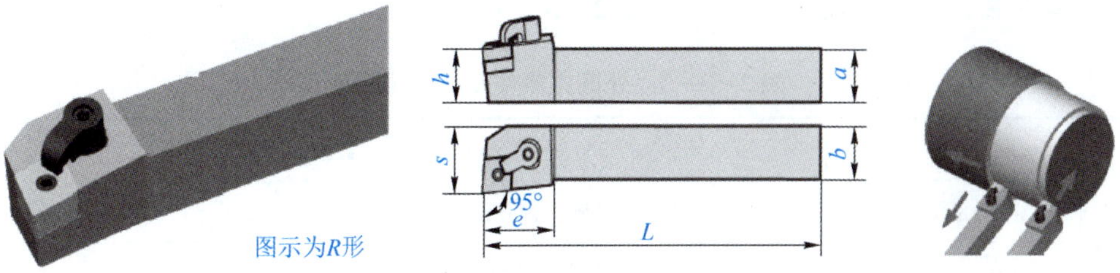

图 2-3-8　95°刀具示意

(3) 确定刀具参数（表2-3-1）。

表2-3-1 切削用量及刀具选择

刀具号	刀具规格及名称	刀杆尺寸/mm	加工内容	主轴转速(r/min)	进给速度(mm/r)
T01	95°外圆刀	20×20	车端面、外轮廓	800	0.2

④填写工艺卡片（表2-3-2）

表2-3-2 工艺卡片

数控加工工序			零件名称		零件图号	
			外圆锥零件加工		图2-3-1	
材料名称	材料牌号	机床名称	机床型号	夹具名称	夹具编号	
铝	6061	数控车床	CA6150	三爪卡盘		
序号	工艺内容	切削转速(r/min))	进给速度(mm/r)	量具	刀具	
1	装夹工件，伸出卡盘48 mm					
2	车图样上ϕ30、ϕ25、外圆及锥面至尺寸	800	0.2	游标卡尺	95°外圆刀	
3	掉头夹持零件左端ϕ25 mm的外圆，并校正外圆。					
4	车右端面并控制总长38 mm±0.1 mm	800	0.2	游标卡尺	95°外圆刀	
5	车右端ϕ10外圆及锥面至尺寸	800	0.2	游标卡尺	95°外圆刀	

2. 工件的装夹

(1) 用三爪自定心卡盘夹住ϕ35 mm的毛坯，零件伸出卡盘约48 mm，如图2-3-9所示。

(2) 掉头夹持零件右端ϕ25 mm的外圆，如图2-3-10所示。

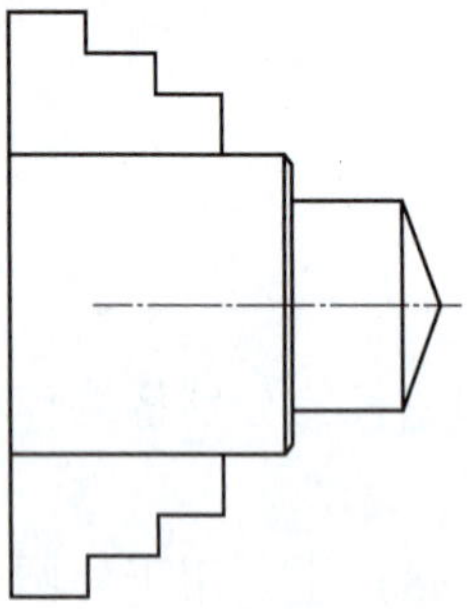

图2-3-9 工件装夹（一）

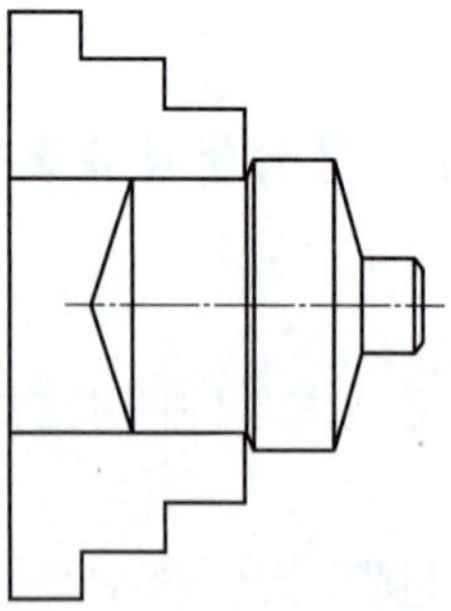

图2-3-10 工件装夹（二）

3.3.2 零件加工程序（表2-3-3、表2-3-4）

表2-3-3 外圆锥零件左端加工程序（一）

O0001		主 程 序 名
N1	M03 S800	主轴正转转速800 r/min
N2	T0101	选择1号刀具95°右偏刀

表 2-3-3（续）

O0001		主 程 序 名
N3	G99	选择每转进给
N4	G00 X36 Z1	刀具快速定位到工件进刀点
N5	G90 X31 Z-30 F0.2	车削 ϕ30 外圆，每转进给 0.2 mm
N6	G01 X25	车削 ϕ25 外圆，长 18 mm
N7	Z-18	
N8	X28	车端面，
N9	X30 Z-19	车倒角
N10	Z-30	精车 ϕ30 外圆
N11	G00 X31	退刀。
N12	Z2	*Z* 轴退回到安全位置
N13	G01 X25	车锥前定位
N14	G94 X0 Z0 R-2.5	粗车削锥面
N15	G94X0 Z0 R-5	车削锥面
N16	G00 X100	快速退刀，刀具沿+*X* 方向退出
N17	Z100	快速退刀，刀具沿+*Z* 方向退出
N18	M30	程序结束并返回程序起点

表 2-3-4　外圆锥零件左端加工程序（二）

O0002		主 程 序 名
N1	M03 S800	主轴正转转速 800 r/min
N2	T0101	选择 1 号刀具 95°右偏刀
N3	G99	选择每转进给
N4	G00 X36 Z1	刀具快速定位到工件进刀点
N5	G90 X30 Z-10 F0.2	车削 ϕ30 外圆部分，进给速度 0.2 mm/转
N6	G00X32	退刀
N7	G00 Z2	退刀
N8	G94 X10 Z-2.5 R-10	车削锥面
N9	G94 X10 Z-5 R-10	
N10	G94 X10 Z-7.5 R-10	
N11	G94 X10 Z-10 R-10	
N12	G00 X8	定位
N13	G01 Z0	
N14	X10 Z-1	车削倒角
N15	Z-7	精车 ϕ100 外圆部分
N16	X30 Z-10	精车锥面

表 2-3-4（续）

O0002		主　程　序　名
N17	G00 X100	刀具退至安全点，方便测量、拆装工件
N18	Z100	刀具退至安全点，方便测量、拆装工件
N19	M30	程序结束并返回程序起点

3.3.3 任务评价（表 2-3-5）

表 2-3-5　任务评价

<table>
<tr><td colspan="2">班级：______
小组：______
姓名：______</td><td colspan="5">指导教师：
日　期：</td></tr>
<tr><td rowspan="2">评价项目</td><td rowspan="2">评 价 标 准</td><td rowspan="2">评价依据</td><td colspan="3">评价方式</td><td rowspan="2">小计</td></tr>
<tr><td>学生自评 20%</td><td>小组互评 30%</td><td>教师评价 50%</td></tr>
<tr><td>职业素养（30 分）</td><td>1. 遵守企业规章制度、劳动纪律；
2. 按时按质完成工作任务；
3. 积极主动承担工作任务，勤学好问；
4. 工作岗位 6S 完成情况；</td><td>1. 出勤率；
2. 工作态度；
3. 劳动纪律；
4. 团队协作精神；
5. 设备卫生保养；</td><td></td><td></td><td></td><td></td></tr>
<tr><td>专业能力（50 分）</td><td>1. 熟练掌握圆锥零件的常见车削方法；
2. 掌握工件装夹技巧；
3. 认真填写任务单上的相关问答题；</td><td>1. 圆锥零件加工的规范性；
2. 工件装夹的正确性；
3. 专业技能任务完成情况；</td><td></td><td></td><td></td><td></td></tr>
<tr><td>创新能力（20 分）</td><td>1. 在任务完成过程中能提出自己的见解及方案；
2. 在教学或生产管理上提出具有创新性的建议；</td><td>1. 方案的可行性及意义；
2. 建议的可行性；</td><td></td><td></td><td></td><td></td></tr>
<tr><td colspan="3">合　计</td><td colspan="4"></td></tr>
</table>

【操作注意事项】

（1）在加工前应做好各项检查工作。

（2）刀具、工件按要求装夹，认真遵守安全操作规程。

（3）在加工时，安全门上不许放任何物品，且须关好，手放在急停按钮上。

（4）在首次切削时，禁止采用自动方式加工，使用单段方式进行加工，以避免意外事故发生。

3.4 练习巩固

1. 编写图 2-3-11 所示零件的加工程序。
2. 编写图 2-3-12 所示零件的加工程序。

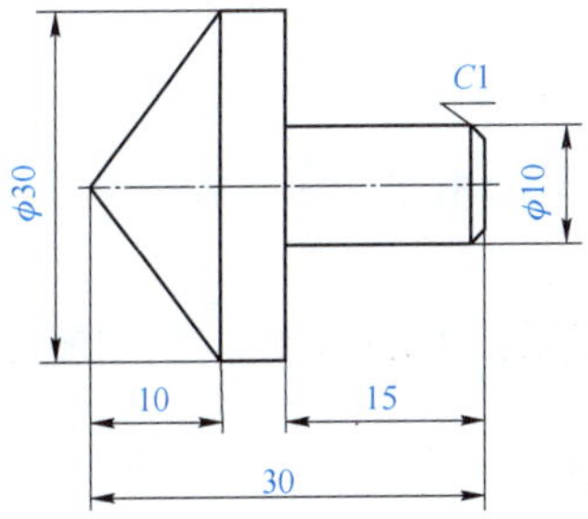

图 2-3-11　练习（一）

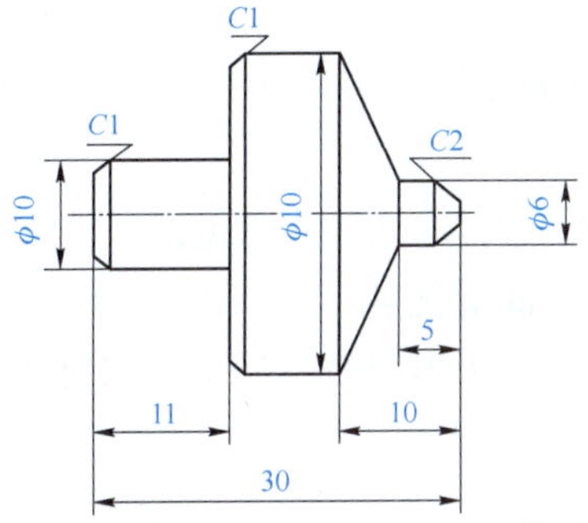

图 2-3-12　练习（二）

任务四　圆弧零件的加工

学习目标

1. 素质目标

（1）培养中职生的爱国主义情怀；
（2）培养中职生安全文明生产的意识。

2. 知识目标

（1）掌握 G02、G03 指令格式、功能及应用；
（2）掌握圆弧加工编程坐标点的计算方法；
（3）熟悉制定圆弧面零件加工工艺。

圆弧零件教学视频

3. 技能目标

（1）能熟练装夹工件、刀具；
（2）了解圆弧面测量方法；
（3）掌握各种圆弧面加工及尺寸控制方法。

4.1　任务引入

如图 2-4-1 所示零件，材料为 $\phi35$ 棒料，毛坯材料为硬铝，根据图样制定完成该产品的工艺过程，并运用 G02、G03 指令编写零件的加工程序。

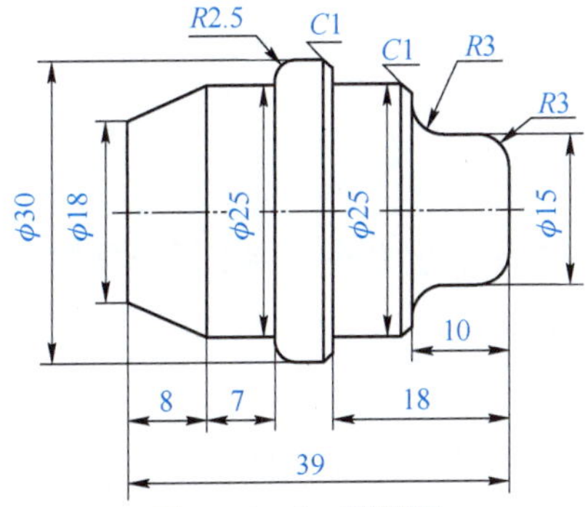

图 2-4-1　零件图

图 2-4-2　零件实物图

4.2 相关知识

圆弧类工件是数控车床加工常见的工件类型之一，同普通车床相比，在数控车床上加工圆弧类工件，具有精度高、效率高的优点。

在数控车床上加工的圆弧类型常见的有倒角圆弧、过渡圆弧、内凹圆弧、外凸圆弧以及由它们组成的连续圆弧等。

4.2.1 圆弧插补指令（G02/G03）

1. 圆弧编程

(1) 圆弧半径编程

格式：

G02 X(U)____ Z(W)____ R ____ F ____;

G03 X(U)____ Z(W)____ R ____ F ____;

(2) 圆心坐标编程

格式：

G02 X(U)____ Z(W)____ I ____ K ____ F ____;

G03 X(U)____ Z(W)____ I ____ K ____ F ____;

说明：G02 表示顺时针圆弧插补；G03 表示逆时针圆弧插补；X(U)、Z(W) 表示圆弧终点的坐标值；R 表示圆弧半径；I、K 表示圆心相对于圆弧起点的增量值，即圆心坐标减去圆弧起点坐标；F 表示进给速度。

2. 顺逆圆弧判断

圆弧插补 G02/G03 的判断，是在加工平面内，根据其插补时的旋转方向为顺时针/逆时针来区分的。加工平面为观察者迎着 *Y* 轴的指向所面对的平面。朝着圆弧所在平面的另一坐标轴的负方向看，顺时针方向为 G02 指令，逆时针方向为 G03 指令，如图 2-4-3 所示。

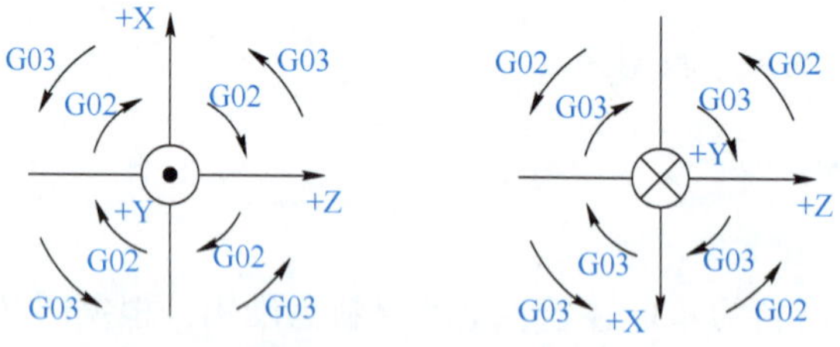

图 2-4-3 插补方向

4.2.2 圆弧加工方法

1. 车锥法

车锥法是指根据加工余量，采用圆锥分层的方法将加工余量去除，再进行圆弧的精加工，如图 2-4-4 所示。采用这种加工方法，加工效率高，但计算麻烦。

2. 车圆法

车圆法是指在圆心不变的基础上，根据加工余量，采用大小不等的圆弧半径，最终将圆弧加工出来，如图 2-4-5 所示。

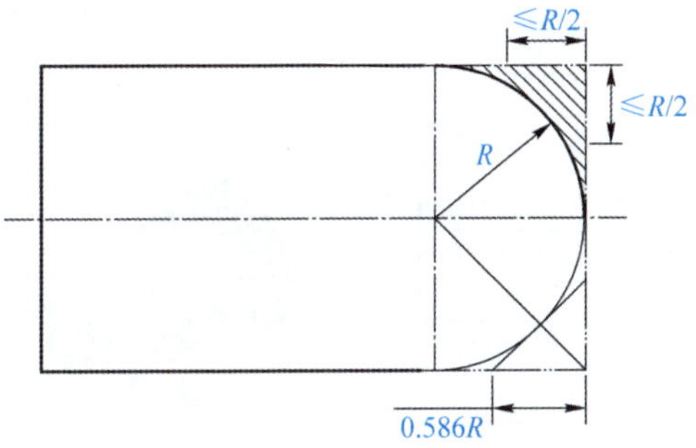

图 2-4-4　车锥法示意

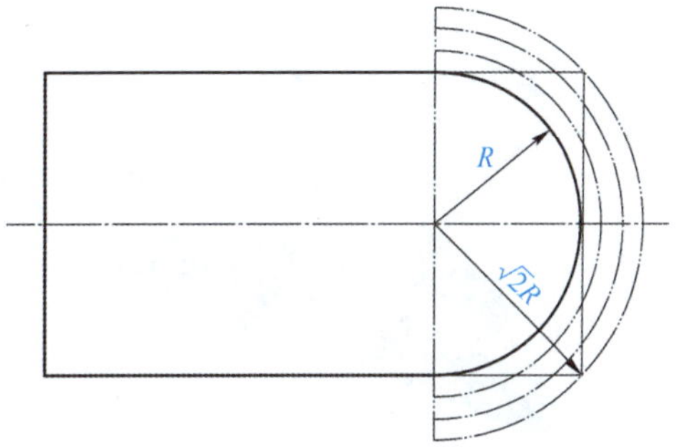

图 2-4-5　车圆法示意

4.2.3　圆弧加工刀具干涉问题

在加工内凹或外凸圆弧时，刀具的副后刀面以及副切削刃会和工件接触，因此在加工这类圆弧时，要选用比较尖的刀具，如图 2-4-6 所示。

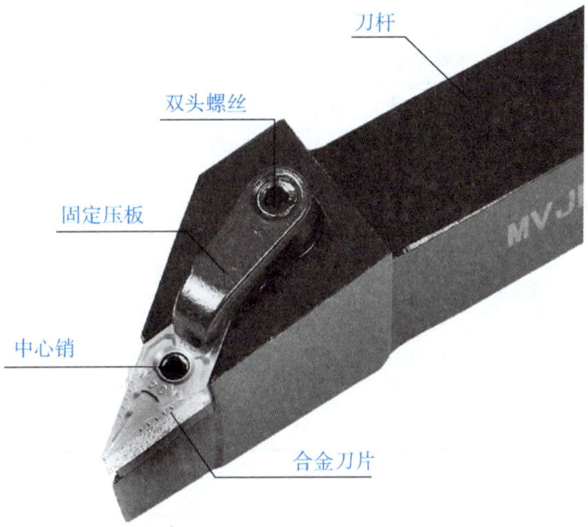

图 2-4-6　较尖的刀具结构

4.3　任务实施

圆弧零件仿真

4.3.1　工件加工的工艺分析及装夹

1. 加工工艺分析

（1）编程原点的确定　该零件两端均需要加工，且需控制总长，分别将编程原点定在工件左、右端面与轴线的交点处。

（2）刀具选择 93°外圆车刀　该 93°主偏角车刀（图 2-4-7）主要用于外圆及复杂轮廓的半精加工及精加工，其刀具后角 52°，适合加工复杂轮廓。

（3）确定刀具参数（表 2-4-1）

表 2-4-1　切削用量及刀具选择

刀具号	刀具规格及名称	刀杆尺寸/mm	加工内容	主轴转速（r/min）	进给速度（mm/r）
T01	93°外圆刀	20×20	外轮廓	800	0.2

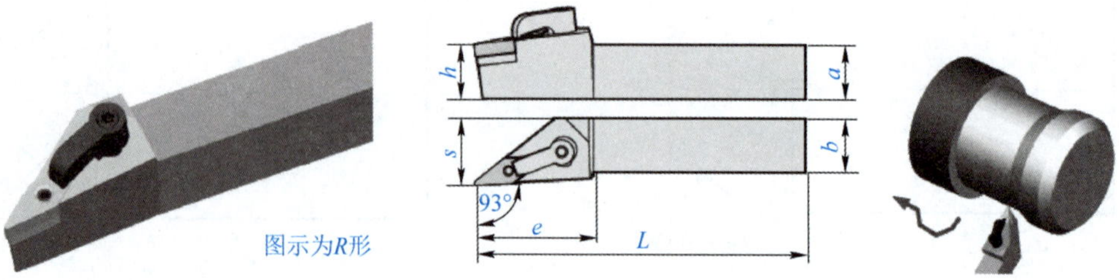

图 2-4-7　93°刀具示意

（4）填写工艺卡片（见表 2-4-2）

表 2-4-2　工艺卡片

数控加工工序			零件名称		零件图号
			圆弧零件加工		图 2-4-1
材料名称	材料牌号	机床名称	机床型号	夹具名称	夹具编号
铝	6061	数控车床	CA6150	三爪卡盘	
序号	工 艺 内 容	切削转速 (r/min)	进给速度 (mm/r)	量　具	刀　具
1	装夹工件，伸出卡盘 48 mm				
2	车图样上 ϕ30、ϕ25、ϕ15 外圆及圆弧至尺寸	800	0.2	游标卡尺	93°外圆刀
3	掉头夹持零件右端 ϕ25 mm 的外圆				
4	车左端面并控制总长 39 mm±0.1	800	0.2	游标卡尺	93°外圆刀
5	车左端 ϕ25 外圆及锥面至尺寸	800	0.2	游标卡尺	93°外圆刀

2. 工件的装夹

（1）用三爪自定心卡盘夹住 ϕ35 mm 的毛坯，零件伸出卡盘约 48 mm，如图 2-4-8 所示。

（2）掉头夹持零件右端 ϕ25 mm 的外圆，如图 2-4-9 所示。

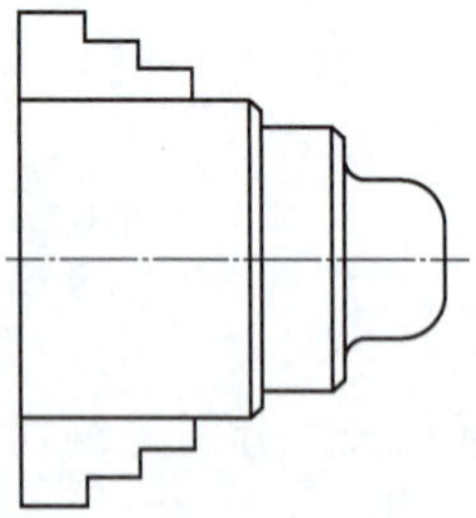

图 2-4-8　工件装夹（一）

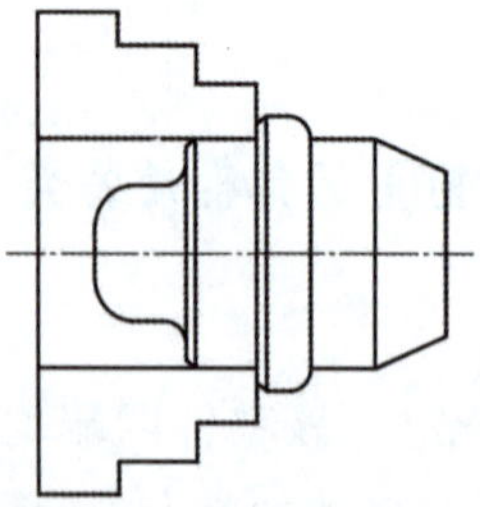

图 2-4-9　工件装夹（二）

4.3.2　工件加工程序（见表 2-4-3、表 2-4-4）

表 2-4-3　圆弧零件右端加工程序

O0001		主 程 序 名
N1	M03 S800	主轴正转转速 800 r/min
N2	T0101	选择 1 号刀具 93°外圆刀

表 2-4-3（续）

O0001		主 程 序 名
N3	G99	选择每转进给量
N4	G00 X36 Z1	刀具快速定位到工件进刀点
N5	G90 X32 Z-25 F0.2	粗车 $\phi 30$ 外圆，进给速度 0.2 mm/r
N6	X29 Z-18	进刀量 3 mm
N7	X26 Z-18	粗车 $\phi 30$ 外圆，留 1 mm 精车余量
N8	G00 X24	X 轴定位至 $\phi 24$
N9	G90 X23 Z-10	进刀量 3 mm
N10	G90 X19 Z-10	进刀量 3 mm
N11	G90 X16 Z-8	粗车 $\phi 15$ 外圆，留 1 mm 精车余量，避让圆角
N12	G00 X10	X 方向进刀
N13	G01 Z0	进刀到精车起点
N14	G03 X18 Z-4R4	粗车 $R3$ 圆弧
N15	G00 Z1	退刀
N16	X9	进刀
N17	G01 Z0	刀具移动至 $Z0$ 平面
N18	G03 X15 Z-3 R3	精车 $R3$ 圆弧
N19	G01 Z-7	精车 $\phi 15$
N20	G02 X21 Z-10 R3	精车 $R2$ 圆弧
N21	G01 X23	X 向车削端面
N22	X25 Z-11	倒角 $C1$
N23	G01 Z-18	精车 $\phi 25$ 外圆
N24	X28	X 向车削端面
N25	X30 Z-19	倒角 $C1$
N26	G01Z-25	精车 $\phi 30$ 外圆
N27	G00 X100	退刀
N28	Z100	退刀
N29	M30	程序结束并返回程序起点

圆弧零件实操

表 2-4-4　圆弧零件左端加工程序

O0002		主 程 序 名
N1	M03 S800	主轴正转转速 800 r/min
N2	T0101	选择 1 号刀具 93°外圆刀
N3	G99	选择每转进给量
N4	G00 X36 Z1	刀具快速定位到工件进刀点
N5	G90 X31 Z-15 F0.2	粗车外圆，进刀量 4 mm，进给速度 0.2 mm/r
N6	X27	粗车外圆
N7	G00 X28	X 轴定位至 $\phi 28$
N8	G90 X25 Z-8 R-2	粗车锥面
N9	G01 X18	X 向进刀
N10	Z0	进刀到精车起点

表 2-4-4（续）

O0002		主 程 序 名
N11	X25 Z-8	精车锥面
N12	Z-15	精车 $\phi25$ 外圆
N13	G03 X30 Z-17.5 R2.5	精车 $R2.5$ 圆角
N14	G00X100	退刀
N15	Z100	刀具退至安全点，方便测量、拆装工件
N16	M30	程序结束并返回程序起点

4.3.3 任务评价（表 2-4-5）

表 2-4-5 任务评价

班级：____ 小组：____ 姓名：____		指导教师： 日 期：				
评价项目	评价标准	评价依据	评价方式			小计
			学生自评 20%	小组互评 30%	教师评价 50%	
职业素养（30 分）	1. 遵守企业规章制度、劳动纪律； 2. 按时按质完成工作任务； 3. 积极主动承担工作任务，勤学好问； 4. 工作岗位 6S 完成情况；	1. 出勤率； 2. 工作态度； 3. 劳动纪律； 4. 团队协作精神； 5. 设备卫生保养；				
专业能力（50 分）	1. 熟练掌握圆弧零件的常见车削方法； 2. 掌握工件装夹技巧； 3. 认真填写任务单上的相关问答题；	1. 圆弧工件加工的规范性； 2. 工件装夹的正确性； 3. 专业技能任务完成情况；				
创新能力（20 分）	1. 在任务完成过程中能提出自己的见解及方案； 2. 在教学或生产管理上提出具有创新性的建议；	1. 方案的可行性及意义； 2. 建议的可行性；				
合 计						

【操作注意事项】

（1）在加工前应做好各项检查工作。

（2）刀具、工件按要求装夹，认真遵守安全操作规程。

（3）圆弧车刀主、副偏角必须足够大，以保证车削时不发生干涉。

（4）工件的伸出长度不能太短。若太长，则工件刚性差；若太短，则无法切断。

（5）加工完毕，用切断刀手动切断工件，将进给时的转速和速度倍率调低。

（6）若有意外事故发生，按紧急停止按钮，查找原因。

4.4　练习巩固

1. 分析 G02、G03 指令格式，编写图 2-4-10 所示零件程序，并加工。

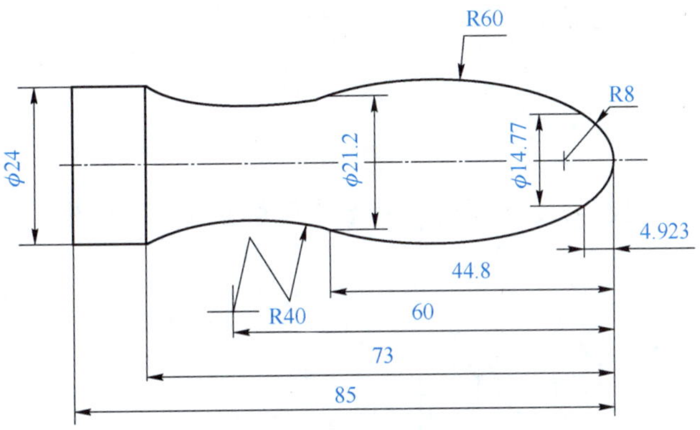

图 2-4-10　练习（一）

2. 编写图 2-4-11 所示零件程序。

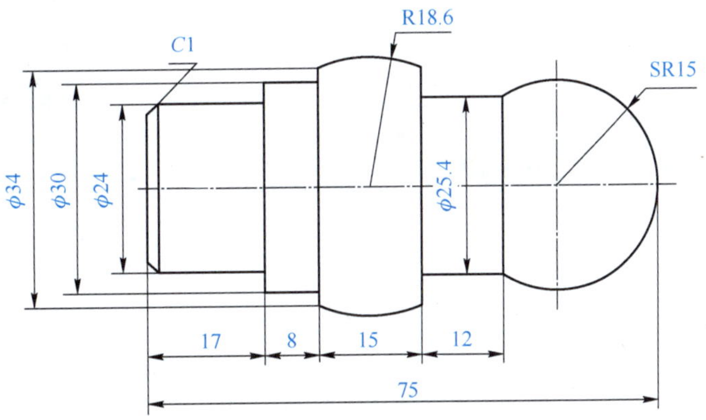

图 2-4-11　练习（二）

任务五　沟槽零件的加工（一）

学习目标

1. 素质目标

（1）提升中职生的职业素养；

（2）通过融入思政教育，培养中职生家国情怀的责任。

2. 知识目标

（1）掌握断续车削加工槽类零件方法及暂停指令运用；

（2）学会使用 M98、M99 指令；

(3) 熟悉切槽加工工艺制定方法；

(4) 掌握绝对编程和相对编程指令的含义及应用。

3. 技能目标

(1) 掌握切槽刀装夹方法；

(2) 掌握切槽刀对刀及验证方法。

5.1 任务引入

如图 2-5-1 所示零件，材料为 ϕ35 棒料，毛坯材料为硬铝，根据图样制定完成该产品的工艺过程，并编写零件的加工程序。

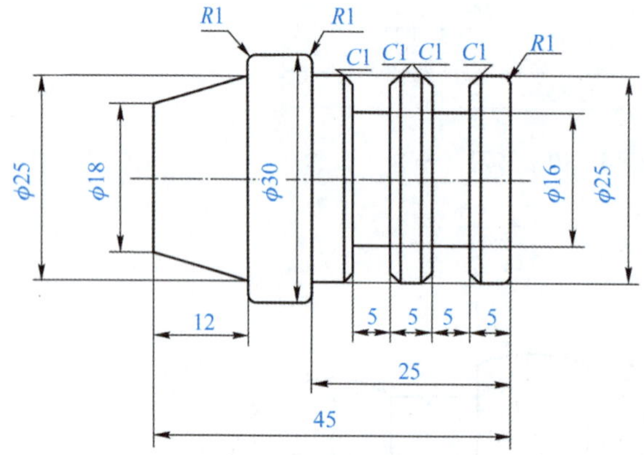

图 2-5-1　零件示意

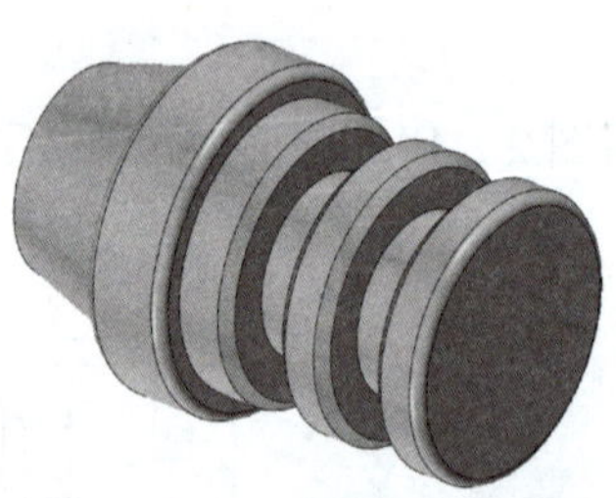

图 2-5-2　零件实物示意

5.2 相关知识

沟槽零件教学视频

5.2.1 槽的加工方法

在工件上车各种形状的槽叫车沟槽。外圆和端面上的槽叫外沟槽；内孔的沟槽叫内沟槽。图 2-5-3 所示的是常见车槽方法。

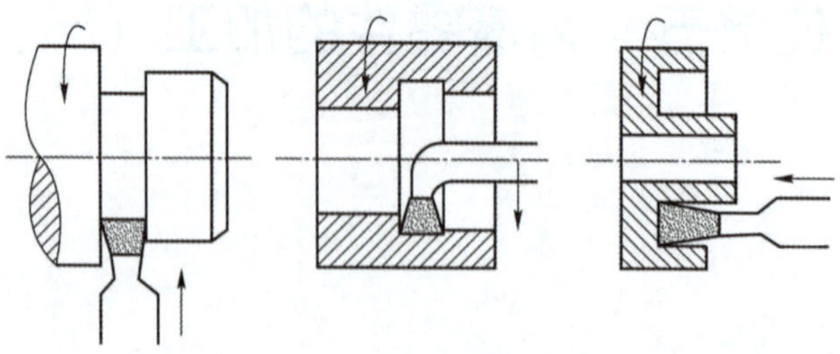

(a) 车外槽　(b) 车内槽　(c) 车端面槽

图 2-5-3　常见车槽方法

1. 简单槽加工方法

对于宽度及深度都不大的简单槽类零件，可采用与槽等宽的刀具直接切入一次成型的方式加工，刀具切入槽底后可用 G04 指令使刀具短暂停留，以获得槽底光滑的表面，如图 2-5-4所示。

格式：

G04 P__　或　G04 X__

说明：P 表示暂停时间，单位为 ms（毫秒）；X 表示暂停时间，单位为 s（秒）。暂停时间可以通过地址 P 或 X 指定，其中 P 后面的数字为整数，单位是 ms（毫秒），X 后面的数字为小数，单位是 s（秒），例如空转 2.5 s 时，其程序为

G04 P2500　或 G04 X2.5

注意：G04 在前一程序段的进给速度降到零之后才开始暂停动作。在执行含 G04 指令的程序段时，先执行暂停功能。G04 为非模态指令，仅在其被规定的程序段中有效。

2. 深槽加工方法

对于宽度值不大但深度值较大的深槽类工件，为了避免车槽过程中由于排屑不畅，使刀具前部因压力过大而出现扎刀或断刀的现象，应采用分次进刀的方式——刀具在切入工件一定深度后，停止进刀并回退一段距离，以达到断屑和排屑的目的，如图 2-5-5 所示。

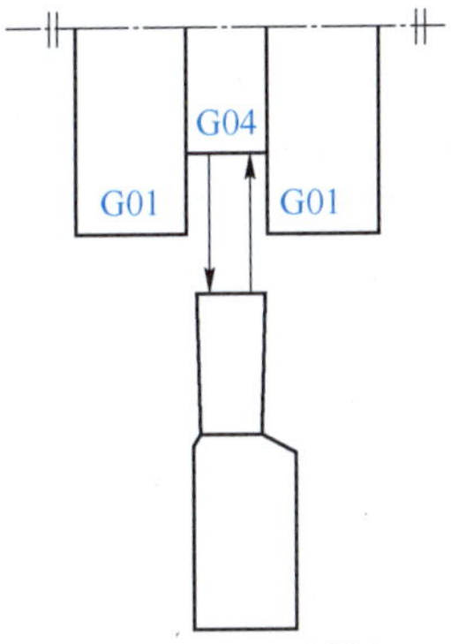

图 2-5-4　简单槽加工

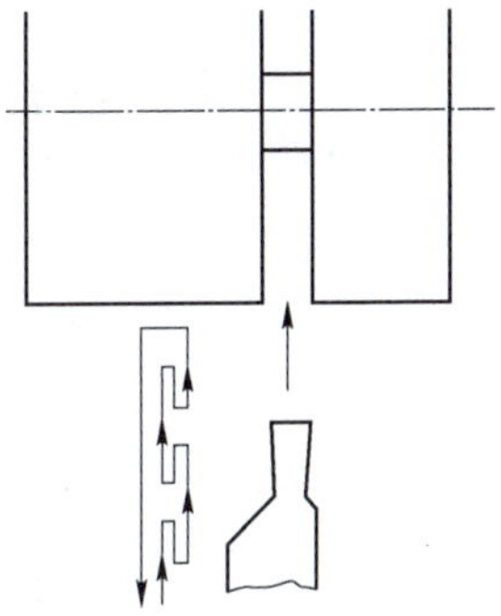
图 2-5-5　深槽加工

3. 宽槽加工方法

对于宽度及深度都比较大的槽，通常在车槽时采用排刀的方式进行粗车，并在槽壁及槽底留一定的精车余量，然后用精车槽刀沿槽的一侧车至槽底，精加工槽底至槽的另一侧，再沿侧面退出，如图 2-5-6 所示。

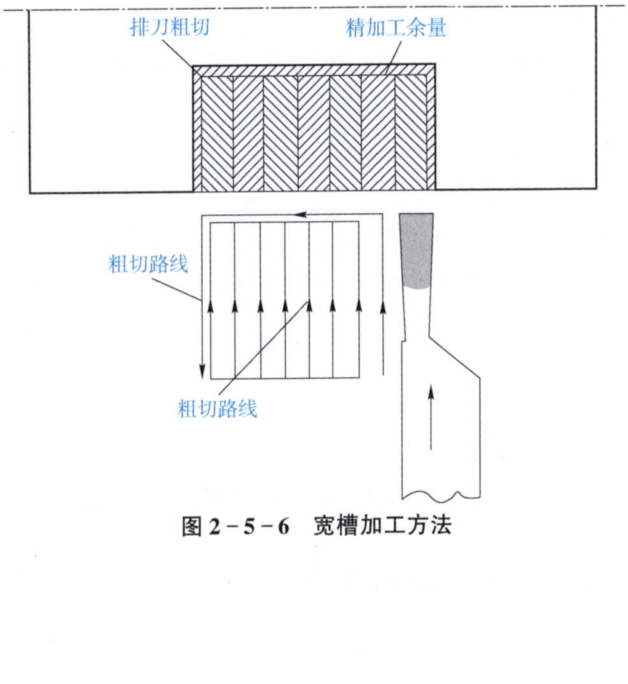

图 2-5-6　宽槽加工方法

5.2.2 多槽加工

对于零件上尺寸和形状相同部位的加工，可采用子程序调用指令来编制该零件的加工程序，这样可以减少编程工作量，缩短加工程序的长度。

1. 绝对坐标和增量坐标指令

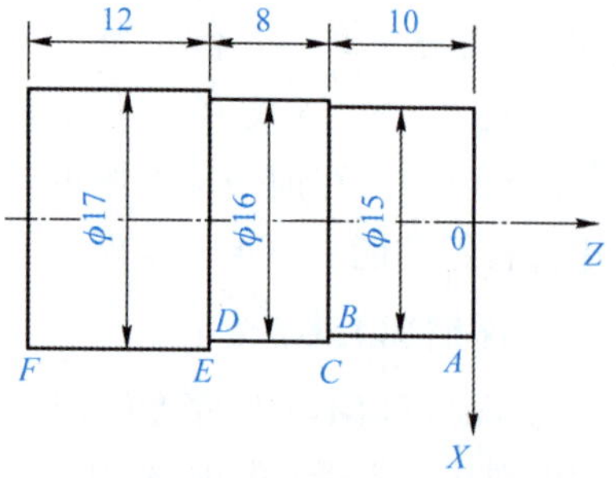

图 2-5-7 绝对坐标、增量坐标编程工件图

绝对坐标：刀具运动过程中，刀具的位置坐标是以工件原点为基准计量的，用 *X*、*Z* 表示。

增量坐标：刀具位置坐标是相对于前一位置的增量。以 *U*、*W* 表示，其中 *U*、*W* 分别为 *X*、*Z* 轴方向的坐标增量。

凯恩帝系统可以将绝对坐标和增量坐标混合编程，即在一段程序中 *X* 和 *W* 或 *U* 与 *Z* 可同时存在。

如图 2-5-7 所示工件，从 *A* 点加工至 *F* 点，用绝对坐标和增量坐标编程，见表 2-5-1。

表 2-5-1 绝对坐标和增量坐标编程示例

绝对坐标	增量坐标	程序含义说明
…	…	……
N30 G01 X15 Z0 F100	N30 G01 X15 Z0 F100	
N40 Z-10	N40 U0 W-10	
N50 X16	N50 U1 W0	
N60 Z-18	N60 U0 W-8	
N70 X17	N70 U1 W0	
N80 Z-30	N80 U0 W-12	
…	…	……

2. 子程序（M98 和 M99）

在一个加工程序的若干位置上，如果包括有一个或多个在写法上完全相同或相似的内容，为了简化程序编制，把这些程序段单独抽出，按一定格式编成子程序并单独加以命名，称之为子程序，原来的程序称为主程序。主程序在执行过程中如果需要某一子程序，可以通过调用指令来调用子程序，执行完子程序后又可返回到主程序，继续执行后面的程序段。

（1）子程序格式　子程序与主程序相似，由子程序名、子程序内容和子程序结束指令组成。例如：

```
O××××     子程序名
…         子程序内容
M99;      子程序结束并返回主程序
```

主程序在执行过程中，如果需要某一子程序，可以通过一定指令调用。一个子程序也可以调用下一级的子程序。子程序必须在主程序结束指令后建立，其作用相当于一个固定循环。

（2）子程序调用

格式：

```
M98 P____ L____;
```

说明：

M98 表示调用子程序；P 表示地址，后面四位数字为子程序名；L 表示地址，后面的数字表示重复调用次数；如果只调用一次，此项可省略不写。

主程序可以调用子程序，同时子程序可以调用另一个子程序，即子程序嵌套。

加工如图 2－5－8 所示的多槽类工件加工程序如表 2－5－2 所示。

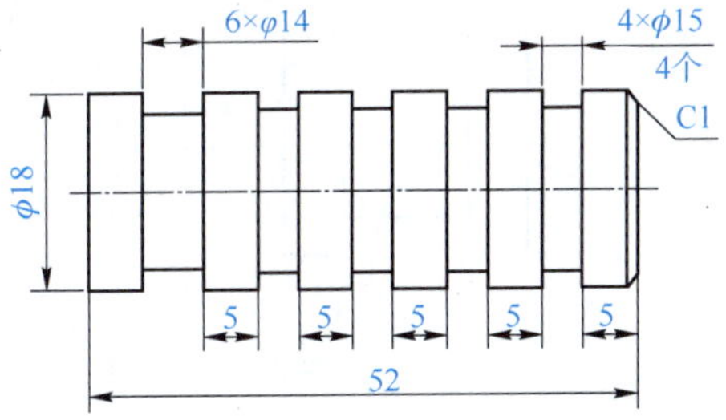

图 2－5－8　多槽内类工件加工示意

表 2－5－2　多槽类工件加工程序

O0001	主　程　序　名
…	……
T0202 M03 S350	换用 02 号切槽刀
G00 X19	
Z-8	槽第一刀切槽起点
M98 P1111 L4	调用切槽子程序 4 次
G00 Z-44	切槽起点
G01 X16 F30	切槽
X17	
X14	
X19	
Z-47	切槽起点
G01 X16	切槽
X17	
X14	
Z-44	光整槽底面
G00 X100 Z100	退刀至工件安全换刀点
M30	程序结束并回到加工开头
O1111	子程序名
G01 X15 F30	切槽至尺寸
X19 F200	G01 快速退刀
W-1	
G01 X15 F30	切槽至尺寸
X19 F200	
W-8	
M99	子程序结束并返回到主程序

5.2.3　切槽应注意的问题

切槽有左、右两个刀尖及切削刃中心处等三个刀位点。在整个加工程序中应采用同一个刀位点，一般采用左侧刀尖作为刀位点，对刀、编程较方便，如图 2-5-9 所示。

切槽过程中退刀路线应合理，避免撞刀；切槽后应先沿径向（*X* 向）退出刀具，再沿轴向（*Z* 向）退刀，如图 2－5－10 所示。

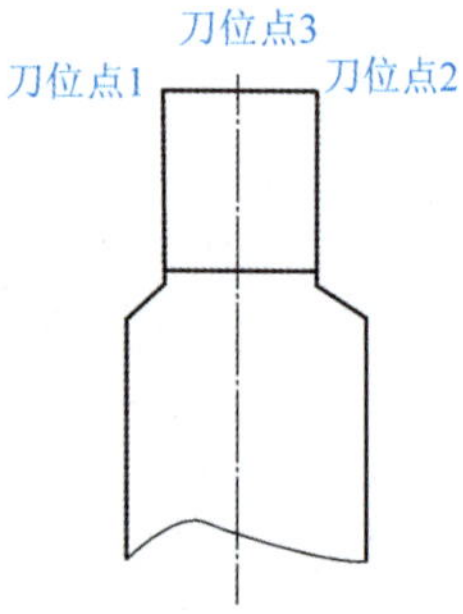

图 2-5-9　切槽刀刀位点

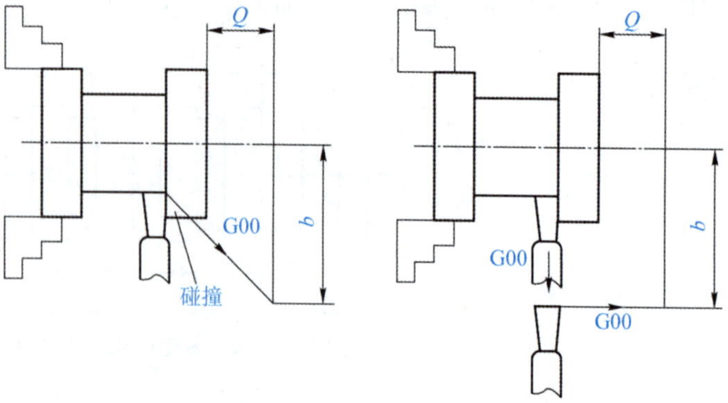

图 2-5-10　退刀实例

5.3　任务实施

5.3.1　工件的加工工艺分析及装夹

1. 加工工艺分析

（1）编程原点的确定　该零件两端均需要加工，且需控制总长，分别将编程原点定在工件左、右端面与轴线的交点处。

（2）刀具选择 95°外圆车刀　该 95°主偏角车刀（图 2-5-11）主要用于外圆及端面的半精加工及精加工，其刀片为菱形，通用性好。

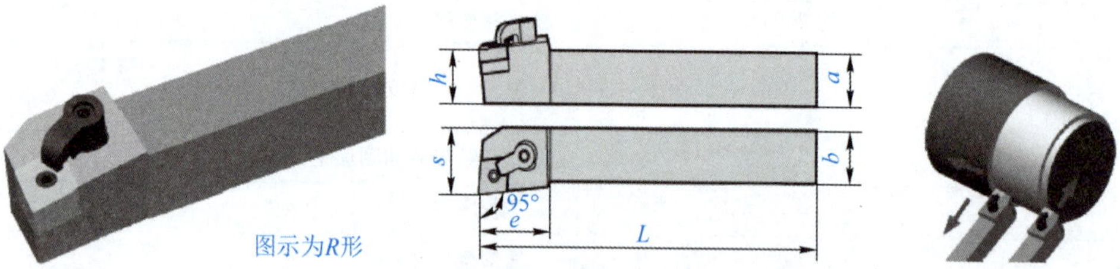

图 2-5-11　95°刀具示意图

槽刀选择 3 mm 切槽刀具，切削深度大于 15 mm，如图 2-5-12 所示。

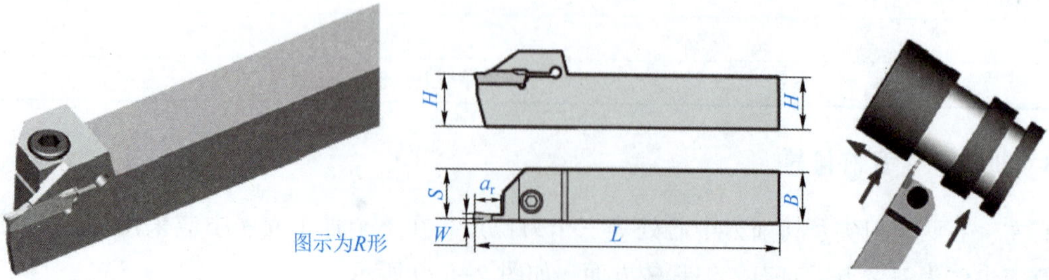

图 2-5-12　3 mm 槽刀示意

（3）确定刀具参数（表 2-5-3）

表 2-5-3　切削用量及刀具选择

刀具号	刀具规格及名称	刀杆尺寸/mm	加工内容	主轴转速 (r/min)	进给速度 (mm/r)
T01	95°外圆刀	20×20	车端面、外轮廓	800	0.2
T02	3 mm 槽刀	20×20	车外圆沟槽	300	0.05

（4）填写工艺卡片（表 2-5-4）

表 2-5-4　工艺卡片

<table>
<tr><td colspan="3" rowspan="2">数控加工工序</td><td colspan="2">零件名称</td><td>零件图号</td></tr>
<tr><td colspan="2">沟槽零件的加工（一）</td><td>图 2-5-1</td></tr>
<tr><td>材料名称</td><td>材料牌号</td><td>机床名称</td><td>机床型号</td><td>夹具名称</td><td>夹具编号</td></tr>
<tr><td>铝</td><td>6061</td><td>数控车床</td><td>CK6150e</td><td>三爪卡盘</td><td></td></tr>
<tr><td>序号</td><td>工 艺 内 容</td><td>切削转速 (r/min)</td><td>进给速度 (mm/r)</td><td>量　具</td><td>刀　具</td></tr>
<tr><td>1</td><td>夹持零件左端，车削右端面</td><td></td><td></td><td></td><td></td></tr>
<tr><td>2</td><td>车图样上 ϕ25、ϕ30 外圆至尺寸</td><td>800</td><td>0.2</td><td>游标卡尺</td><td>95°外圆刀</td></tr>
<tr><td>3</td><td>车槽至图纸尺寸</td><td>300</td><td>0.05</td><td>游标卡尺</td><td>3 mm 槽刀</td></tr>
<tr><td>4</td><td>掉头夹持零件右端 ϕ25 mm 的外圆</td><td>800</td><td>0.2</td><td>游标卡尺</td><td>95°外圆刀</td></tr>
<tr><td>5</td><td>车左端面并控制总长 45±0.1</td><td>800</td><td>0.2</td><td>游标卡尺</td><td>95°外圆刀</td></tr>
<tr><td>6</td><td>车左端 ϕ18 ~ϕ25 外圆锥度尺寸</td><td>800</td><td>0.2</td><td>游标卡尺</td><td>95°外圆刀</td></tr>
<tr><td>7</td><td>检验</td><td></td><td></td><td></td><td></td></tr>
</table>

2. 工件的装夹

（1）用三爪自定心卡盘夹住 ϕ35 mm 的毛坯，零件伸出卡盘约 35 mm，如图 2-5-13 所示。

（2）掉头夹持零件右端 ϕ25 mm 的外圆，如图 2-5-14 所示。

沟槽零件仿真

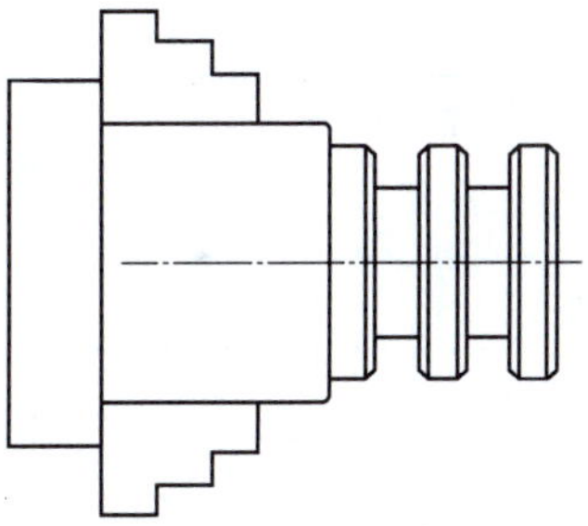

图 2-5-13　工件装夹（一）

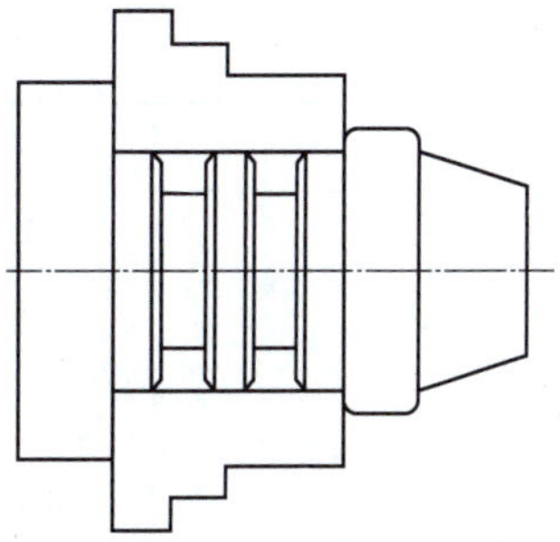

图 2-5-14　工件装夹（二）

5.3.2 工件加工程序（表2-5-5、表2-5-6）

表2-5-5 沟槽零件右端加工程序（一）

主　程　序		
O0001		主　程　序　名
N1	M03 S800	主轴正转转速 800 r/min
N2	T0101	选择1号刀具95°右偏刀
N3	G99	选择每转进给量
N4	G00 X35 Z1	刀具快速定位到工件进刀点
N5	G90 X31 Z-33 F0.2	粗车 ϕ30 外圆，进给速度 0.2 mm/r
N6	G90 X26 Z-25	粗车 ϕ25 外圆
N7	G01 X23	X 向进刀
N8	G42 G01 Z0	建立刀尖半径补偿
N9	G03 X25 Z-1 R1	车削 $R1$ 圆角
N10	G01 Z-25	精车 ϕ25 外圆
N11	G01 X29	X 向车削端面
N12	G03 X30 Z-25.5 R1	车削 $R1$ 圆角
N13	G01 Z-33	精车 ϕ30 外圆
N14	G40G00 X100	取消刀补，刀具沿+X 方向快速退刀
N15	G00 Z100	刀具沿+Z 方向快速退刀
N16	T0202	换刀，选择2号刀具3 mm 槽刀
N17	M03 S300	车削长度为15 mm
N18	G00 X35 Z-8	定位到第一个槽起点
N19	M98 P1001	调用子程序1001
N20	G00　Z-18	定位到第二个槽
N21	M98 P1001	调用子程序1001
N22	G00 X100	沿+X 方向快速退刀
N23	G0 Z100	沿+Z 方向快速退刀
N24	M30	程序结束并返回程序起点

子　程　序		
O1001		子　程　序　名
N1	G00 X27	X 向快速进刀
N2	G01 X16 F0.1	车槽，进给速度 0.1 mm/转
N3	G00 X27	X 向退刀
N4	W-3	向左移动3 mm
N5	G01 X25	进刀
N6	G01 X23 W1	车削倒角 $C1$

表 2-5-5（续）

01001		子　程　序　名
N7	G01 X16	车槽
N8	G00 X27	退刀
N9	G00 W3	向右移动 3 mm
N10	G01 X25	进刀
N11	G01 X23 W-1	车削倒角 *C*1
N12	G01 X16	精车槽
N13	G01 W-2	精车槽底
N14	G01 X27	精车槽
N15	G00 X100	沿+*X* 方向快速退刀
N16	M99	子程序结束，返回主程序

沟槽零件实操

表 2-5-6　沟槽零件左端加工程序（一）

O0002		主　程　序　名
N1	M03 S800	主轴正转转速 800 r/min
N2	T0101	选择 1 号刀具 95°右偏刀
N3	G99	选择每转进给量
N4	G00 X35 Z1	刀具快速定位到工件进刀点
N5	G90 X31 Z-12 F0.2	粗车 ϕ25 台阶
N6	G90 X26 Z-12	粗车 ϕ25 台阶
N7	G90 X26 Z-12 R-2	粗车锥面
N8	G90 X26 Z-12 R-4	粗车锥面
N9	G01 X18	*X* 向进刀
N10	G42G01 Z0	建立刀尖半径补偿
N11	G01 X25 Z-12	精车锥面
N12	G01 X29	车端面
N13	G03 X30 Z-12.5 R1	车 *R*1 圆角
N14	G40 G00 X100	取消刀尖半径补偿刀具并退至安全点
N15	G00 Z100	刀具退至安全点，方便测量、拆装工件
N16	M30	程序结束并返回程序起点

4.3.3 任务评价（表2-5-7）

表2-5-7 任务评价

班级： 小组： 姓名：		指导教师： 日 期：				
评价项目	评价标准	评价依据	评价方式			小计
			学生自评 20%	小组互评 30%	教师评价 50%	
职业素养（30分）	1. 遵守企业规章制度、劳动纪律； 2. 按时按质完成工作任务； 3. 积极主动承担工作任务，勤学好问； 4. 工作岗位6S完成情况；	1. 出勤率； 2. 工作态度； 3. 劳动纪律； 4. 团队协作精神； 5. 设备卫生保养；				
专业能力（50分）	1. 熟练掌握沟槽零件的常见车削方法； 2. 掌握工件装夹技巧； 3. 认真填写任务单上的相关问答题；	1. 沟槽零件加工规范性； 2. 工件装夹的正确性； 3. 专业技能任务完成情况；				
创新能力（20分）	1. 在任务完成过程中能提出自己的见解及方案； 2. 在教学或生产管理上提出具有创新性的建议；	1. 方案的可行性及意义； 2. 建议的可行性；				
合 计						

【操作注意事项】

（1）在加工前应做好各项检查工作。

（2）刀具、工件按要求装夹，认真遵守安全操作规程。

（3）圆弧车刀主、副偏角必须足够大，以保证车削时不发生干涉。

（4）工件伸出长度不能太短。若太长，则工件刚性差；若太短，则无法切断。

（5）加工完毕，用切断刀手动切断工件，将进给时的转速和速度倍率调低。

（6）若有意外事故发生，按紧急停止按钮，查找原因。

4.4 练习巩固

1. 编写图2-5-14所示零件程序，并加工。
2. 编写图2-5-15所示零件程序。

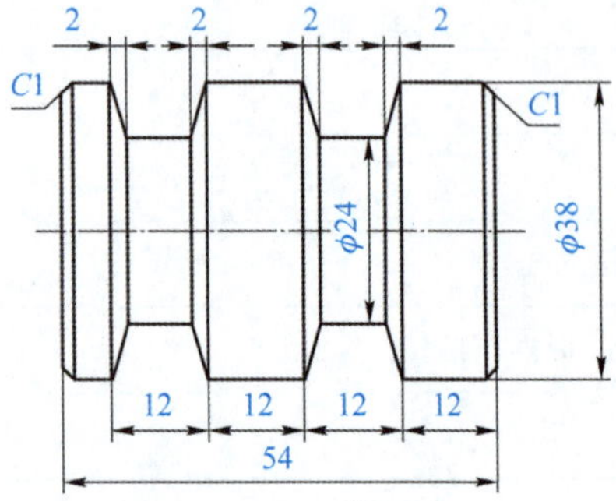

图2-5-14 练习（一）

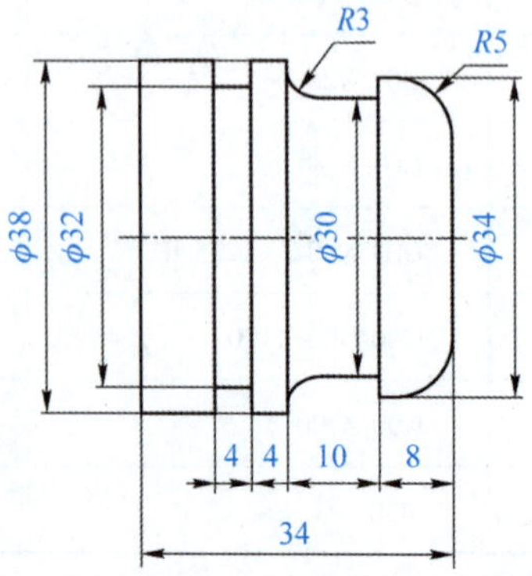

图2-5-15 练习（二）

任务六　沟槽零件的加工（二）

学习目标

1. 素质目标

（1）提升中职生的职业素养；

（2）通过融入思政教育，培养中职生家国情怀的责任。

2. 知识目标

（1）掌握断续车削加工槽类零件方法及暂停指令运用；

（2）学会使用 G75 指令；

（3）熟悉切槽加工工艺制定方法；

（4）掌握绝对编程和相对编程指令的含义及应用。

3. 技能目标

（1）掌握切槽刀装夹方法；

（2）掌握切槽刀对刀及验证方法。

6.1　任务引入

如图 2－6－1 所示零件，材料为 $\phi35$ 棒料，毛坯材料为硬铝，根据图样制定完成该产品的工艺过程，并编写零件的加工程序。

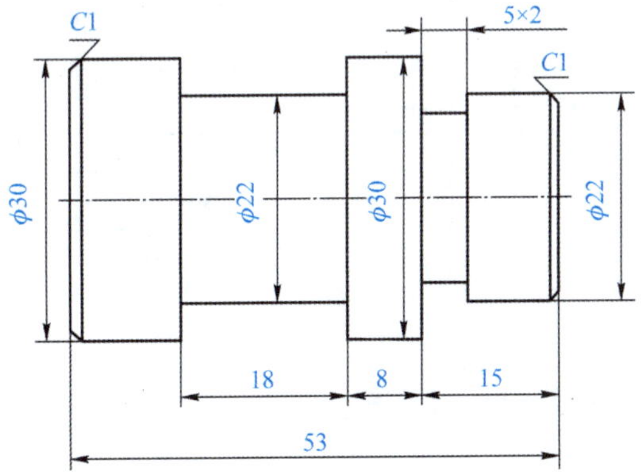

图 2－6－1　零件图

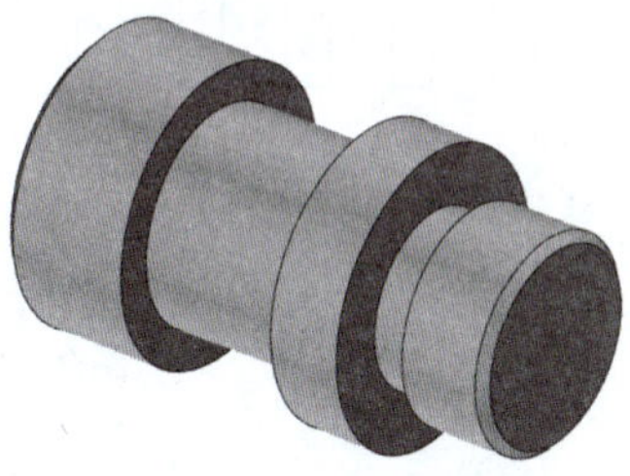

图 2－6－2　零件实物图

6.2　相关知识

6.2.1　沟槽切削循环指令（G75）

格式：

```
G75 R(e);
G75 X(U)  Z(W)  P(Δu)  Q(Δw)  R(Δd)  F(f)  S(s);
```

说明：

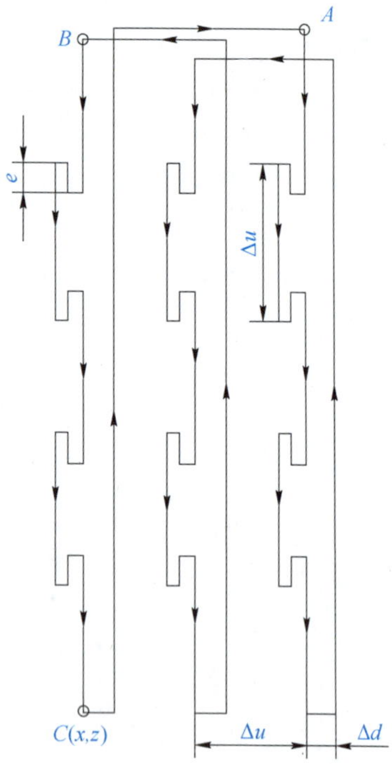

图 2-6-3　G75 循环过程图

R(e) 表示 X 轴方向每次切削的退刀间隙；

X(U) 表示需要切削的最终凹槽直径；

Z(W) 表示最后一个凹槽的 Z 轴方向位置；

P(Δu) 表示 X 轴方向每次切削的深度（无符号）；单位 μm（微米）；

Q(Δw) 表示各槽之间的距离（无符号，单个槽则省略）；单位 μm 微米；

R(Δd) 表示每个槽切削完成后 Z 轴方向的退刀量（若槽宽同刀宽一样，则此值省略）；

F(f) 表示进给速度。

使用 G75 指令切削沟槽的方法如下。

（1）G75 沿着 X 轴方向切削，G75 循环过程如图 2-6-3 所示，刀具定位在 A 点，沿 Z 轴方向进行加工，每次加工 Δu 后，退 e 的距离，然后再加工 Δu，依次循环至 Z 轴方向坐标给定的值，返回 A 点，再向 X 轴方向进 Δu，重复以上动作至 Z 轴方向坐标给定的值……最后加工至给定坐标位置（图中 C 点），再分别沿 Z 轴方向和 X 轴方向返回 A 点。

（2）使用 G75 指令既可加工单个槽，也可加工多个槽，只需要在编程时注意其格式即可。如图 2-6-4所示，其切削操作步骤如下。

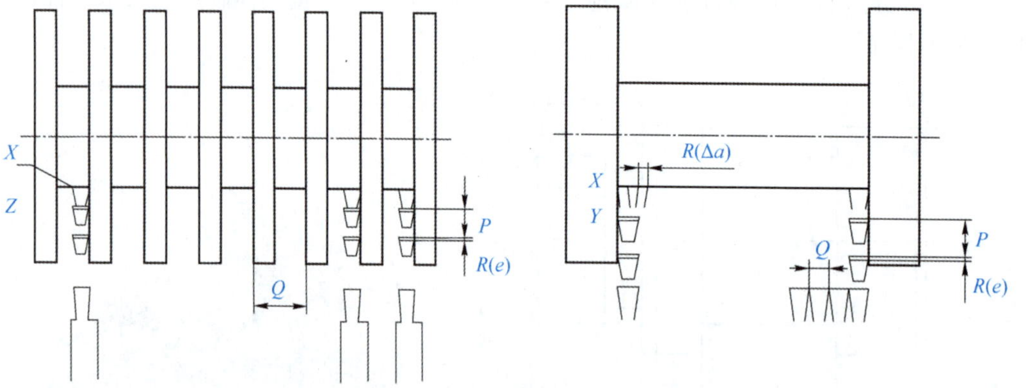

图 2-6-4　切外槽走刀方向、路线示意

①刀具从 G00 定位开始切削加工。

②向 X 方向切削一个 P 值后，退一个 R(e) 值，再切削一个 P 值，退一个 R(e) 值，一直循环切削到 X 的尺寸。

③退一个 R(Δd) 值，再返回到 G00 定位点的 X 位置。

④进一个 Q 值（Z 方向），再向 X 方向切削一个 P 值，退一个 R(e) 值，重复步骤②和③，循环车削到 X、Z 终点位置的尺寸。

⑤刀具快速返回到 G00 起点位置。

如图 2-6-5 所示，其程序代码如下。

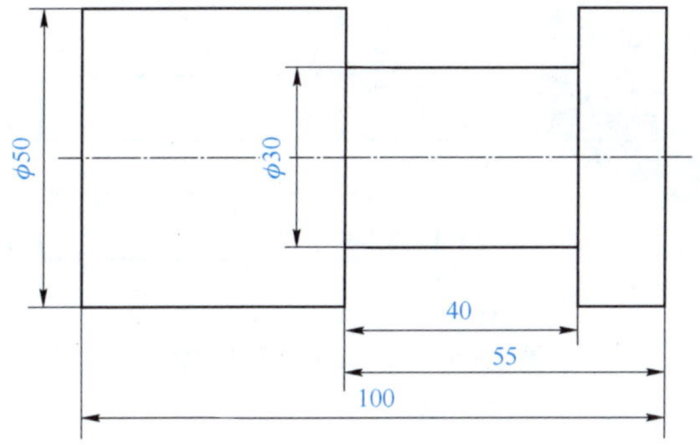

图 2-6-5　G75 编程示例

外圆程序：(略)

宽槽程序：

```
O2418;
T0303;                              切槽刀，刀宽为 3 mm
M03 S300;                           启动主轴，转速为 400 mm/min
G00 X52.Z-18.;                      快速定位至第一刀槽进刀点延长线上
G75 R1.;                            X 轴方向切削每次的退刀间隙为 1 mm
G75 X30.Z-55.P3000Q2500F0.1;        G75 切槽指令各参数设置
G00 X100.Z100.;                     退出至安全距离
M30;                                程序结束并返回程序原点
```

6.3　任务实施

6.3.1　工件的加工工艺分析及装夹

1. 加工工艺分析

(1) 编程原点的确定　将编程原点定在工件右端面与轴线的交点处。

(2) 刀具选择 95°外圆车刀　该 95°主偏角车刀（图 2-6-6）主要用于外圆及端面的半精加工及精加工，其刀片为菱形，通用性好。

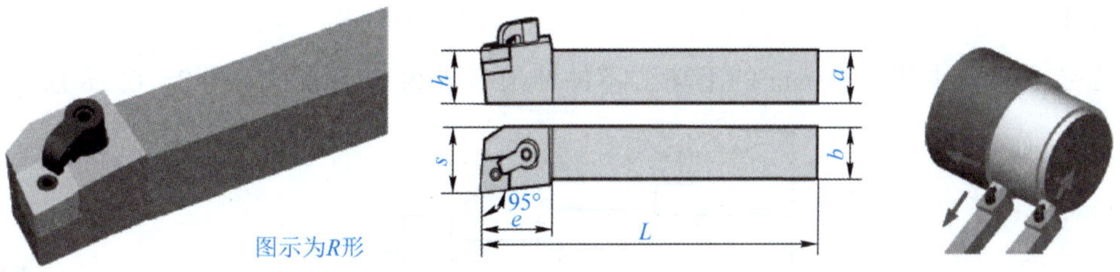

图 2-6-6　95°刀具示意

槽刀选择 3 mm 切槽刀具，切削深度大于 15 mm，如图 2-6-7 所示。

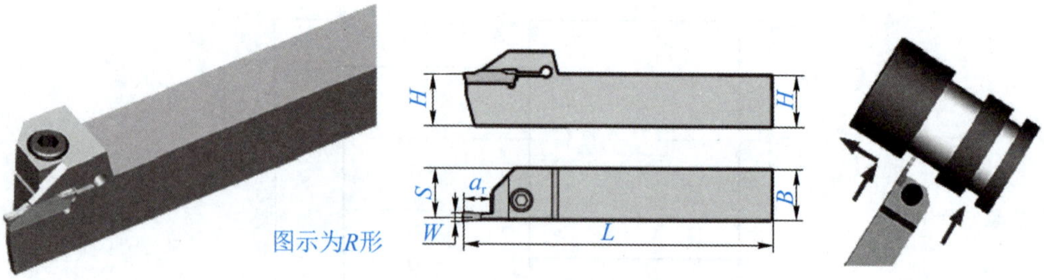

图 2-6-7　3 mm 槽刀示意

(3) 确定刀具参数（表 2-6-1）

表 2-6-1　切削用量及刀具选择

刀具号	刀具规格及名称	刀杆尺寸/mm	加工内容	主轴转速（r/min）	进给速度（mm/r）
T01	95°外圆刀	20×20	车端面、外轮廓	800	0.2
T02	3 mm 槽刀	20×20	车外圆沟槽	300	0.05

(4) 填写工艺卡片（表 2-6-2）

表 2-6-2　工艺卡片

数控加工工序			零件名称		零件图号
			沟槽零件的加工（二）		图 2-6-1
材料名称	材料牌号	机床名称	机床型号	夹具名称	夹具编号
铝	6061	数控车床	CK6150e	三爪卡盘	

序号	工艺内容	切削转速（r/min）	进给速度（mm/r）	量具	刀具
1	夹持零件左端，车削右端面				
2	车图样上 φ22、ϕ30 外圆至尺寸	800	0.2	游标卡尺	95°外圆刀
3	车槽至图纸尺寸	300	0.05	游标卡尺	3 mm 槽刀
4	掉头夹持零件右端 φ22 mm 的外圆	800	0.2	游标卡尺	95°外圆刀
5	车左端面并控制总长 53 mm±0.1 mm	800	0.2	游标卡尺	95°外圆刀
6	检验				

2. 工件的装夹

用三爪自定心卡盘夹住 ϕ35 mm 的毛坯，零件伸出卡盘约 60 mm，如图 2-6-8 所示。

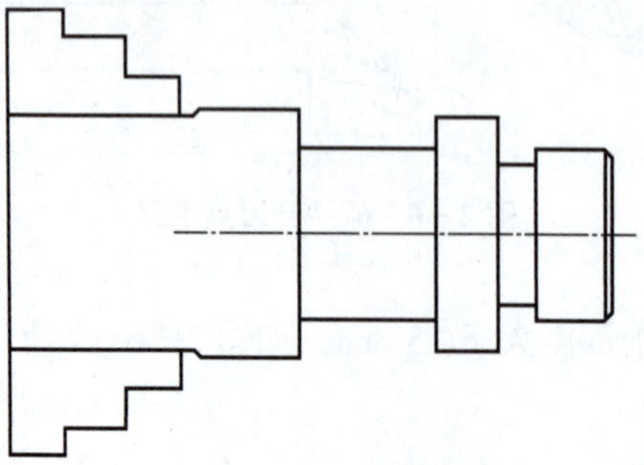

图 2-6-8　工件装夹

沟槽零件仿真

6.3.2 工件加工程序（表 2－6－3）

表 2－6－3　沟槽零件加工程序（二）

O0001		主 程 序 名
N1	M03 S800	主轴正转转速 800 r/min
N2	T0101	选择 1 号刀具 95°右偏刀
N3	G99	选择每转进给量
N4	G00 X35 Z1	刀具快速定位到工件进刀点
N5	G90 X31 Z-55 F0.2	粗车 ϕ30 外圆，进给速度 0.2 mm/r
N6	G90 X26 Z-15	粗车 ϕ22 外圆
N7	G90 X23 Z-15	
N8	G01 X20	*X* 向进刀
N9	G01 G42 Z0	建立刀尖半径补偿
N10	X22 Z-1	车削倒角
N11	Z-15	精车 ϕ22 外圆
N12	X30	*X* 向车削端面
N13	Z-55	车削 ϕ30 外圆
N14	G00 G40 X100	取消刀补，刀具沿+*X* 方向快速退刀
N15	G00 Z100	刀具沿+*Z* 方向快速退刀
N16	T0202	换刀，选择 2 号刀具 3 mm 槽刀
N17	M03 S300	主轴正转转速 300 r/min
N18	G00 X32 Z-13	定位到第一个槽起点
N19	G01 X18 F0.05	切第一个槽
N20	G00 X32	
N21	Z-15	
N22	G01 X18	
N23	G00 X32	
N24	Z-26	定位到第一个槽起点
N25	G75 R1	切第二个槽
N26	G75 X22 Z-41 P3000 Q2500 F0.1	
N27	G00 X100	刀具退至安全点
N28	Z100	刀具退至安全点，方便测量、拆装工件
N29	M30	程序结束并返回程序起点

6.3.3 任务评价（表 2-6-4）

表 2-6-4 任意评价

班级：______ 小组：______ 姓名：______		指导教师： 日 期：				
评价项目	评价标准	评价依据	评价方式			小计
			学生自评 20%	小组互评 30%	教师评价 50%	
职业素养（30 分）	1. 遵守企业规章制度、劳动纪律； 2. 按时按质完成工作任务； 3. 积极主动承担工作任务，勤学好问； 4. 工作岗位 6S 完成情况；	1. 出勤率； 2. 工作态度； 3. 劳动纪律； 4. 团队协作精神； 5. 设备卫生保养；				
专业能力（50 分）	1. 熟练掌握沟槽零件的常见车削方法； 2. 掌握工件装夹技巧； 3. 认真填写任务单上的相关问答题；	1. 沟槽零件加工规范性； 2. 工件装夹的正确性； 3. 专业技能任务完成情况；				
创新能力（20 分）	1. 在任务完成过程中能提出自己的见解及方案； 2. 在教学或生产管理上提出具有创新性的建议；	1. 方案的可行性及意义； 2. 建议的可行性；				
合 计						

【操作注意事项】

（1）在加工前应做好各项检查工作。

（2）刀具、工件按要求装夹，认真遵守安全操作规程。

（3）圆弧车刀主、副偏角必须足够大，以保证车削时不发生干涉。

（4）工件伸出长度不能太短。若太长，则工件刚性差；若太短，则无法切断。

（5）加工完毕，用切断刀手动切断工件，将进给时的转速和速度倍率调低。

（6）若有意外事故发生，按紧急停止按钮，查找原因。

6.4 练习巩固

1. 编写图 2-6-9 所示零件程序。

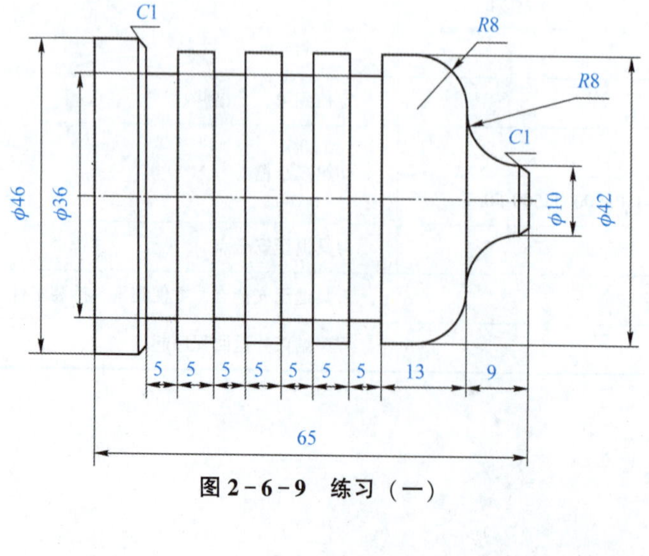

图 2-6-9 练习（一）

2. 编写图 2－6－10 所示零件程序，未注倒角 C1。

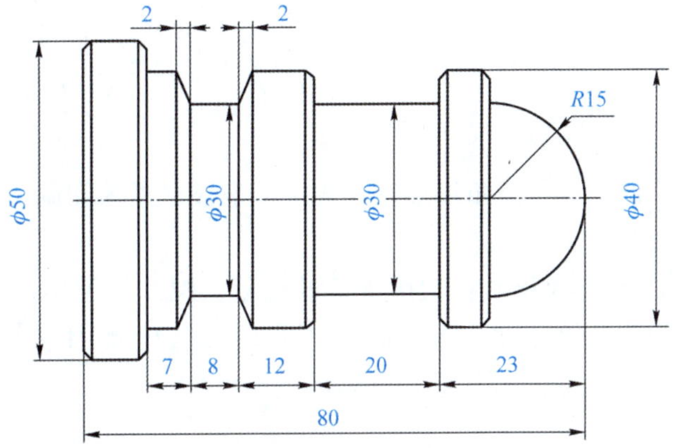

图 2－6－10　练习（二）

任务七　三角螺纹的加工

学习目标

1. 素质目标

（1）培养中职生的职业素养；

（2）培养中职生良好的学习创新能力。

2. 知识目标

（1）掌握 G32、G92、G76 指令格式、功能及应用；

（2）掌握三角形螺纹尺寸的计算方法；

（3）熟悉制定三角形圆柱外螺纹的加工工艺。

3. 技能目标

（1）能熟练装夹工件、刀具；

（2）掌握三角形外螺纹车刀的对刀方法；

（3）掌握三角形外螺纹的加工方法及尺寸控制。

7.1　任务引入

如图 2－7－1 所示零件，材料为 φ35 棒料，毛坯材料为硬铝，根据图 2－7－1 和图 2－7－2 制定完成该产品的工艺过程，并运用 G90 指令编写零件的加工程序。

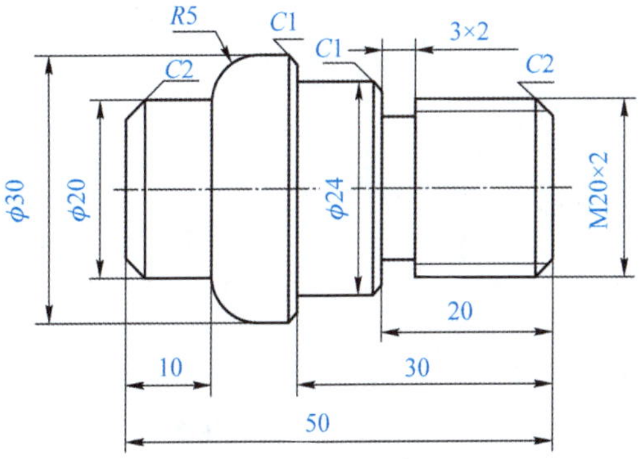

图 2－7－1　零件图

7.2 相关知识

三角形螺纹教学视频

7.2.1 螺纹的概念

普通螺纹是我国应用较广泛的一种三角形螺纹，常用于连接、紧固和调节等场合。其特点是螺距小，螺纹长度较小。

螺纹加工是在圆柱面上加工出特殊形状的螺旋槽的过程。螺纹常见用途有连接紧固、传递运动等。车削螺纹在车床上加工时，控制进给运动应与主轴运用同步。螺纹形状主要由切削刀具的形状和安装位置决定，螺纹导程由刀具进给量决定，如图 2－7－3 所示。

图 2－7－2　零件实物

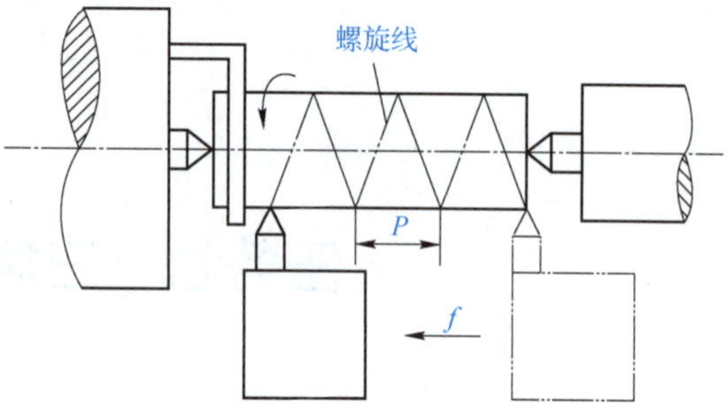

图 2－7－3　车螺纹加工

普通螺纹分为粗牙和细牙普通螺纹，其牙形角均为 60°。细牙普通螺纹的螺距可直接标注出来；而粗牙普通螺纹的螺距不直接标出来。其中 M5～M27 为经常使用的螺纹，而粗牙螺距 P 如表 2－7－1 所示。

表 2－7－1　M5～M27 普通螺纹的螺距表

螺纹代号	螺距 P	螺纹代号	螺距 P	螺纹代号	螺距 P
M5	0. 80	M12	1. 75	M20	2. 50
M6	1. 00	M14	2. 00	M22	
M8	1. 25	M16		M24	3. 00
M10	1. 50	M18	2. 50	M27	

普通螺纹主要参数及计算如下：

普通三角形螺纹的基本牙形与实物图如图 2－7－4 所示，其尺寸计算公式如表 2－7－2 所示。

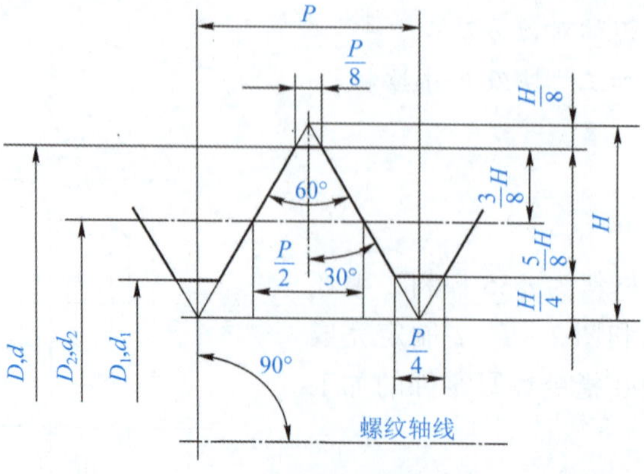

（a）基本牙形

图 2－7－4　普通三角形螺纹的基本牙形及实物

表 2－7－2　普通三角形螺纹的尺寸计算

名　称		符号	计算公式
外螺纹	牙形角/mm	α	60°
	原始三角形高度/mm	H	$H=0.866P$
	牙形高度/mm	h	$H=5/8H=5/8\times0.866P=0.5413P$
	中径/mm	d_2	$d_2=d-2\times3/8H=d-0.6495P$
	小径/mm	d_1	$d_1=d-2h=d-1.0825P$
内螺纹	中径/mm	D_2	$D_2=d_2$
	小径/mm	D_1	$D_1=d_1$
	大径/mm	D	$D=d=$公称直径
螺旋升角 ψ、α、∂/(°)		ψ	$\tan\psi=np/\pi d_2$

7.2.2　三角形螺纹的加工方法

三角形螺纹仿真

1. 切削方法

一个螺纹的车削需要多次切削加工而成，且每次切削须逐渐增加螺纹深度。为实现多次切削的目的，机床主轴必须以恒定的转速旋转，必须与进给运动保持同步，且保证每次刀具切削开始位置相同，以及每次切削深度都在螺纹圆柱的同一位置上。

数控车床加工螺纹的进刀方法通常有直进法和斜进法两种。螺纹刀切削形式如图 2－7－5 所示，当螺距 $P<3$ mm 时，一般采用直进法，如图 2－7－6 所示；当螺距>3 mm 时，一般采用斜进法，如图 2－7－7 所示。

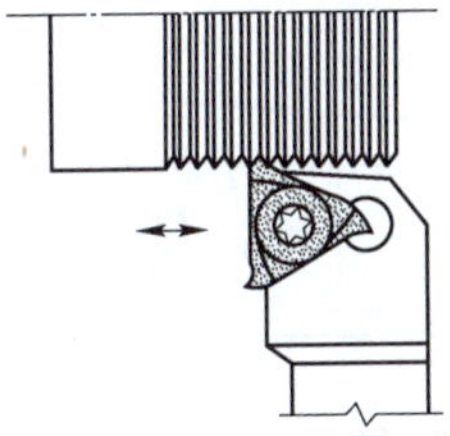

图 2－7－5　螺纹刀切削形式

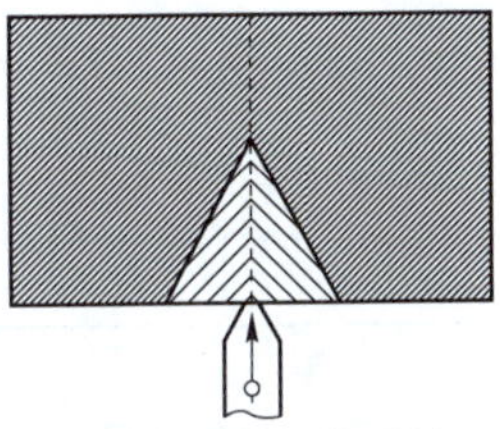

图 2－7－6　直进法

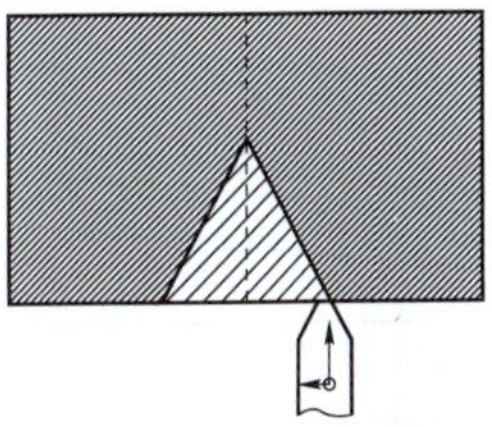

图 2－7－7　斜进法

由于数控机床伺服系统滞后，在主轴加速和减速过程中，会在螺纹切削起点和终点产生不正确的导程。因此，在进刀和退刀时要留有一定空刀导入量和空刀退出量，即螺纹切削的起点和终点位置比实际螺纹要长，如图 2－7－8 所示。

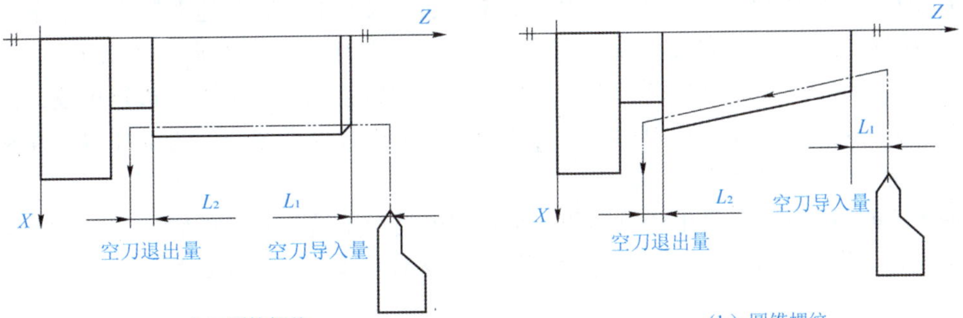

（a）圆柱螺纹　　（b）圆锥螺纹

图 2－7－8　螺纹加工空刀导入量和空刀退出量

2. 切削用量选择

在螺纹加工中，切削深度 a_p 等于螺纹车刀切入工件表面的深度。如果其他切削刃同时参与切削，切削深度 a_p 应为各切削刃切入深度之和。由此可以看出，随着螺纹车刀的每次切入，切削深度在逐步增大。受螺纹牙形截面大小和深度影响，车削螺纹时的切削深度可能是非常大的。因此要合理选择螺纹加工时的切削用量，必须合理选择切削速度和进给量。

加工螺纹时，单边切削总深度等于螺纹实际牙形高度时，一般取 $h_{1实}=0.65p$。车削应遵循后一刀的切削深度不能超过前一刀的切削深度的原则，即采用递减的切削深度分配方式，否则会因切削面积的增加、切削力过大而损坏刀具。当用硬质合金螺纹刀时，为了提高螺纹的表面粗糙度，最后一刀的切削深度一般不能小于 0.1 mm。

螺纹车削加工为成型车削，且切削进给量较大，如果刀具强度较差，那么一般要求分数次进给加工，如表 2-7-3 所示。

表 2-7-3　常用螺纹切削的进给次数与切削深度

单位：mm

米制螺纹							
螺距	1	1.5	2	2.5	3	3.5	4
牙深（半径量）	0.649	0.974	1.299	1.624	1.949	2.273	2.598
1 次	0.7	0.8	0.9	1	1.2	1.5	1.5
2 次	0.4	0.6	0.6	0.7	0.7	0.7	0.8
3 次	0.2	0.4	0.6	0.6	0.6	0.6	0.6
4 次	—	0.16	0.4	0.4	0.4	0.6	0.6
5 次	—	—	0.1	0.4	0.4	0.4	0.4
6 次	—	—	—	0.15	0.4	0.4	0.4
7 次	—	—	—	—	0.2	0.2	0.4
8 次	—	—	—	—	—	0.15	0.3
9 次	—	—	—	—	—	—	0.2

根据车削螺纹时主轴转一圈，刀具进给一个导程的原理，数控车床车削螺纹时的进给速度是由选定的主轴转速决定的。螺纹加工程序段中指令的螺纹导程（单头螺纹时即为螺距）相当于以进给量 f(mm/r) 表示的进给速度 v_f。

$$v_f = nf$$

从式中可以看出，进给速度 v_f 与进给量 f 呈正比关系，如果将机床的主轴转速选择过高，换算后的进给速度则必定大大超过机床额定进给速度。所以选择车削螺纹时的主轴转速要考虑进给系统的参数设置情况和机床电器配置情况，避免螺纹“乱牙”或起/终点附近螺距不符合要求等现象的发生。

另外，值得注意的是，一旦开始进行螺纹加工，其主轴转速值一般是不能进行更改的，包括精加工在内的主轴转速都必须沿用第一次进刀加工时的选定值；否则数控系统会因为脉冲编码器基准脉冲信号的“过冲”量而导致螺纹“乱牙”现象的发生。

因此主轴转速的确定应在保证生产效率和正常切削的情况下选择较低的转速。由于不同的数控系统中驱动电动机的升、降频及螺纹插补运算速度不同，大多数经济型数控车床推荐车螺纹时的主轴转速 n (r/min) 为

$$n \leqslant \frac{1200k}{P}$$

式中 P——被加工螺纹的螺距；

k——保险系数，一般取 0.8；

3. 车螺纹前尺寸的确定

车螺纹时，由于受车刀的挤压会使螺纹大径尺寸膨胀，因此车螺纹时一般应车得比基本尺寸小 0.2~0.4 mm（约 0.13P），可采用下列近似公式计算

螺纹大径： $d=D-0.13P$

螺纹小径： $d_1=D-1.3P$

7.2.3 外螺纹的检测

（1）检测外螺纹的工具——螺纹环规（图 2-7-9）

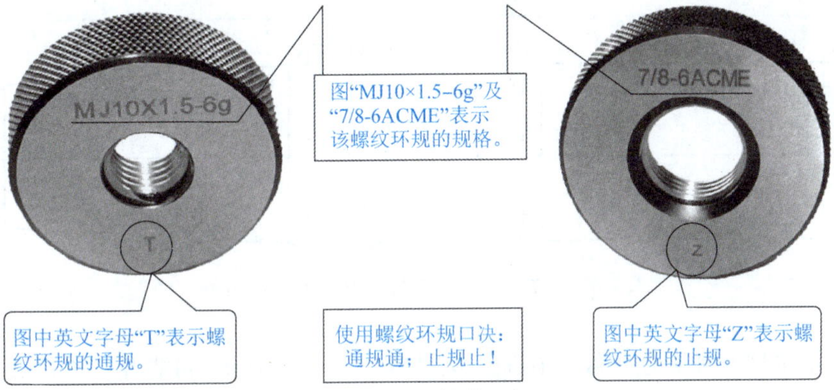

图 2-7-9 螺纹环规

（2）螺纹环规的使用方法及注意事项

①所选螺纹环规型号必须与测试产品的型号一致（可对照样品的工程图面）。

②螺纹环规“T”头与产品锁合时，产品螺牙须全部锁入。

③螺纹环规“Z”头与产品锁合时，产品螺牙锁入不得超过 3 圈。

7.2.4 等螺距螺纹切削指令（G32）

格式：

```
G32 X(U)__ Z(W)__ F __
```

说明：

X、Z 为绝对编程时，有效螺纹终点在工件坐标系中的坐标；U、W 为增量编程时，有效螺纹终点相对于螺纹切削起点的位移量；F 表示螺纹导程，即主轴每转一圈，刀具相对于工件的进给值。

使用 G32 指令能加工圆柱螺纹、锥螺纹和端面螺纹。

加工时需注意以下几点：

（1）从螺纹粗加工到精加工，主轴的转速必须保持一常数；

（2）在没有停止主轴的情况下，停止螺纹的切削将非常危险，因此螺纹切削时进给保持功能无效，如果按下进给保持按键，那么刀具在加工完螺纹后停止运动；

（3）在螺纹加工中不使用恒定线速度控制功能；

（4）在螺纹加工轨迹中应设置足够的升速进刀段 δ 和降速退刀段 δ'，以消除伺服滞后造成的螺距误差；

（5）对刀前，机床 X、Z 轴回零，对刀采用螺纹刀尖试切法对刀。

7.2.5 简单固定循环螺纹车削指令（G92）

格式：G92 X(U)__ Z(W)__ R__ F__;

说明：

X、Z：绝对值编程时，为螺纹终点 C 在工件坐标系下的坐标；增量值编程时，为螺纹终点 C 相对于循环起点 A 的有向距离，图形中用 U、W 表示（图 2-7-10）；

R：为螺纹起点 B 与螺纹终点 C 的半径差。无论是绝对值编程还是增量值编程，其符号均为差的符号；

F：螺纹导程。

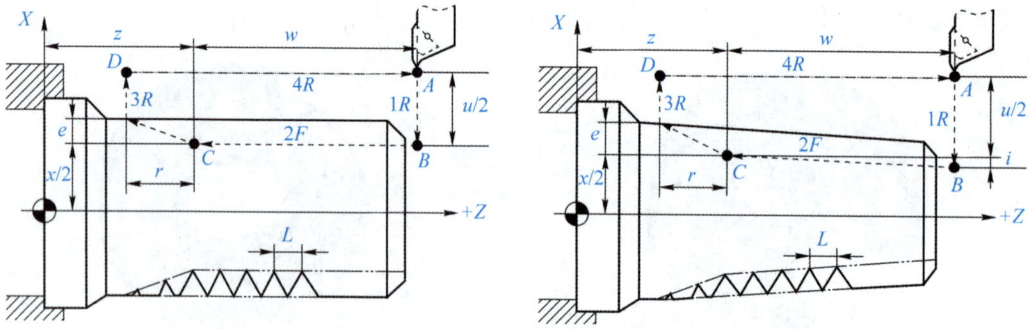

图 2-7-10　固定循环螺纹车削示例

G92 指令可切削锥螺纹和圆柱螺纹。在加工圆柱螺纹时，R 为 0，可省略。如图 2-7-10所示，G92 螺纹加工程序段在加工过程中刀具从循环起点开始，沿着箭头所指的线路走刀，最后又回到循环起点。图中 R 表示快速移动，F 表示按指令螺距移动。

7.2.6 复合循环螺纹车削指令（G76）

在使用 G32 基本螺纹车削指令的程序段中，每刀螺纹加工需要 4 个甚至 5 个程序段，而使用 G92 简单固定循环螺纹车削指令，每刀螺纹加工只需要一个程序段，方便了螺纹编程。随着计算机技术的循环发展，数控系统提供了 G76 复合循环螺纹车削指令，更进一步简化了程序编写，G76 循环能在两个程序段中加工任何单头螺纹，而且在机床上修改程序也变得更快、更容易。在 G76 螺纹切削循环中，螺纹刀以斜进的方式切削螺纹。总的螺纹切削深度一般以递减方式进行分配，螺纹刀单刃参与切削，每次切削深度由数控系统计算给出。G76 指令螺纹的切削循环方式和进刀方法如图 2-7-11 所示。

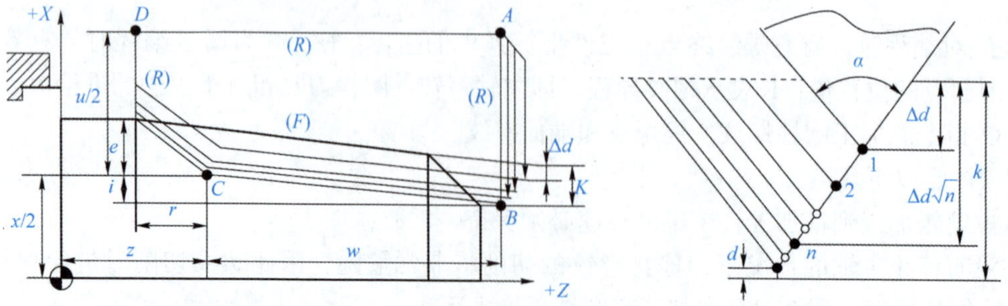

（a）切削循环方式　　（b）进刀方法

图 2-7-11　G76 螺纹切削的循环方式和进刀方法

G76 指令格式：

G76　P(m)(r)(a)　Q(Δd_{min})R(d);

```
G76  X(U)  Z(W)  R(i)  P(k)  Q(Δd)  F(f);
```

说明：

m：精车重复次数，00~99（单位：次），必须输两位数，一般取01~03次。第一刀是精车，第二、三刀就是精车重复，共两次，重复精车的切削深度为0，用于消除切削时的机械应力（让刀）造成的欠切，以提高螺纹精度和表面质量，去除了牙侧的毛刺，对螺纹的牙形起修光作用；

r：螺纹尾端倒角量，也称螺纹退尾量，取值范围00~99，一般取00~20（单位0.1×L，L为螺距），必须输两位数。

a：刀尖角度，即牙形角（相邻两牙之间的夹角），取值为80°、60°、55°、30°、29°、0°，必须输入两位数。实际螺纹的角度由刀具决定。普通三角形螺纹为60°；

Δd_{min}：最小切深，单位μm，半径值，一般取50~100 μm。在车削过程中，如果切削深度小于此值，深度就锁定在此值；

d：精车余量，螺纹精车的切削深度，半径值，单位为μm，一般取50~100μm。d值定义如图2-7-11所示；

X(U) Z(W)：螺纹终点绝对坐标或增量坐标，即图2-7-11所示中有效螺纹终点C点的坐标；

i：螺纹两端半径差，即锥度值，单位为mm，圆柱螺纹半径差为0；

k：螺纹高度，半径值，单位为μm，一般取0.65×P（螺距）；

Δd：第一刀切削深度，半径值，根据机床刚性和螺距大小来取值，建议取300~800 μm；

f：螺纹导程（同G32）。

例如：

```
G76 P010060 Q100 R100
G76 X28.4 Z-43 R0 P974 Q400 F1.5
```

表示车削导程为1.5 mm的圆柱螺纹，所用刀具刀尖角度为60°，精加工次数一次，无倒角，最小切削深度0.1 mm，精加工余量0.1 mm，螺纹最后切削终点X、Z坐标为（28.4，-43），螺纹牙高0.974 mm，第一刀切削深度为0.4 mm。指令中R0表示圆柱螺纹，可以省略。

7.3　任务实施

7.3.1　加工工件的工艺分析及装夹

1. 加工工艺分析

（1）编程原点的确定　该零件两端均需要加工，且需控制总长，分别将编程原点定在工件左、右端面与轴线的交点处。

（2）刀具选择95°外圆车刀　该95°主偏角车刀（图2-7-12）主要用于外圆及端面的半精加工及精加工，其刀片为菱形，通用性好。

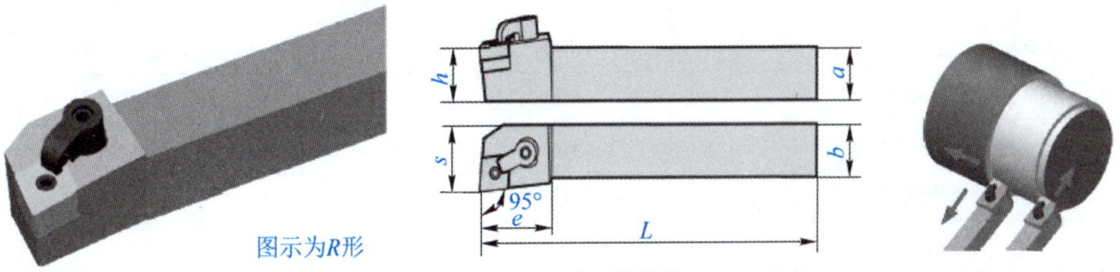

图2-7-12　95°刀具示意

槽刀选择 3 mm 切槽刀具，切削深度大于 15 mm，如图 2－7－13 示。

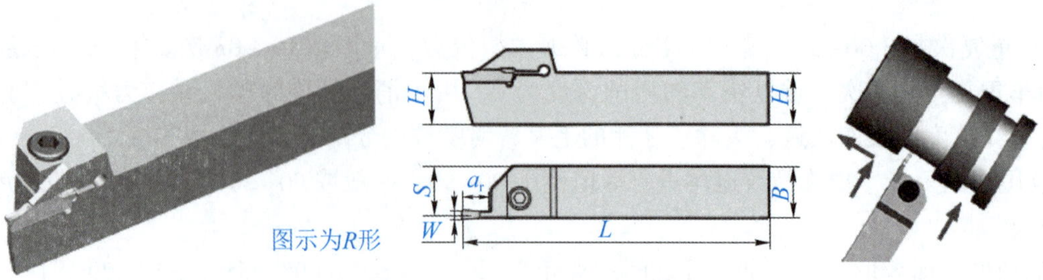

图 2－7－13　3 mm 槽刀示意

螺纹刀选择通用螺距的刀片，加工方位更加广泛，如图 2－7－14 所示

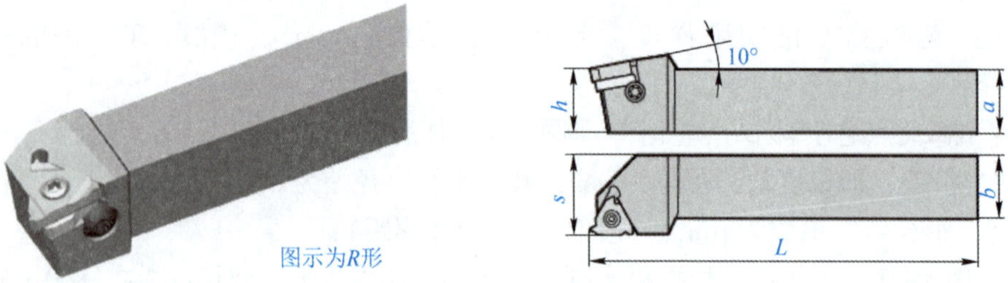

图 2－7－14　外圆螺纹车刀

（3）确定刀具参数（表 2－7－4）

表 2－7－4　切削用量及刀具的选择

刀具号	刀具规格及名称	刀杆尺寸/mm	加工内容	主轴转速（r/min）	进给速度（mm/r）
T01	95°外圆刀	20×20	车端面、外轮廓	800	0.2
T02	3 mm 切槽刀	20×20	车退刀槽	300	0.05
T03	外圆螺纹刀	20×20	车螺纹	300	

（4）填写工艺卡片（表 2－7－5）

表 2－7－5　工艺卡片

数控加工工序			零件名称		零件图号
			三角形螺纹加工		图 2－7－1
材料名称	材料牌号	机床名称	机床型号	夹具名称	夹具编号
铝	6061	数控车床	CK6150e	三爪卡盘	

序号	工 艺 内 容	切削转速（r/min）	进给速度（mm/r）	量具	刀具
1	夹持零件左端，车削右端面	800	0.2	游标卡尺	95°外圆刀
2	车 ϕ30、ϕ24、ϕ20 外径至尺寸	800	0.2	游标卡尺	95°外圆刀
3	切槽 3 mm×2 mm 的外圆至尺寸	300	0.05	游标卡尺	3 mm 切槽刀
4	车外螺纹 M20×2	300		螺纹环规	外螺纹刀
5	掉头夹持零件右端 ϕ24 mm 的外圆	800	0.2	游标卡尺	95°外圆刀
6	车左端面并控制总长 50 mm±0.1 mm	800	0.2	游标卡尺	95°外圆刀
7	车左端 ϕ20、R5 圆弧至尺寸	800	0.2	游标卡尺	95°外圆刀
8	检验				

2. 工件的装夹

(1) 用三爪自定心卡盘夹住 ϕ35 mm 的毛坯，零件伸出卡盘约 48 mm，如图 2-7-15 所示。

(2) 掉头夹持零件右端 ϕ24 mm 的外圆，如图 2-7-16 所示。

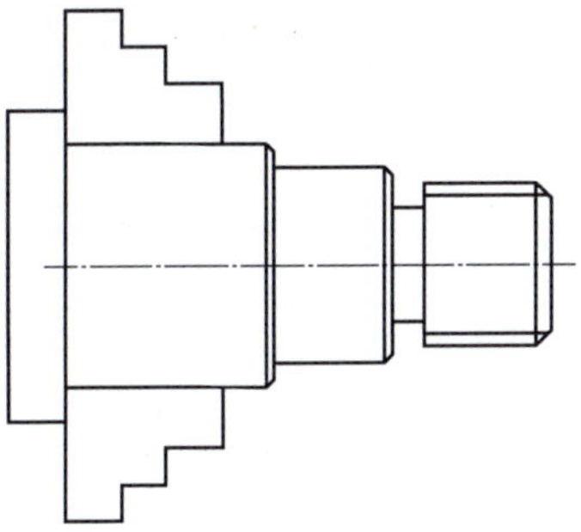

图 2-7-15　工件装夹（一）

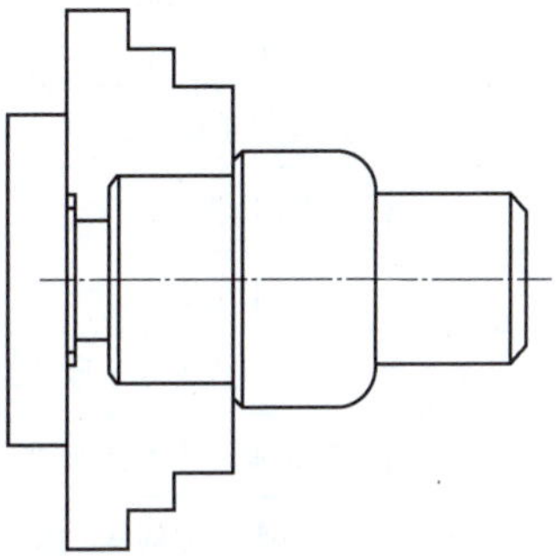

图 2-7-16　工件装夹（二）

三角形螺纹实操

7.3.2　工件加工程序（表 2-7-6、表 2-7-7）

表 2-7-6　三角形螺纹零件右端加工程序

O0001		主 程 序 名
N1	M03 S800	主轴正转转速 800 r/min
N2	T0101	选择 1 号刀具 95°右偏刀
N3	G99	选择每转进给量
N4	G00 X36 Z1	快速定位到工件切削起点
N5	G90 X31 Z-40 F0.2	粗车 ϕ30 外圆，每转进给量 0.2 mm
N6	G90 X25 Z-30	粗车 ϕ24 外圆
N7	G90 X21 Z-20	粗车螺纹外圆
N8	G01 X16	*X* 向进刀
N9	G01 Z0	定位到倒角起点
N10	G01 X19.8 Z-2	倒角 *C*2
N11	Z-20	精车螺纹外圆，外圆按照经验值小 0.2 mm
N12	G01 X22	*X* 向车削端面
N13	X24 Z-21	倒角 *C*1
N14	Z-30	精车 ϕ24 外圆
N15	X28	*X* 向车削端面
N16	X30 Z-31	倒角 *C*1
N17	Z-40	精车 ϕ30 外圆
N18	G00 X100	*X* 向退刀到安全距离
N19	Z100	*Z* 向退刀到安全距离
N20	T0202	换刀，选择 2 号刀具 3 mm 槽刀

表 2-7-6（续）

O0001		主 程 序 名
N21	M03 S300	主轴正转，转速 300 r/min
N22	G00 X26 Z-20	快速定位到切槽起点
N23	G01 X16 F0.1	切槽
N24	G04 P1000	暂停 1 s
N25	G00 X100	*X* 向退刀
N26	Z100	*Z* 向退刀
N27	T0303	换刀，选择 3 号外圆
N28	M03 S600	主轴正转，转速 200 r/min
N29	G00 X22 Z1	块速定位到螺纹起点
N30	G92 X19.2 Z-19 F2	车削螺纹，采用多次进刀
N31	X18.6	G92 模态指令，车削长度不变，*Z* 坐标可以省略
N32	X18.2	
N33	X17.8	
N34	X17.4	
N35	G00 X100	*X* 向退刀
N36	Z100	*Z* 向退刀
N37	M30	程序结束，并返回程序起点

表 2-7-7　三角形螺纹零件左端加工程序

O0002		主 程 序 名
N1	M03 S800	主轴正转转速 800 r/min
N2	T0101	选择 1 号刀具 95°右偏刀
N3	G99	选择每转进给量
N4	G00 X36 Z1	刀具快速定位到工件进刀点
N5	G90 X30 Z-10 F0.2	粗车外圆，进给速度 0.2 mm/转
N6	G90 X25 Z-10	粗车外圆
N7	G90 X21 Z-10	粗车外圆，留余量 1 mm
N8	G00 Z-10	定位到圆角粗车起点
N9	G01 X26	定位到圆角粗车起点
N10	X30 Z-12	车锥法粗车圆角
N11	G00 X31	*X* 向退刀
N12	Z1	*Z* 向退刀
N13	G00 X16	*X* 向定位到精车起点
N14	G42 G01 Z0	建立刀尖半径补偿
N15	X20 Z-2	精车倒角 *C*2

表 2-7-7（续）

O0002		主　程　序　名
N16	Z-10	精车 ϕ20 外圆
N18	G03 X30 Z-15 R5	精车圆角 $R5$
N19	G40 G00 X100	取消刀尖半径补偿，刀具退至安全点
N20	Z100	刀具退至安全点，方便测量、拆装工件
N21	M30	程序结束并返回程序起点

7.3.3　任务评价（表 2-7-8）

表 2-7-8　任务评价

班级：______ 小组：______ 姓名：______		指导教师： 日　期：				
评价项目	评价标准	评价依据	评价方式			小计
			学生自评 20%	小组互评 30%	教师评价 50%	
职业素养（30 分）	1. 遵守企业规章制度、劳动纪律； 2. 按时按质完成工作任务； 3. 积极主动承担工作任务，勤学好问； 4. 工作岗位 6S 完成情况；	1. 出勤率； 2. 工作态度； 3. 劳动纪律； 4. 团队协作精神； 5. 设备卫生保养；				
专业能力（50 分）	1. 熟练掌握螺纹零件的常见车削方法； 2. 掌握工件装夹技巧； 3. 认真填写任务单上的相关问答题；	1. 螺纹零件加工的规范性； 2. 工件装夹的正确性； 3. 专业技能任务完成情况；				
创新能力（20 分）	1. 在任务完成过程中能提出自己的见解及方案； 2. 在教学或生产管理上提出具有创新性的建议；	1. 方案的可行性及意义； 2. 建议的可行性；				
合　计						

【操作注意事项】

（1）在加工前应做好各项检查工作。

（2）刀具、工件按要求装夹，认真遵守安全操作规程。

（3）在加工时，安全门上不许放任何物品，且须关好，手放在急停按钮上。

（4）在首次切削时，禁止采用自动方式加工，使用单段以避免意外事故发生。

7.4　练习巩固

1. 加工如图 2-7-17 所示的工件，设毛坯尺寸 ϕ35，编写加工程序。
2. 加工如图 2-7-18 所示的工件，设毛坯尺寸 ϕ40，编写加工程序。

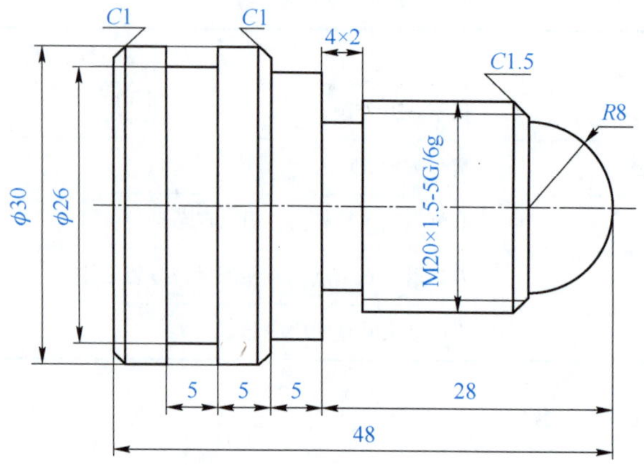

图 2-7-17 练习（一）

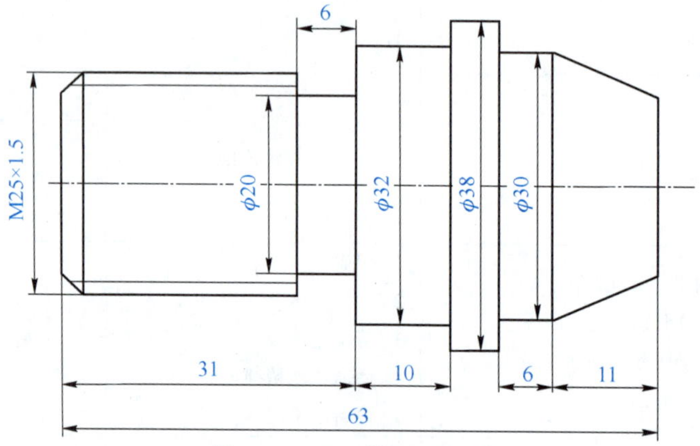

图 2-7-18 练习（二）

任务八 外轮廓的综合加工

学习目标

1. 素质目标

（1）培养中职生具有积极、认真、努力练习技能的态度；

（2）培养中职生安全文明生产的意识。

2. 知识目标

（1）掌握内（外）径切削复合循环指令 G71 的功能、格式；

（2）掌握内（外）径切削复合循环 G71 的加工范围；

（3）掌握刀具补偿功能及应用。

3. 技能目标

（1）掌握内（外）切削复合循环 G71 指令的编程方法及参数设置；

(2) 掌握内（外）切削复合循环 G71 指令的加工方法；
(3) 掌握通过刀具补偿功能达到尺寸公差要求的技能。

8.1　任务引入

如图 2-8-1 所示零件，材料为 ϕ35 棒料，毛坯材料为硬铝，根据图样制定完成该产品的工艺过程，并编写零件的加工程序。

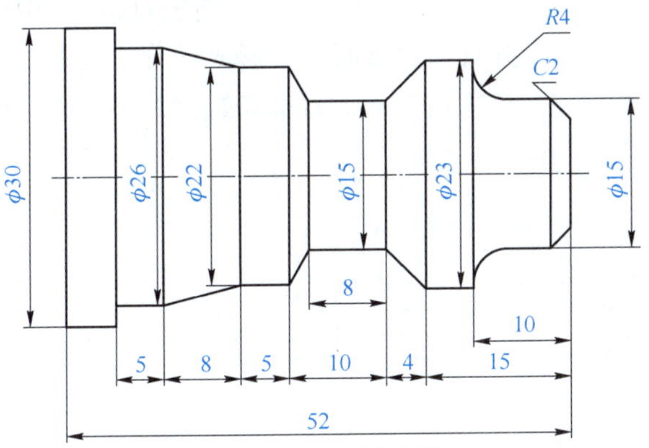

图 2-8-1　零件示意

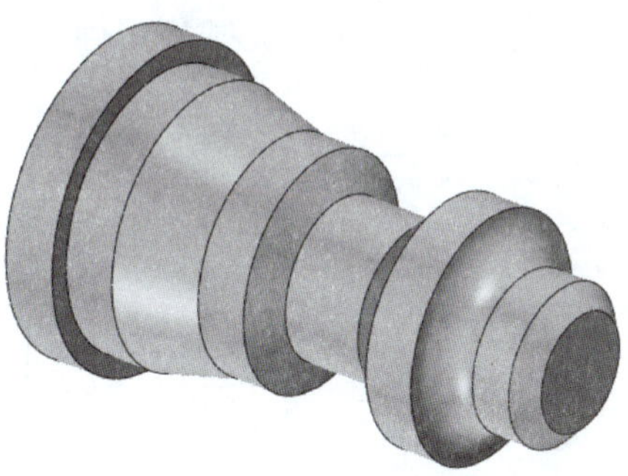
图 2-8-2　零件实物示意

外轮廓综合件教学视频

8.2　相关知识

8.2.1　精加工循环指令（G70）

使用粗加工固定循环指令后，再使用 G70 指令进行精车，使工件达到所要求的尺寸精度和表面粗糙度。在 G70 指令程序段内要指定精加工程序的第一个程序段号和精加工程序的最后一个程序段号。

格式：

```
G70 P(ns)__ Q(nf)__
```

说明：

ns：精加工程序段中的第一个程序段号；

nf：精加工程序段中的最后一个程序段号。

在 G70 状态下，指定的精车描述程序段中的 F、S、T 有效。若不指定，则维持粗车前指定的 F、S、T 状态。执行 G70 循环时，刀具沿工件的实际轨迹进行切削，循环结束后刀具返回循环起点。G70 指令一般用在 G71、G72 和 G73 指令的程序内容之后，不能单独使用。

8.2.2　外径、内径粗加工复合循环指令（G71）

格式：

```
G71 U(Δd)  R(e)
G71 P(ns)  Q(nf)  U(Δu)  W(Δw)  F(f)  S(s)  T(t)
```

说明：

Δd：切削深度（每次切削量），指定时不加符号；

e：每次退刀量；

ns：精加工路径第一个程序段号；

nf：精加工路径最后一个程序段号；

Δu：*X* 方向精加工余量，车削外轮廓时取正值，车削内轮廓时取负值；

Δw：*Z* 方向精加工余量；

f，s，t：粗加工时 G71 中编程的 F、S、T 有效，而精加工时处于 ns 到 nf 程序段之间的 F、S、T 有效。

G71 指令执行过程中，数控车床装置首先根据用户编写的加工轮廓，在预留出 *X*、*Z* 向精加工余量后计算出粗加工实际轮廓的各个坐标值。刀具按层切法将余量去除。走刀时先沿 *X* 向进刀 *d*，切削外圆后按 *e* 值 45°退刀；循环切削直至粗加工余量被切除。此时工件斜面和圆弧面部分形成台阶状表面，然后在按精加工轮廓光整表面，最后形成在工件 *X*、*Z* 向留的余量。G71 指令的走刀轨迹如图 2－8－3 所示。

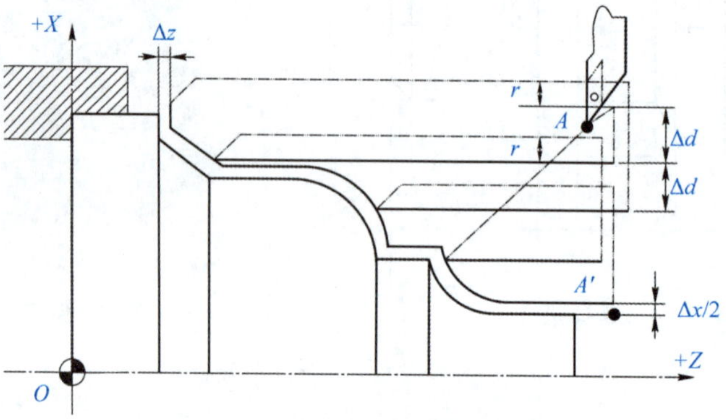

图 2－8－3　G71 指令走刀轨迹

粗加工结束后可以使用 G70 指令将精加工完成。

8.2.3　成形加工复合循环指令（G73）

成形加工复合循环也称为固定形状粗车循环，它适用于加工铸、锻件毛坯零件。某些轴类零件为了节约材料，提高工件力学性能，往往采用锻造等方法使零件毛坯尺寸接近工件的成品尺寸，其形状基本成型，只是外径、长度较成品大一些。对于此类零件的加工适合采用 G73 方式。

指令格式：

```
G73 U(Δi)  W(Δk)  R(Δd)
G73 P(ns)  Q(nf)  U(Δu)  W(Δw)  F(f) S(s) T(t)
```

说明：

Δi：*X* 方向毛坯切除余量，半径值、正值；

Δk：*Z* 方向毛坯切除余量，正值；

Δd：粗切循环次数；

ns：精加工路径第一个程序段号；

nf：精加工路径最后一个程序段号；

Δu：*X* 方向精加工余量，车削外轮廓时取正值，车削内轮廓时取负值；

Δw：*Z* 方向精加工余量；

f，s，t：粗加工时的进给量、主轴转速、刀具号。

G73 指令与 G71 指令的主要区别在于它们虽然均为粗加工循环指令，但 G71 指令主要用于加工棒料毛坯，G73 指令主要用于加工毛坯余量均匀的铸造、锻造成形工件。在进行加工时主要根据余量的大小及分布情况来进行选择。G73 指令的走刀轨迹如图 2－8－4 所示。

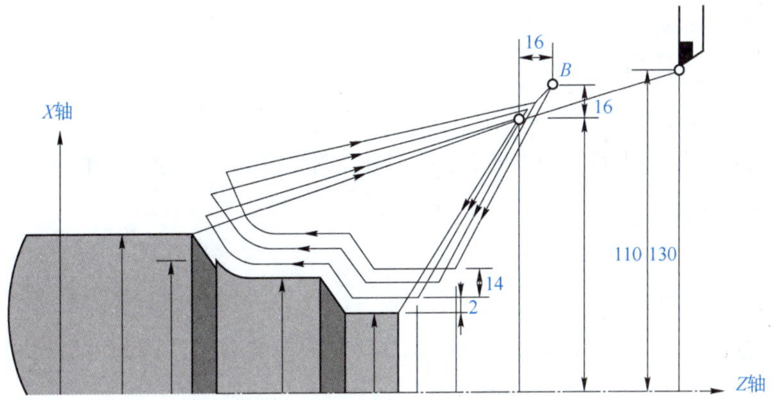

图 2-8-4　G73 指令走刀轨迹

8.2.4　刀尖半径补偿

数控程序是针对刀具上的某一点即刀位点按工件轮廓尺寸编制的，车刀的刀位点一般为理想状态下的假想刀尖（图 2-8-5）。但实际加工中的车刀，由于工艺或其他要求，刀尖往往不是理想点，而是一段圆弧。当加工与坐标轴平行的圆柱面和端面轮廓时，刀尖圆弧并不影响其尺寸和形状，但当加工锥面、圆弧面等非坐标方向轮廓时，由于刀具切削点在刀尖圆弧上变动，刀尖圆弧将引起尺寸和形状误差，造成欠切或者过切现象。而这种由于刀尖不是理想点而是一段圆弧造成的误差，可以用刀尖圆弧半径功能消除。

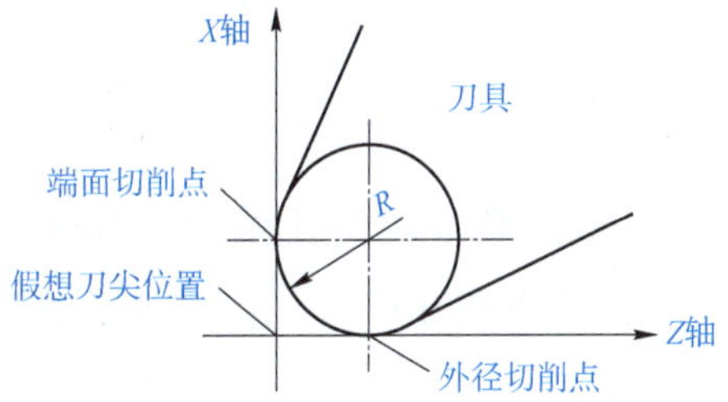

图 2-8-5　假想刀尖示意

具有刀具半径补偿功能的数控车床，在编程时不用计算刀尖半径的中心轨迹，只需要按零件轮廓编程，并在加工前输入刀尖半径和位置数据，通过程序中的刀尖半径补偿指令，自动计算出刀具运动轨迹，从而加工出所要求的工件轮廓。

1. 车刀形状和位置

车刀形状和位置是多种多样的，在执行刀具刀尖半径补偿功能时，除了与刀尖半径大小有关，还与刀尖的方位有关。不同的刀具，刀尖圆弧的位置不同，刀具自动偏离零件轮廓的方向就不同。如图 2-8-6 所示，车刀形状位置共有 9 种，分别用参数 1~9 表示。

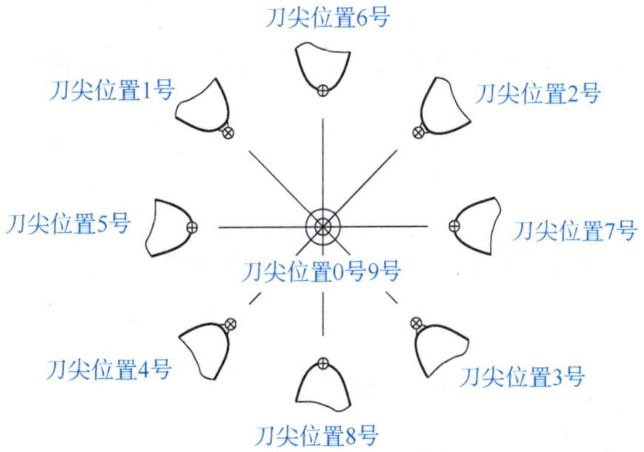

图 2-8-6　前置刀架刀尖位置示意

2. 刀尖半径左补偿（G41）

指令格式：

G41 G01 X(U)____ Z(W)____ F ____;

沿假想 Y 轴的负方向，顺着刀具运动方向看，刀具在工件的左边，称为刀尖半径左补偿。

3. 刀尖半径右补偿（G42）

指令格式：

G42 G01 X(U)____ Z(W)____ F ____;

沿假想 Y 轴的负方向，顺着刀具运动方向看，刀具在工件的右边，称为刀尖半径右补偿。

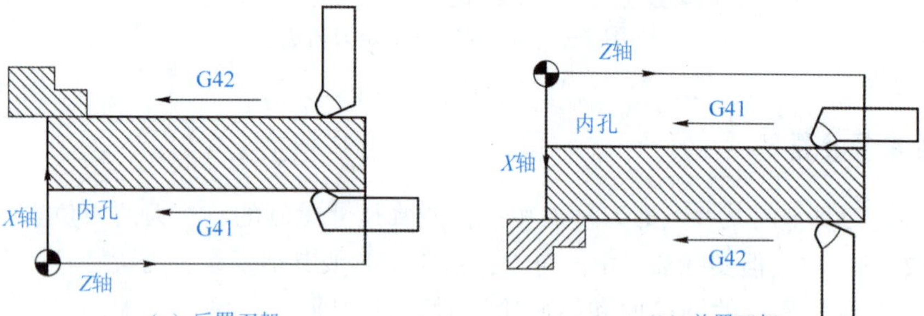

（a）后置刀架　（b）前置刀架

图 2-8-7　刀具半径补偿指令（G41 和 G42）

4. 取消刀尖半径补偿指令（G40）

如果要取消刀尖半径左、右补偿，可编写 G40 指令，这时车刀轨迹按理论刀尖轨迹运动。

格式：

G40 G01 X(U)____ Z(W)____ F ____

注意：G41、G42、G40 都是模态指令，且 G41 和 G42 不能同时使用，即前面的程序段中如果有 G41，就不能接着使用 G42，必须先用 G40 指令取消补偿后才能继续使用 G42 指令。G41、G42 只能与 G00 或 G01 指令结合编程，不能与 G02 或 G03 等其他指令结合编程。

8.2.5　刀尖半径补偿的编程方法

（1）刀尖半径补偿的建立。使刀具中心从与编程轨迹重合过渡到与编程轨迹偏离一个刀尖圆弧半径。

（2）刀尖半径补偿的执行。执行含 G41、G42 指令的程序段后，刀具中心始终与编程轨迹相距一个偏移量。

（3）刀尖半径的取消。在执行 G40 程序段前，刀尖圆弧中心停留在前一段的终点位置上，G40 程序段是刀具由终点退出的动作

8.2.6　刀尖磨损设置

当刀具出现磨损或更换刀片后，以及对刀后发现有较小对刀误差时，可以进行刀具磨损设置。操作方法如下：

按 

键→单击“磨损”软键即可在“刀具磨损设置”对话框中对刀具磨损进行设置。

当刀具磨损后或工件加工后的尺寸有误差时，只要修改“刀具磨损设置”对话框中每把刀具相应的补偿值中的数值即可。

例如某工件用 1 号刀加工后的外圆直径应为 38.5 mm，但实际测得的直径为 38.39 mm，尺寸偏

小 0. 11 mm，可在“刀具磨损设置”对话框中 1 号刀具的 X 向补偿值中输入“0. 11”；如果补偿值中已经有数值，那么需要在原来数值的基础上进行累加，把累加后的数值输入即可。

如果直径尺寸偏大 0. 07 mm，就应在“刀具磨损设置”对话框中 1 号刀具的 X 向补偿值中输入“-0. 07”，但 X 向补偿值中已有“-0. 05”，在累加后实际要输入“-0. 02”。

外轮廓综合件仿真

8.3　任务实施

8.3.1　工件加工的工艺分析及装夹

1. 加工工艺分析

（1）编程原点的确定　将编程原点定在工件右端面与轴线的交点处。

（2）刀具选择 93°外圆车刀　该 93°主偏角车刀（图 2－8－8）主要用于外圆及复杂轮廓的半精加工及精加工，其刀具后角 52°，适合加工复杂轮廓。

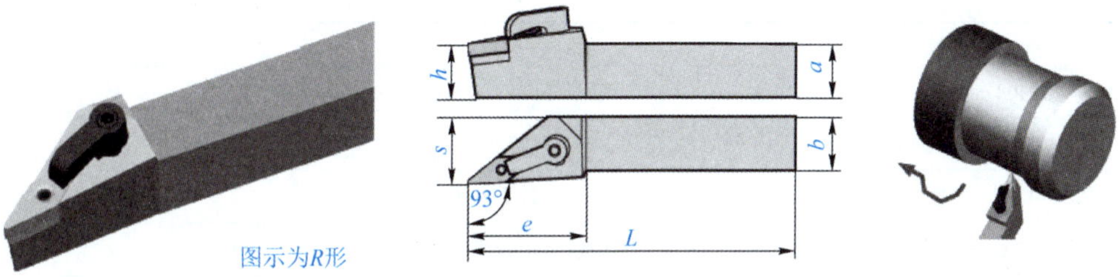

图 2－8－8　93°刀具示意

（3）确定刀具参数（表 2－8－1）

表 2－8－1　切削用量及刀具选择

刀具号	刀具规格及名称	刀杆尺寸/mm	加工内容	主轴转速（r/min）	进给速度（mm/r）
T01	95°端面车刀	20×20	车端面	800	0. 2
T02	93°外圆刀	20×20	外轮廓	800	0. 2

④填写工艺卡片

<table>
<tr><td colspan="3" rowspan="2">数控加工工序</td><td colspan="2">零件名称</td><td>零件图号</td></tr>
<tr><td colspan="2">外轮廓综合加工</td><td>图 2－8－1</td></tr>
<tr><td>材料名称</td><td>材料牌号</td><td>机床名称</td><td>机床型号</td><td>夹具名称</td><td>夹具编号</td></tr>
<tr><td>铝</td><td>6061</td><td>数控车床</td><td>CK6150e</td><td>三爪卡盘</td><td></td></tr>
</table>

<table>
<tr><td>序号</td><td>工艺内容</td><td>切削转速（r/min）</td><td>进给速度（mm/r）</td><td>量具</td><td>刀具</td></tr>
<tr><td>1</td><td>装夹工件，伸出卡盘 58 mm</td><td></td><td></td><td></td><td></td></tr>
<tr><td>2</td><td>夹持零件左端，车削右端面</td><td>800</td><td>0. 2</td><td>游标卡尺</td><td>93°外圆刀</td></tr>
<tr><td>3</td><td>粗精加工外轮廓</td><td>800</td><td>0. 2</td><td>游标卡尺</td><td>93°外圆刀</td></tr>
<tr><td>4</td><td>掉头车左端面并控制总长</td><td>800</td><td>0. 2</td><td>游标卡尺</td><td>93°外圆刀</td></tr>
<tr><td>5</td><td>检验</td><td></td><td></td><td></td><td></td></tr>
</table>

2. 工件的装夹

用三爪自定心卡盘夹住 ϕ35 mm 的毛坯，零件伸出卡盘约 58 mm，如图 2－8－9 所示。

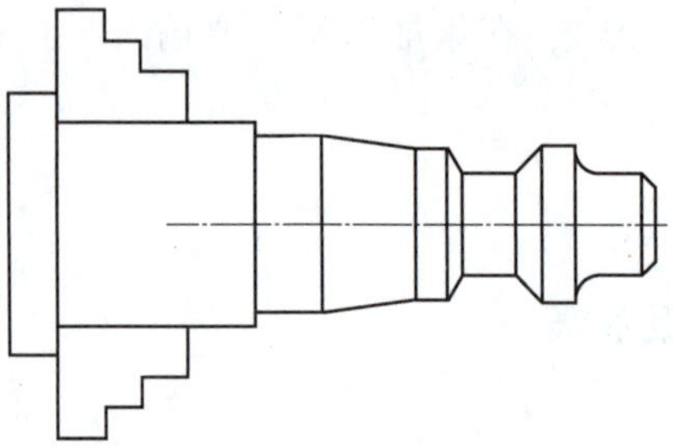

图 2－8－9　工件装夹

外轮廓综合件实操

8.3.2　参考程序（表 2－8－2）

表 2－8－2　外轮廓综合加工的程序

O0001		主 程 序 名
N1	M03 S800	粗车外圆转速 800 r/min，
N2	T0101	1 号 95°端面车刀
N4	G99	选择每转进给量
N5	G00 X35 Z2	快速点定位到工件进刀点
N6	G01 Z0 F0. 2	端面车削起点，进给速度 0. 2 mm/r
N7	G01 X0	端面车削终点，
N8	G00 Z2	退刀
N9	G00 X100 Z100	退刀至工件安全换刀点
N10	T0202 S800	换 02 号 93°车刀，转速 800 r/min
N11	G00 X37	循环起点
N12	G00 Z2	
N13	G71 U2 R1	粗切量：2 mm 退刀量 1 mm
N14	G71 P15 Q28 U0. 1 W0. 2 F0. 2	
N15	G01 G42 X11 S900 F0. 1	精加工转速 900 r/min，进给速度 0. 1 mm/r
N16	G01 Z0	精加工起点
N17	G01 X15 Z-2	精加工倒角
N18	G01 Z-6	精加工 ϕ15 外圆
N19	G02 X23 Z-10 R4	精加工 R4 圆弧
N20	G01 Z-15	精加工 ϕ23 外圆
N21	G01 X15 W-4	精加工锥度
N22	G01 W-8	精加工 ϕ15 外圆
N23	G01 X22 W-2	精加工锥度
N24	G01 W-5	精加工 ϕ22 外圆
N25	G01 X26 W-8	精加工锥面
N26	G01 W-5	精加工 ϕ26 外圆
N27	G01 X30	车削端面
N28	G01 Z-52	精加工 ϕ30 外圆

表 2-8-2（续）

O0001		主　程　序　名
N29	G70 P15 Q28	精车循环
N30	G00 G40 X100	取消刀尖半径补偿，返回到安全换刀点
N31	G00 Z100	*Z* 向退刀
N32	M30	程序结束并回程序起点

8.3.3　任务评价（表 2-8-3）

表 2-8-3　任务评价

班级：______ 小组：______ 姓名：______		指导教师： 日　期：				
评价项目	评价标准	评价依据	评价方式			小计
			学生自评 20%	小组互评 30%	教师评价 50%	
职业素养（30 分）	1. 遵守企业规章制度、劳动纪律； 2. 按时按质完成工作任务； 3. 积极主动承担工作任务，勤学好问； 4. 工作岗位 6S 完成情况；	1. 出勤率； 2. 工作态度； 3. 劳动纪律； 4. 团队协作精神； 5. 设备卫生保养；				
专业能力（50 分）	1. 熟练掌握综合零件的常见车削方法； 2. 掌握工件装夹技巧； 3. 认真填写任务单上的相关问答题；	1. 综合零件加工的规范性； 2. 工件装夹的正确性； 3. 专业技能任务完成情况；				
创新能力（20 分）	1. 在任务完成过程中能提出自己的见解及方案； 2. 在教学或生产管理上提出具有创新性的建议；	1. 方案的可行性及意义； 2. 建议的可行性；				
合　计						

【操作注意事项】

(1) 在加工前应做好各项检查工作。

(2) 刀具、工件按要求装夹，认真遵守安全操作规程。

(3) 圆弧车刀主、副偏角必须足够大，以保证车削时不发生干涉。

(4) 工件伸出长度不能太短。若太长，则工件刚性差；若太短，则无法切断。

(5) 加工完毕，用切断刀手动切断工件，将进给时的转速和速度倍率调低。

(6) 若有意外事故发生，按紧急停止按钮，查找原因。

8.4　练习巩固

1. 编写图 2-8-10 所示零件程序。
2. 编写图 2-8-11 所示零件程序。

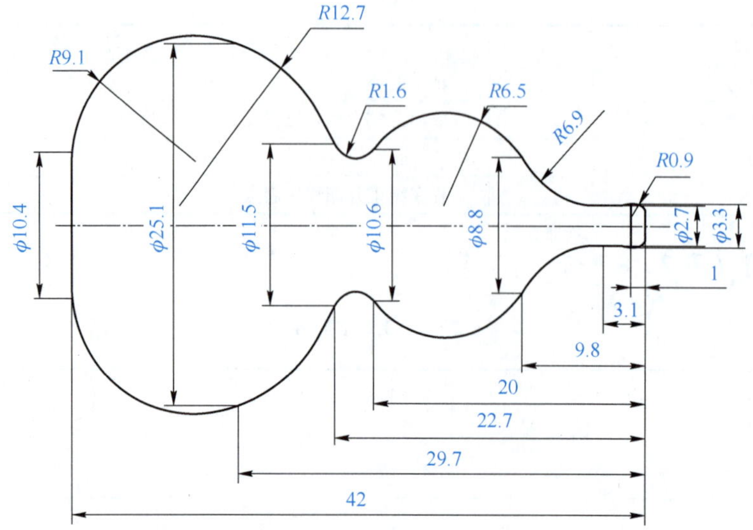

图 2-8-10　练习（一）

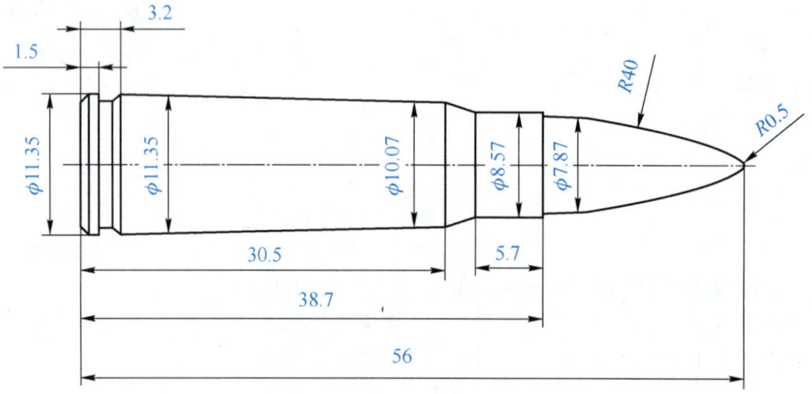

图 2-8-11　练习（二）

任务九　内孔零件的加工

学习目标

1. 素质目标

(1) 培养中职生安全文明生产的能力；

(2) 培养中职生积极、认真的学习态度。

2. 知识目标

(1) 了解内孔加工与外圆加工编程的关系；

(2) 掌握根据加工内径选择内孔车刀的方法；

(3) 熟悉编制孔类零件工艺的制定方法。

3. 技能目标

(1) 内孔加工的方法及刀具的合理选用；

(2) 手动用麻花钻钻孔的操作方法；

(3) 掌握内孔尺寸控制方法。

9.1 任务引入

轴套零件的工件材料为 ϕ50 棒料，毛坯材料为硬铝，根据图 2 - 9 - 1 和图 2 - 9 - 2 制定完成该产品的工艺过程，并运用所学知识编写零件的加工程序。

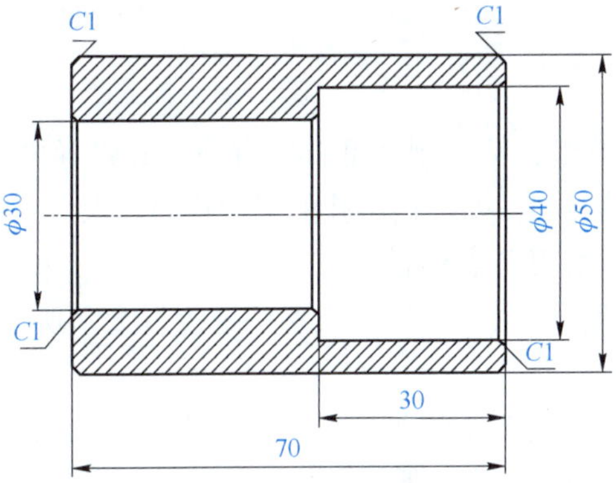

图 2 - 9 - 1　零件图

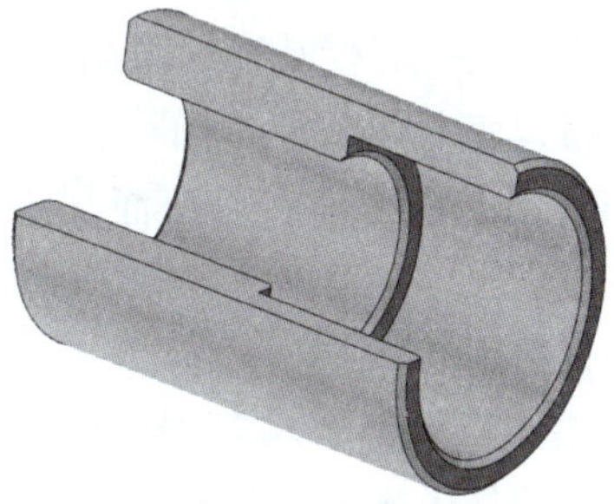

图 2 - 9 - 2　零件实物图

9.2 相关知识

内孔零件教学视频

9.2.1 麻花钻的结构

麻花钻因其容屑槽成螺旋状而形似麻花而得名，是一种加工出孔的刀具。螺旋槽有 2 槽、3 槽或更多槽，但以 2 槽最为常见。钻头材料一般为高速工具钢或硬质合金在孔加工刀具中应用得最广泛，如图 2 - 9 -3 所示。

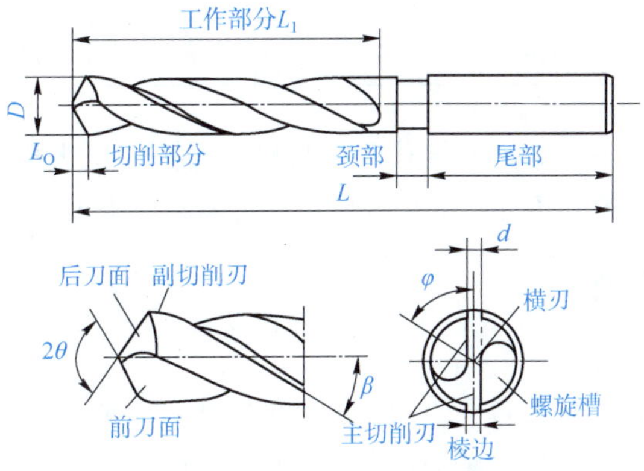

图 2 - 9 - 3　麻花钻结构示意

9.2.3 麻花钻的缺点及对切削加工的影响

麻花钻的几何形状虽比扁钻合理，但尚存在着以下缺点。

（1）标准麻花钻主切削刃上各点处的前角数值内外相差太大。钻头外缘处主切削刃的前角约为+30°；而接近钻心处，前角约为-30°，近钻心处前角过小，造成切屑变形大，切削阻力也大；而近外缘处前角过大，在加工硬材料时，切削刃强度常显不足。

（2）横刃较长，横刃的前角是很大的负值，达-54°~-60°，将产生很大的轴向力。

（3）与其他类型的切削刀具相比，标准麻花钻的主切削刃很长，不利于分屑与断屑。

（4）主、副切削刃交汇处切削速度最高、刀尖角较小，且又因刃带的存在，使副切削刃后角为零，因此刀尖处摩擦最大，发热量大，散热条件差，磨损最快。

9.2.4 麻花钻的结构特点及对切削加工的影响

（1）麻花钻的直径受孔径的限制，螺旋槽使钻芯更细，钻头刚度低；仅有两条棱带导向，孔的轴线容易偏斜；横刃使定心困难，轴向抗力增大，钻头容易摆动，因此钻出孔的形位误差较大。

（2）麻花钻的前刀面和后刀面都是曲面，沿主切削刃各点的前角、后角各不相同，横刃的前角达-55°，切削条件很差；切削速度沿切削刃的分配不合理，强度最低的刀尖切削速度最大，所以磨损严重，因此加工的孔精度低。

（3）钻头主切削刃全刃参加切削，刃上各点的切削速度又不相等，容易形成螺旋形切屑，排屑困难，因此切屑与孔壁挤压摩擦，常常划伤孔壁，加工后的表面粗糙度很低。

9.2.5 麻花钻的修磨

由于麻花钻的结构所限，使它存在着许多缺点。如前角变化太大，外缘处为+30°，靠近钻心处为-30°，横刃前角约为-55°，副后角为零，加剧了钻头孔壁的摩擦；主切屑刃太长，切屑太宽，排屑困难；横刃太长，定心困难，轴向力大，因此为改善其切削性能，需对麻花钻进行修磨。

根据不同钻头材料选择砂轮磨料品种

钻头品种	磨料名称	应用	粒度号
高速钢钻头	白刚玉	适合淬火钢、高速钢	F30~F60
硬质合金钢钻头	绿碳化硅	适合硬质合金钢刀具和工件	F60~F80
高速钢、碳钢钻头	氧化铝	适合淬火钢、高速钢碳钢等	F30~F60

主要修磨方法有刃磨两个主后刀面和修磨横刃，将横刃磨短以增大横刃前角，修磨主切削刃，增加分屑槽，修磨顶角，改善边缘的散热条件，如果按群钻进行修磨，将大大改善麻花钻的切削性能。

9.2.6 孔类零件加工的特点

加工孔比加工外圆要困难得多。

（1）由于加工孔是在工件的内部进行的，因此观察加工情况困难。

（2）由于受孔径和镗孔深度的限制，镗刀杆均较细长，刚性较差，因此容易产生振动。

（3）排屑、冷却困难。

（4）测量加工尺寸困难。

（5）薄壁套难以保证形位精度。

9.2.7　车孔的关键技术

内孔的车削与外圆的车削方法基本相同，只是切深方向相反。车孔的关键技术是解决内孔车刀的刚性和排屑问题。增加内孔车刀的刚性主要采取以下两项措施：

1. 尽量增加刀杆的截面面积

(1) 一般的内孔车刀有一个缺点，即刀杆的截面面积小于孔截面面积的1/4，如果让内孔车刀的刀尖位于刀杆的中心线上，这样刀杆的截面面积就可达到最大值。

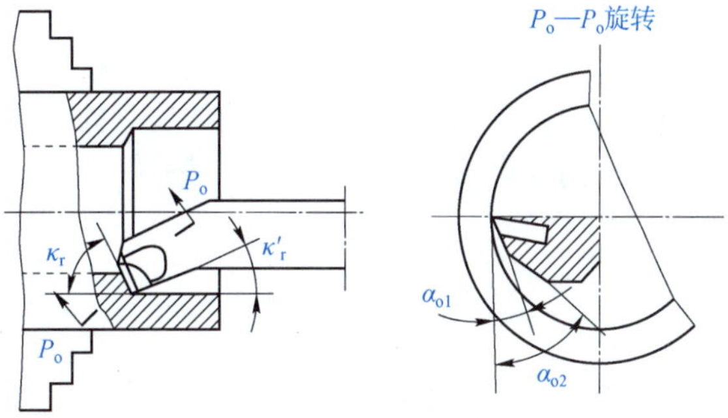

图2-9-4　内孔车刀示意

(2) 刀杆的伸出长度尽可能缩短，如果刀杆伸出太长，就会降低刀杆刚性，容易引起振动。因此，为了增加刀杆刚性，刀杆伸出长度只要略大于孔深即可，而且要求刀杆的伸长能根据孔深度加以调整。

(3) 切削时，首先由于车刀刀尖先切入工件，因此其受力较大，再加上刀尖本身强度差，所以容易碎裂；其次由于刀杆细长，在切削力的影响下，吃刀深了，容易弯曲振动。因此一般练习的孔径为20~50 mm，切削用量可参照表2-9-1所示中的数据进行选择。

表2-9-1　车孔的切削用量参数

参数	单位	粗车	精车
n	r/min	400~500	600~800
f	min	0.2~0.3	0.1
a_p	min	1~3	0.3

9.2.8　内孔车刀的安装

1. 刀尖与工件中心等高

安装内孔车刀时，要使刀尖与工件中心等高或稍高，以便增大内孔车刀的后角，从理论上讲，内孔车刀的刀尖应不低于工件的中心，否则在切削力的作用下，刀尖会下降，使孔径扩大，刀杆的轴线要尽可能与工件轴线平行。可以把内孔车刀先安装在专用刀座上(图2-9-5)，再把刀座按外圆刀的安装方法安装到刀架上。

图2-9-5　内孔刀座

2. 刀杆伸出长度应尽可能短

应按被加工的孔径大小选择适合的刀杆，刀杆的伸出量应尽可能短，以使刀杆具有足够的刚性。

9.3 任务实施

内孔零件仿真

9.3.1 工件加工的工艺分析及装夹

1. 加工工艺分析

（1）编程原点的确定　将编程原点定在工件右端面与轴线的交点处。

（2）刀具选择95°外圆车刀和95°内孔车刀　该两种车刀（图2－9－6）主要用于内外圆及端面的半精加工及精加工，其刀片为菱形，通用性好。

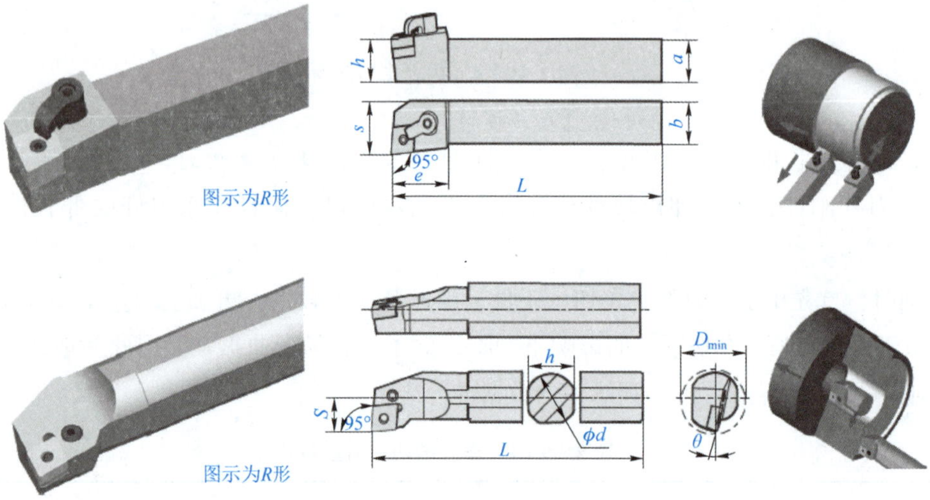

图2－9－6　95°刀具示意图

（3）确定刀具参数（表2－9－2）

表2－9－2　切削用量及刀具选择

刀具号	刀具规格及名称	刀杆尺寸/mm	加工内容	主轴转速（r/min）	进给速度（mm/r）
T01	95°外圆刀	20×20	车端面、外轮廓	800	0.2
T02	95°内孔刀	ϕ16	车内轮廓	600	0.15

（4）填写工艺卡片（表2－9－3）

2. 工件的装夹

（1）用三爪自定心卡盘夹持工件外圆，钻孔后车削内孔。

（2）掉头夹持工件外圆，车端面，保证总长。

表 2-9-3 工艺卡片

数控加工工序				零件名称		零件图号
				内孔零件加工		图 2-9-1
材料名称	材料牌号	机床名称		机床型号	夹具名称	夹具编号
铝	6061	数控车床		CK6150e	三爪卡盘	
序号	工艺内容	切削转速 (r/min)	进给速度 (mm/r)	量具	刀具	
1	装夹工件，伸出卡盘 95 mm					
2	加工外圆端面，端面可采用手摇或编程加工，要求光起即可，圆心不能凸台	800	0. 2	游标卡尺	95°外圆刀	
3	手动钻孔	300			ϕ25 钻头	
4	粗车内轮廓	800	0. 2	游标卡尺	95°内孔镗刀	
5	精车内轮廓	1 000	0. 15	游标卡尺	95°内孔镗刀	
6	检验					

9.3.2 参考程序（表 2-9-4、表 2-9-5）

内孔零件实操

表 2-9-4 内孔零件外圆的参考程序

O0001		主 程 序 名
N1	M03 S800	主轴正转转速 800 r/min
N2	T0101	选择 1 号刀具 95°右偏刀
N3	G99	选择每转进给量
N4	G00 X51	X 轴快速定位到工件进刀点
N5	Z1	Z 轴快速定位
N6	G00 X48	倒角 X 轴起点
N7	G01 Z0 F0. 15	倒角 Z 轴起点，必须加 G01 指令
N8	X50 Z-1	倒角 C1
N9	Z-70	车 ϕ50 外圆长 70 mm
N10	G00 X100	刀具退至安全点，方便测量、拆装工件
N11	Z100	刀具退至安全点，方便测量、拆装工件
N12	M30	程序结束并返回程序起点

表 2-9-5 内孔零件加工的参考程序

O0002		主 程 序 名
N1	M03 S800	主轴正转转速 800 r/min
N2	T0202	选择 1 号刀具 95°右偏刀
N3	G99	选择每转进给量
N4	G00 X25	*X* 轴定位小于或等于孔径
N5	Z1	Z 轴定位
N6	G71 U1 R1	G71 指令格式

表 2-9-5（续）

O0002		主 程 序 名
N7	G71 P1 Q2 U-0.5 W0.1 F0.2	G71 指令格式
N8	N1 G00 42	精车内轮廓
N9	G01 Z0 F0.12 S1000	
N10	X40 Z-1	
N11	Z-30	
N12	X32	
N13	X30 Z-31	
N14	Z-70	
N15	N2 X29	
N16	G70 P1 Q2	精车
N17	G00 Z200	刀具退至安全点，方便测量、拆装工件
N18	M30	程序结束并返回程序起点

1.3.3 任务评价（表 2-9-6）

表 2-9-6 任务评价

班级： 小组： 姓名：		指导教师： 日 期：				
评价项目	评价标准	评价依据	评价方式			小计
			学生自评 20%	小组互评 30%	教师评价 50%	
职业素养（30 分）	1. 遵守企业规章制度、劳动纪律； 2. 按时按质完成工作任务； 3. 积极主动承担工作任务，勤学好问； 4. 工作岗位 6S 完成情况；	1. 出勤率； 2. 工作态度； 3. 劳动纪律； 4. 团队协作精神； 5. 设备卫生保养；				
专业能力（50 分）	1. 熟练掌握内孔的常见车削方法； 2. 掌握采工件装夹技巧； 3. 认真填写任务单上的相关问答题；	1. 内孔加工的规范性； 2. 工件装夹的正确性； 3. 专业技能任务完成情况；				
创新能力（20 分）	1. 在任务完成过程中能提出自己的见解及方案； 2. 在教学或生产管理上提出具有创新性的建议；	1. 方案的可行性及意义； 2. 建议的可行性				
合 计						

【操作注意事项】

（1）在加工前应做好各项检查工作。

（2）刀具、工件按要求装夹，认真遵守安全操作规程。

（3）在加工时，安全门上不许放任何物品，且须关好，手放在急停按钮上。

（4）在首次切削时，禁止采用自动方式加工，使用单段以避免意外事故发生。

9.4　练习巩固

1. 加工如图 2－9－7 所示的工件，编写加工程序。

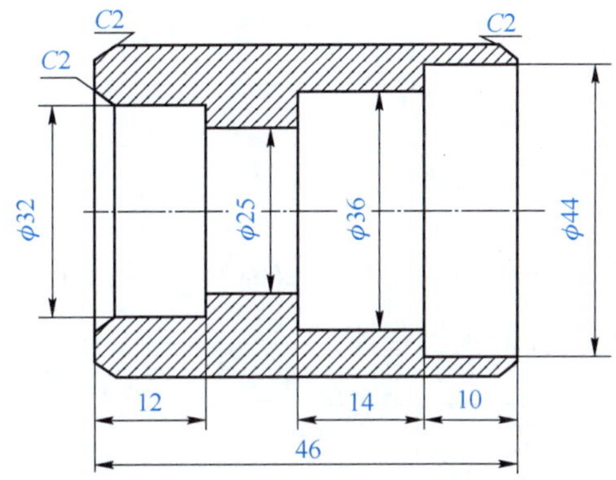

图 2－9－7　练习（一）

2. 加工如图 2－9－8 所示的工件，编写加工程序。

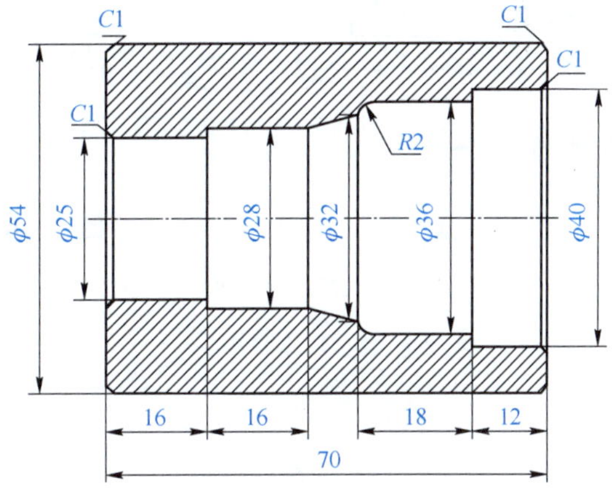

图 2－9－8　练习（二）

任务十　内孔复杂轮廓综合加工

学习目标

1. 素质目标

(1) 培养中职生安全文明生产的能力；

(2) 培养中职生积极、认真的学习态度。

2. 知识目标

(1) 了解内孔加工循环编程方法；

(2) 掌握内孔加工循环的技能;

(3) 熟悉编制孔类零件工艺的制定方法。

3. 技能目标

(1) 内孔加工的方法及刀具的合理选用;

(2) 内孔加工循环的操作方法;

(3) 掌握内孔尺寸控制方法。

10.1 任务引入

零件的工件材料为 φ50 棒料，毛坯材料为硬铝。根据图 2-10-1 和图 2-10-2 所示制定完成该产品的工艺过程，并运用所学知识编写零件的加工程序。

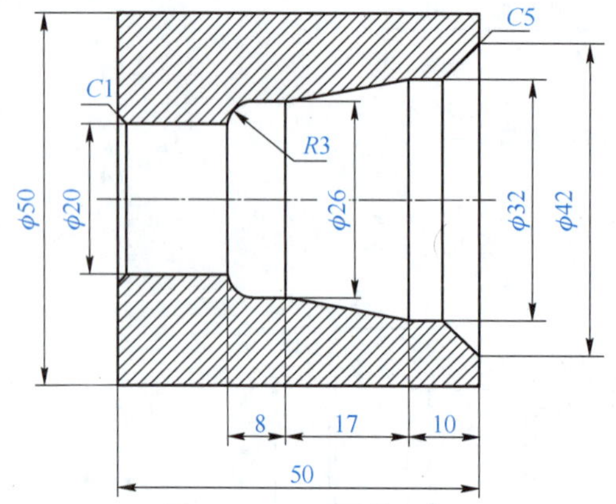

图 2-10-1 零件示意

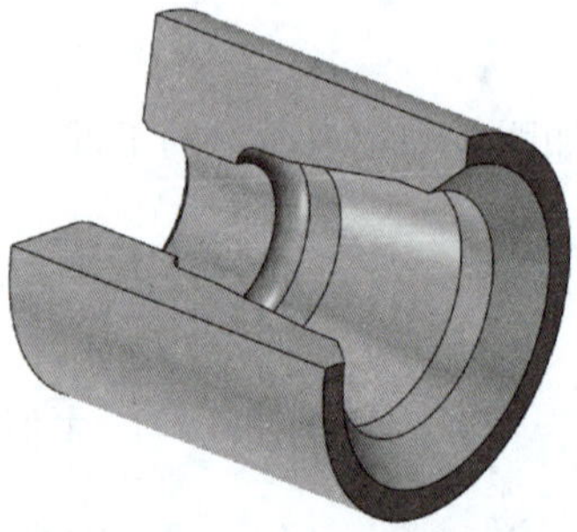

图 2-10-2 零件实物示意

10.2 相关知识

内孔复杂零件教学视频

10.2.1 外径、内径粗加工复合循环指令 (G71)

指令格式：

```
G71 U(Δd) R(e)
G71 P(ns) Q(nf) U(Δu) W(Δw) F(f) S(s) T(t)
```

说明：

Δd：切削深度（每次切削量），指定时不加符号；

e：每次退刀量；

ns：精加工路径第一个程序段号；

nf：精加工路径最后一个程序段号；

Δu：*X* 方向精加工余量，车削外轮廓时取正值，车削内轮廓时取负值；

Δw：*Z* 方向精加工余量；

f，s，t：在粗加工时，G71 中编程的 F、S、T 有效，而在精加工时，处于 ns 到 nf 程序段之间的 F、S、T 有效。

10.2.2　G71 内孔复合循环注意事项

（1）在使用内径粗车复合循环指令 G71 时，循环起点与退刀点应设置在毛坯孔内（尽量接近内孔壁，以免产生与刀杆间的摩擦），不得大于毛坯孔的直径，否则会出现撞刀现象。

（2）内孔车刀 Z 向的进刀距离不得大于所要加工内孔的深度。

（3）加工内孔进刀进给速度 F 与退刀速度不要过快，以免造成切削时产生的铁削划伤已加工表面。

10.2.3　内径千分尺的结构、原理及使用方法

1. 内径千分尺的结构及原理

内径千分尺是根据螺旋副传动原理进行读数的通用内尺寸测量工具。其主要由微分头、测量触头和各种接长杆组成。成套的内径千分尺配有调整量具，用于校对微分头零位。微分头主要由测头、锁紧螺钉、固定套管、微分筒、测微螺杆等组成，示值范围一般有13 mm、25 mm、50 mm，测量下限 50 mm、75 mm、100 mm、150 mm 等，分度值为 0.01 mm，如图 2－10－3所示。

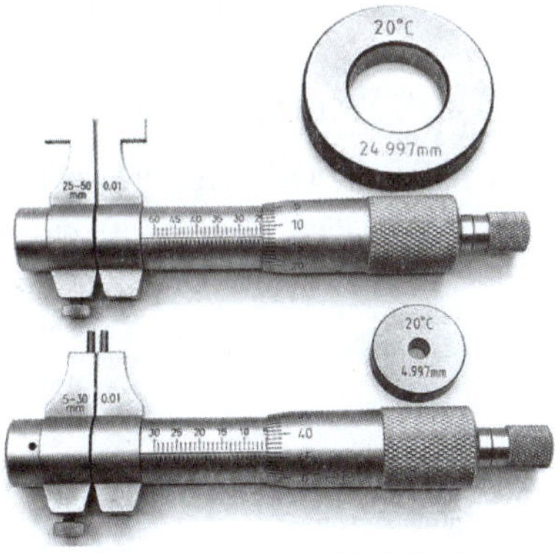

图 2－10－3　内侧千分尺

2. 内测千分尺的使用方法

（1）测量前应先清洁测量面，并校准零位；

（2）依被测物孔径大小，选择适当之内径千分尺；

（3）将内径千分尺测试头放入被测物孔内；

（4）放入时被测物须放平，内径千分尺应正、直；

（5）测试时，左手拿着内径千分尺刻度表下的圆棒，右手旋转内径分厘卡上端之旋转钮；

（6）当测试头测量面与被测物孔内轻微接触时，右手转动旋钮使其放出 3~5 声轻响；

（7）在日常生产中，用内径尺测量孔时，将其测量触头的测量面支撑在被测表面上，调整微分筒，使微分筒一侧的测量面在孔的径向截面内摆动，然后拧紧固定螺钉取出并读数，也有不拧紧螺钉直接读数的。

10.2.4　内径百分表的测量方法及表盘读数方法

内径百分表是一种测量内孔直径的量具。内径百分表是内径杠杆式测量架和百分表的组合，是将测头的直线位移变为指针的角位移的计量器具。用于比较测量法测量或检验零件的内孔、深孔直径及其形状精度。图 2－10－4 所示为内径百分表的结构组成。

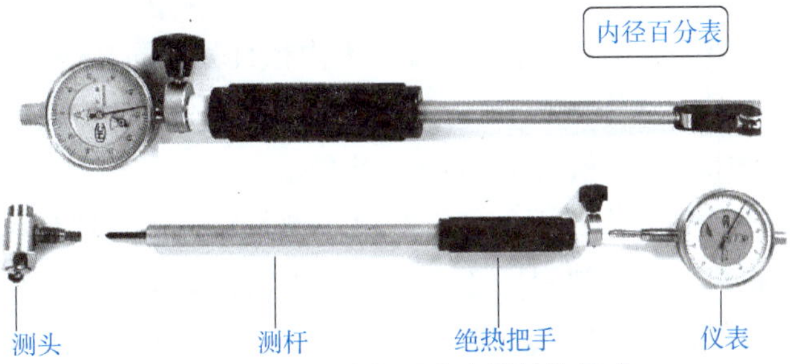

图 2－10－4　内径百分表的结构组成

1. 测量方法

（1）使用内径量表时，一手拿住表杆绝热把手，另一手托住表杆下部靠近测杆的部位。

（2）测量时，使内径量表的测杆与孔径轴线保持垂直才能测量准确。沿内径量表的测杆方向摆动表杆，使圆表盘指针指示到最小数字即圆表盘指针顺时针偏转的终点时，表示测杆已垂直于孔径轴线，如图2－10－5所示。

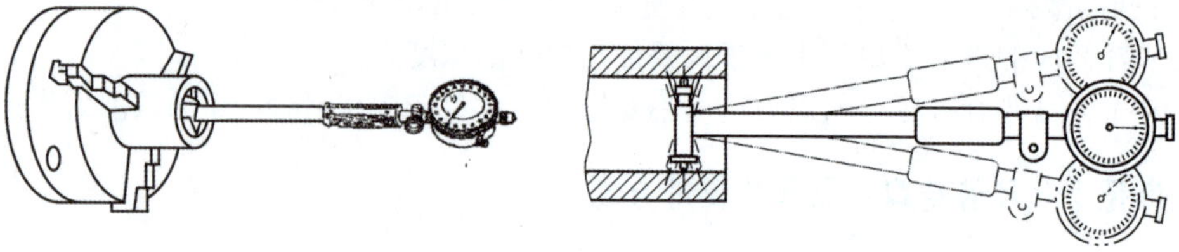

图2－10－5　测量方法

（3）内径百分表用来测量圆柱孔，它附有成套的可调测量头，使用前必须先进行组合和校对零位，如图2－10－6所示。组合时，将百分表装入连杆内，使小指针指在0~1的位置上，长针和连杆轴线重合，刻度盘上的字应垂直向下，以便于测量时观察，装好后应予紧固。

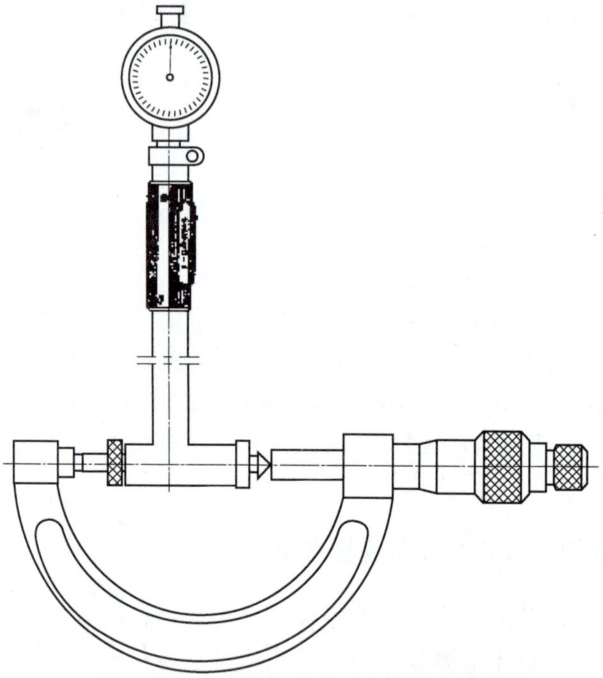

图2－10－6　对内径百分表进行校对零位示意

（4）粗加工时，最好先用游标卡尺或内卡钳测量。因内径百分表同其他精密量具一样属贵重仪器，其好坏与精确度直接影响到工件的加工精度和其使用寿命。粗加工时工件加工表面粗糙不平而测量不准确，也使测头易磨损。因此，须加以爱护和保养，精加工时再进行测量。

（5）在测量前，应根据被测孔径大小用外径百分尺调整好尺寸后才能使用。在调整尺寸时，正确选用可换测头的长度及其伸出距离，应使被测尺寸在活动测头总移动量的中间位置。测量时，连杆中心线应与工件中心线平行，不得歪斜，同时应在圆周上多测几个点，找出孔径的实际尺寸，看是否在公差范围以内。

（6）内径百分表测量孔径是一种相对的测量方法。在测量前，应根据被测孔径的尺寸大小，在千分尺或环规上调整好尺寸后才能进行测量。所以在内径百分表上的数值是被测孔径尺寸与标准孔径尺寸之差。它的测量范围可分为10~18、18~35、35~50、50~100、100~160、160~250、250~450。

2. 表盘读数方法

（1）百分表圆表盘刻度为 100，长指针在圆表盘上转动一格为0. 01 mm，转动一圈为 1 mm，小指针偏动一格为 1 mm。如图 2－10－7 所示。

（2）测量时，当圆表盘指针顺时针方向离开“0”位，表示被测实际孔径小于标准孔径，它是标准孔径与表针离开“0”位格数的差；当圆表盘指针逆时针方向离开“0”位，表示被测实际孔径大于标准孔径，它是标准孔径与表针离开“0”位格数之和。

（3）若测量时，表盘小针偏移超过 1 毫米，则应在实际测量值中减去或加上 1 毫米。

图 2－10－7　百分表的表盘

内孔复杂零件仿真

10. 3　任务实施

10. 3. 1　工件的加工工艺分析及装夹

1. 加工工艺分析

（1）编程原点的确定。将编程原点定在工件右端面与轴线的交点处。

（2）刀具选择 95°外圆车刀和 95°内孔车刀。该两种车刀（图 2－10－8）主要用于内外圆及端面的半精加工及精加工，其刀片为菱形，通用性好。

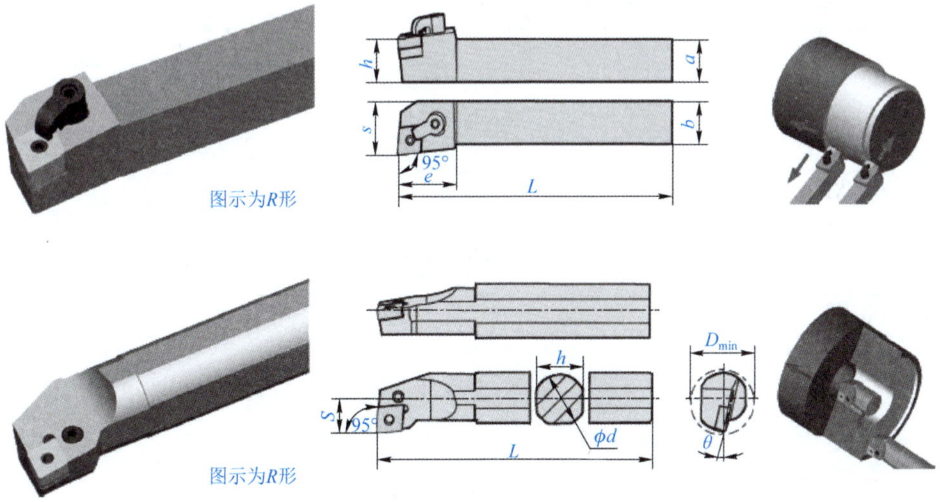

图 2－10－8　95°刀具示意图

（3）确定刀具参数（表 2－10－1）。

表 2－10－1　切削用量及刀具选择

刀具号	刀具规格及名称	刀杆尺寸/mm	加工内容	主轴转速（r/min）	进给速度（mm/r）
T01	95°外圆刀	20×20	车端面、外轮廓	800	0. 2
T02	95°内孔刀	ϕ16	车内轮廓	600	0. 15

（4）填写工艺卡片（表 2-10-2）

表 2-10-2　工艺卡片

数控加工工序			零件名称		零件图号
			内孔复杂轮廓综合加工		图 2-10-1
材料名称	材料牌号	机床名称	机床型号	夹具名称	夹具编号
铝	6061	数控车床	CA6150	三爪卡盘	

序号	工艺内容	切削转速（r/min）	进给速度（mm/r）	量具	刀具
1	装夹工件，伸出卡盘 20 mm				
2	加工外圆端面，端面可采用手摇或编程加工，要求光起即可，圆心不能凸台	800	0.2	游标卡尺	95°外圆刀
3	手动钻孔	300			ϕ16 钻头
4	粗精车内轮廓	800	0.2	游标卡尺	95°外圆刀
5	掉头平端面保证总长，内孔倒角	800	0.2	游标卡尺	95°外圆刀
6	检验				

2. 工件的装夹

（1）用三爪自定心卡盘夹持工件外圆，钻孔后车削内孔。

（2）掉头夹持工件外圆，车端面，保证总长。

内孔复杂零件实操

10.3.2　参考程序（表 2-10-3）

表 2-10-3　内孔复杂轮廓综合零件右端加工程序

O0001		主　程　序　名
N1	M03 S600	主轴正转转速 600 r/min
N2	T0202	选择 2 号刀具 95°内孔刀
N3	G99	选择每转进给量
N4	G00 X16 Z1	刀具快速定位到工件进刀点
N5	G71 U2 R1	执行粗加工复合循环
N6	G71 P7 Q15 U-0.1 W0.2 F0.15	
N7	G00 X42	精加工轮廓
N8	G01 G40 Z0 F0.15	
N9	X32 Z-5	
N10	Z-10	
N11	X26 W-17	
N12	W-5	
N13	G03 X20 W-3 R3	
N14	G01 Z-51	
N15	G00 X18	
N16	G70 P7 Q15	精加工复合循环
N17	G00 Z100	刀具退至安全点，方便测量、拆装工件
N18	X100	刀具退至安全点，方便测量、拆装工件
N20	M30	程序结束并返回程序起点

10.3.3　任务评价（表 2-10-4）

表 2-10-4　任务评价

班级： 小组： 姓名：		指导教师： 日　期：				
评价项目	评价标准	评价依据	评价方式			小计
			学生自评 20%	小组互评 30%	教师评价 50%	
职业素养（30 分）	1. 遵守企业规章制度、劳动纪律； 2. 按时按质完成工作任务； 3. 积极主动承担工作任务，勤学好问； 4. 工作岗位 6S 完成情况；	1. 出勤率； 2. 工作态度； 3. 劳动纪律； 4. 团队协作精神； 5. 设备卫生保养；				
专业能力（50 分）	1. 熟练掌握内孔的常见车削方法； 2. 掌握工件装夹技巧； 3. 认真填写任务单上的相关问题；	1. 内孔加工的规范性； 2. 工件装夹的正确性； 3. 专业技能任务完成情况；				
创新能力（20 分）	1. 在任务完成过程中能提出自己的见解及方案； 2. 在教学或生产管理上提出具有创新性的建议；	1. 方案的可行性及意义； 2. 建议的可行性；				
合　计						

【操作注意事项】

（1）在加工前应做好各项检查工作。

（2）刀具、工件按要求装夹，认真遵守安全操作规程。

（3）在加工时，安全门上不许放任何物品，且须关好，手放在急停按钮上。

（4）在首次切削时，禁止采用自动方式加工，使用单段以避免意外事故发生。

10.4　练习巩固

1. 编写图 2-10-9 所示零件程序。

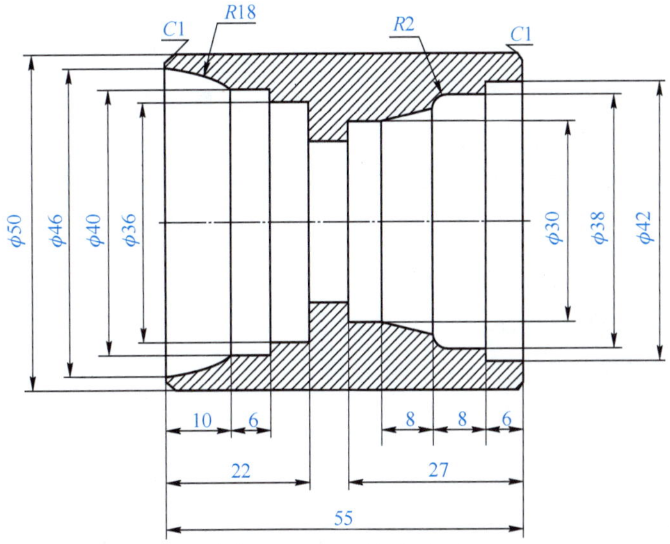

图 2-10-9　练习（一）

2. 编写图 2-10-10 所示零件程序。

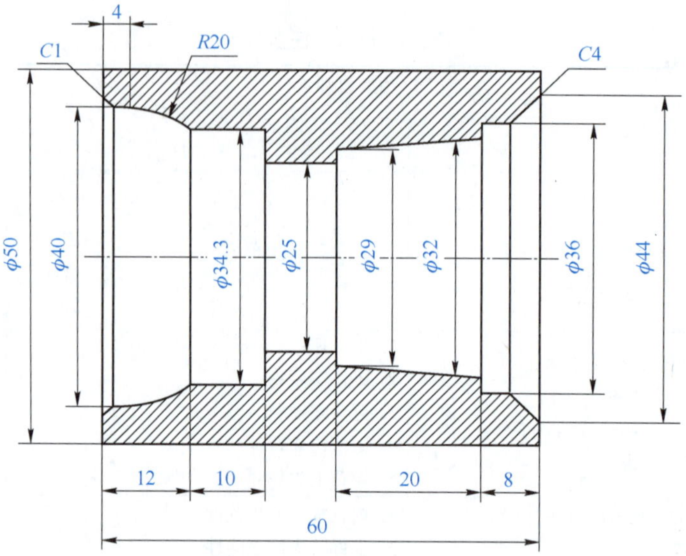

图 2-10-10 练习（二）

任务十一 内孔沟槽零件的加工

学习目标

1. 素质目标

(1) 培养中职生安全文明生产的能力；

(2) 培养中职生积极、认真的学习态度。

2. 知识目标

(1) 了解内沟槽加工编程方法；

(2) 掌握内沟槽加工的技能；

(3) 熟悉编制内沟槽零件工艺的制定方法。

3. 技能目标

(1) 掌握内沟槽加工的方法及刀具的合理选用；

(2) 掌握内沟槽加工的的操作方法；

(3) 掌握内沟槽尺寸的控制方法。

11.1 任务引入

零件的工件材料为 ϕ50 棒料，毛坯材料为硬铝，根据图 2-11-1 和图 2-11-2 所示制定完成该产品的工艺过程，并运用所学知识编写零件的加工程序。

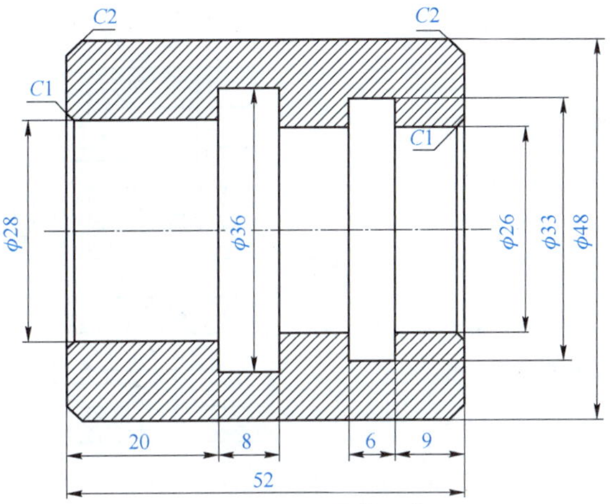

图 2－11－1　零件示意

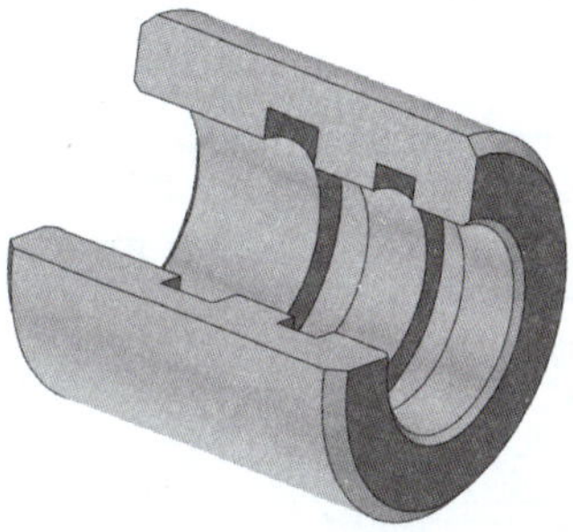

图 2－11－2　零件实物示意

11.2　相关知识

内沟槽教学视频

11.2.1　内沟槽车刀

内沟槽车刀与切断刀的几何形状相似，只是装夹方向相反，且是在内孔中车槽。加工小孔中的内沟槽车刀须做成整体式内沟槽车刀，如图 2－11－3 和图 2－11－4 所示。

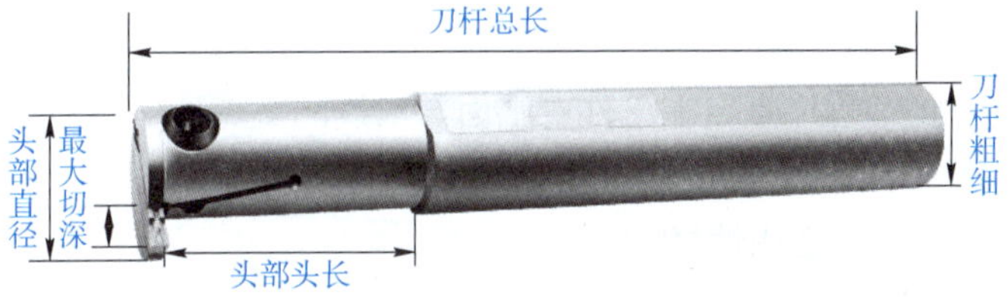

图 2－11－3　机夹内沟槽车刀

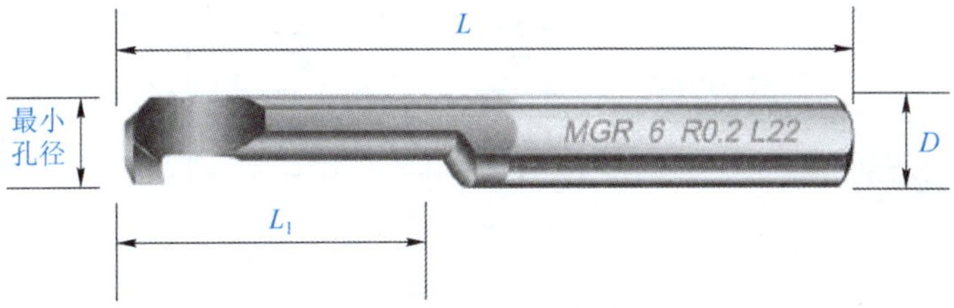

图 2－11－4　整体内沟槽车刀

11.2.2　车内沟槽的注意事项

（1）内孔车刀 Z 向的进刀距离不得大于所要加工内孔的深度。

（2）加工内孔进刀进给速度 F 与退刀速度不要过快，以免造成切削时产生的铁屑划伤已加工表面。

11.2.3　车内沟槽的方法

车内沟槽的方法及图示见表 2－11－1。

表 2-11-1　车内沟槽的方法及图示

槽的内型	加工方法	图　　示
宽度较小和要求不高的内沟槽	用主切削刀宽度等于槽宽的内沟槽车刀采用直进法一次车出	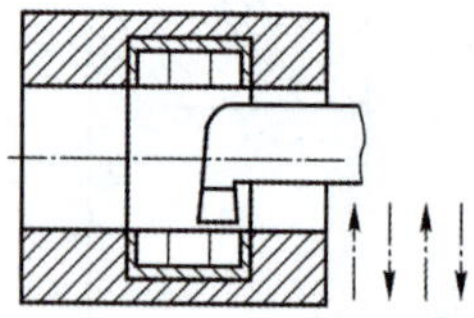
要求较高和较宽的内沟槽	可采用直进法分几次车出，车时，槽壁和槽底留精车余量，然后根据槽宽、槽深进行精车	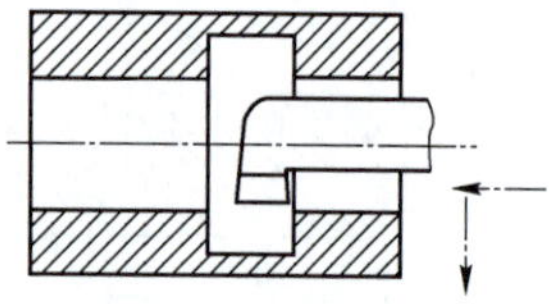
深度较浅，宽度很大	可用内圆粗车刀先车出凹槽，再用内沟槽刀车沟槽两端垂直面。红线为内沟槽车刀路线	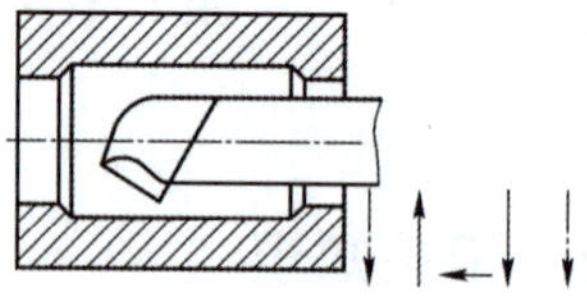

11.3　任务实施

11.3.1　工件的加工工艺分析及装夹

1. 加工工艺分析

(1) 编程原点的确定　将编程原点定在工件右端面与轴线的交点处。

(2) 刀具选择95°外圆车刀和95°内孔车刀　该两种车刀（图 2-11-5）主要用于内外圆及端面的半精加工及精加工，其刀片为菱形，通用性好。

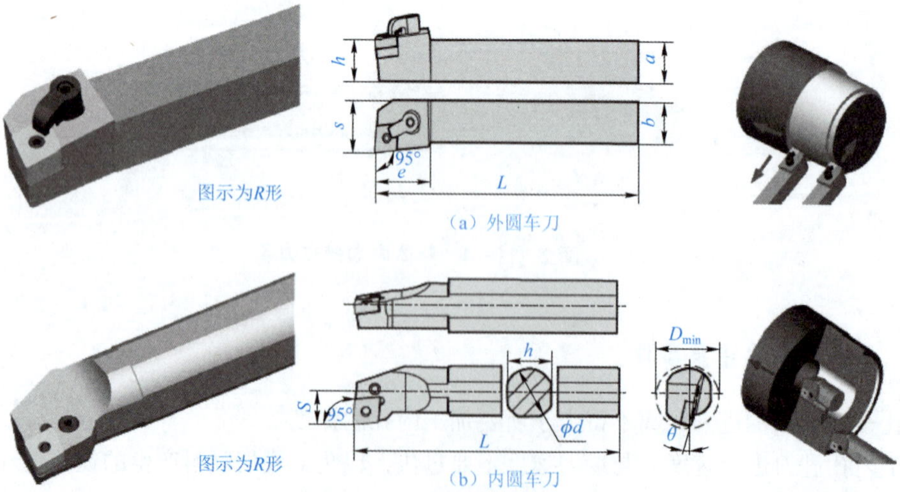

图 2-11-5　95°刀具示意

对于内孔槽刀，应选择 3 mm 的刀片，以方便退刀槽的加工；如图 2-11-6 所示。

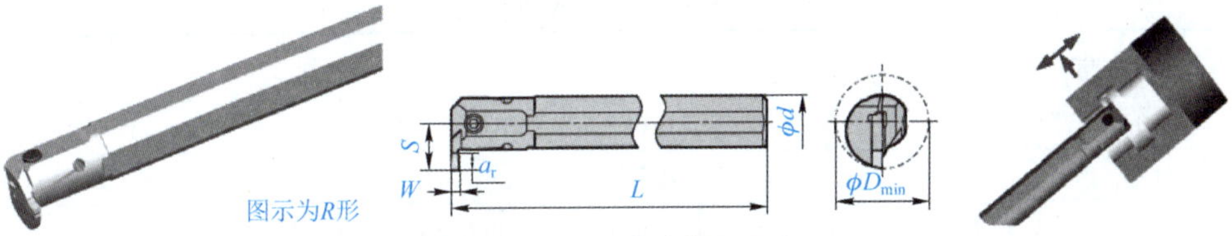

图 2-11-6　内孔槽刀示意

(3) 确定刀具参数 (表 2-11-1)

表 2-11-1　切削用量及刀具选择

刀具号	刀具规格及名称	刀杆尺寸/mm	加工内容	主轴转速 (r/min)	进给速度 (mm/r)
T01	95°外圆刀	20×20	车端面、外轮廓	800	0.2
T02	95°内孔刀	ϕ16	车内轮廓	600	0.15
T03	3 mm 内孔槽刀	ϕ16	车内沟槽	300	0.05

(4) 填写工艺卡片 (表 2-11-2)

表 2-11-2　工艺卡片

<table>
<tr><td colspan="3" rowspan="2">数控加工工序</td><td colspan="2">零件名称</td><td colspan="2">零件图号</td></tr>
<tr><td colspan="2">内孔零件加工</td><td colspan="2">图 2-11-1</td></tr>
<tr><td>材料名称</td><td>材料牌号</td><td>机床名称</td><td colspan="2">机床型号</td><td>夹具名称</td><td>夹具编号</td></tr>
<tr><td>铝</td><td>6061</td><td>数控车床</td><td colspan="2">CK6150e</td><td>三爪卡盘</td><td></td></tr>
<tr><td>序号</td><td colspan="2">工艺内容</td><td>切削转速 (r/min)</td><td>进给速度 (mm/r)</td><td>量具</td><td>刀具</td></tr>
<tr><td>1</td><td colspan="2">装夹工件，伸出卡盘 70 mm</td><td></td><td></td><td></td><td></td></tr>
<tr><td>2</td><td colspan="2">加工外圆端面，端面可采用手摇或编程加工，要求光起即可，圆心不能凸台</td><td>800</td><td>0.2</td><td>游标卡尺</td><td>95°外圆刀</td></tr>
<tr><td>3</td><td colspan="2">手动钻孔</td><td>300</td><td></td><td></td><td>ϕ22 钻花</td></tr>
<tr><td>4</td><td colspan="2">外轮廓加工</td><td>800</td><td>0.2</td><td>游标卡尺</td><td>95°外圆刀</td></tr>
<tr><td>5</td><td colspan="2">粗加工内孔</td><td>800</td><td>0.2</td><td>游标卡尺</td><td>95°内孔镗刀</td></tr>
<tr><td>6</td><td colspan="2">精加工内孔</td><td>1 200</td><td>0.12</td><td>游标卡尺</td><td>95°内孔镗刀</td></tr>
<tr><td>7</td><td colspan="2">车削内槽 6 mm、8 mm</td><td>500</td><td>0.05</td><td>游标卡尺</td><td>3 mm 内槽刀</td></tr>
<tr><td>8</td><td colspan="2">检验</td><td></td><td></td><td></td><td></td></tr>
</table>

2. 工件的装夹

(1) 用三爪自定心卡盘夹持工件外圆，钻孔后车削内孔及沟槽。

(2) 掉头夹持工件外圆，车端面，保证总长。

内孔沟槽仿真

11.3.2　参考程序 (表 2-11-3、表 2-11-4)

表 2-11-3　内孔沟槽零件外轮廓加工程序

O0001		主 程 序 名
N1	M03 S800	主轴正转转速 800 r/min
N2	T0101	选择 1 号刀具 95°右偏刀
N3	G99	选择每转进给量

表 2-11-3（续）

O0001		主 程 序 名
N4	G00 X51	刀具快速定位到工件进刀点
N5	Z1	*Z* 轴定位
N6	G90 X48.5 Z-52 F0.2	进刀量 1.5 mm，留 0.5 mm 余量精加工
N7	G00 X42	倒角 *C*2，*X* 向定位起点
N8	G01 Z0	*Z* 向定位起点
N9	X48 Z-2	倒角 *C*2
N10	Z-56	外径 48，长 56 mm，加上切断工件的余量 4 mm
N11	G00 Z100	刀具退至安全点，方便测量、拆装工件
N12	X100	刀具退至安全点，方便测量、拆装工件
N13	M30	程序结束并返回程序起点

内孔沟槽实操

表 2-11-4　内孔沟槽零件内轮廓加工程序

O0002		主 程 序 名
N1	M03 S800	主轴正转转速 800 r/min
N2	T0202	选择 2 号刀具内孔镗刀
N3	G99	选择每转进给量
N4	G00 X22 Z1	刀具快速定位到工件进刀点
N5	G71 U1 R1	G71 指令格式
N6	G71 P1 Q2 U-0.5 W0.1 F0.2	G71 指令格式
N7	N1 G0 X30	
N8	G01 Z0 S1200 F0.12	
N9	X28 Z-1	
N10	Z-28	精车内轮廓
N11	X26	
N12	Z-52	
N13	N2 X25	
N14	G70 P1 Q2	精车
N15	G00 Z150	刀具退至安全点，方便更换内槽刀
N16	T0303 M03 S500	3 号内孔槽刀，转速 500 r/min
N17	G00 X27	*X* 轴快速定位，小于孔的直径
N18	Z-23	*Z* 轴快速定位
N19	G01 X32 F0.05	吃刀量 4 mm
N20	X31	*X* 轴退刀 1 mm，断续切削，方便排屑
N21	X36	吃刀量 4 mm 至尺寸
N22	G00 X27	快速退刀
N23	Z-26	*Z* 轴定位
N24	G01 X36	进刀至尺寸

表 2-11-4（续）

O0002		主　程　序　名
N25	G00 X27	快速退刀
N26	Z-28	Z 轴定位
N27	G01 X36	进刀至尺寸
N28	Z-23	Z 向精整切槽
N29	X25 F0.2	X 轴退刀至安全点，退刀以 F0.2 速度退刀
N30	G00 Z-40	切槽宽 6 mm，Z 向快速定位
N31	G01 X30	进刀 4 mm
N32	X29	退刀 1 mm，断续车削，方便排屑
N33	X33	进刀 3 mm 至尺寸
N34	G00 X25	X 轴快速退刀至安全点
N35	Z-43	Z 轴快速退刀至安全点
N36	G01 X33	进刀至尺寸
N37	Z-40	槽面精整切槽
N38	X25 F0.2	X 轴退刀至安全点，退刀以 F0.2 速度退刀
N39	G00 Z200	刀具退至安全点，方便测量、拆装工件
N40	M30	程序结束并返回程序起点

11.3.3 任务评价（表 2-11-5）

表 2-11-5　任务评价

班级： 小组： 姓名：		指导教师： 日　期：				
评价项目	评价标准	评价依据	评价方式			小计
			学生自评 20%	小组互评 30%	教师评价 50%	
职业素养（30 分）	1. 遵守企业规章制度、劳动纪律； 2. 按时按质完成工作任务； 3. 积极主动承担工作任务，勤学好问； 4. 工作岗位 6S 完成情况；	1. 出勤率； 2. 工作态度； 3. 劳动纪律； 4. 团队协作精神； 5. 设备卫生保养；				
专业能力（50 分）	1. 熟练掌握内沟槽的常见车削方法； 2. 掌握工件装夹技巧； 3. 认真填写任务单上的相关问题；	1. 内沟槽加工的规范性； 2. 工件装夹的正确性； 3. 专业技能任务完成情况；				
创新能力（20 分）	1. 在任务完成过程中能提出自己的见解及方案； 2. 在教学或生产管理上提出具有创新性的建议；	1. 方案的可行性及意义； 2. 建议的可行性；				
合　计						

【操作注意事项】

(1) 在加工前应做好各项检查工作。

(2) 刀具、工件按要求装夹，认真遵守安全操作规程。

(3) 在加工时，安全门上不许放任何物品，且须关好，手放在急停按钮上。

(4) 在首次切削时，禁止采用自动方式加工，使用单段以避免意外事故发生。

11.4 练习巩固

1. 加工如图 2－11－7 所示的工件，设毛坯尺寸 $\phi 50$，编写加工程序。

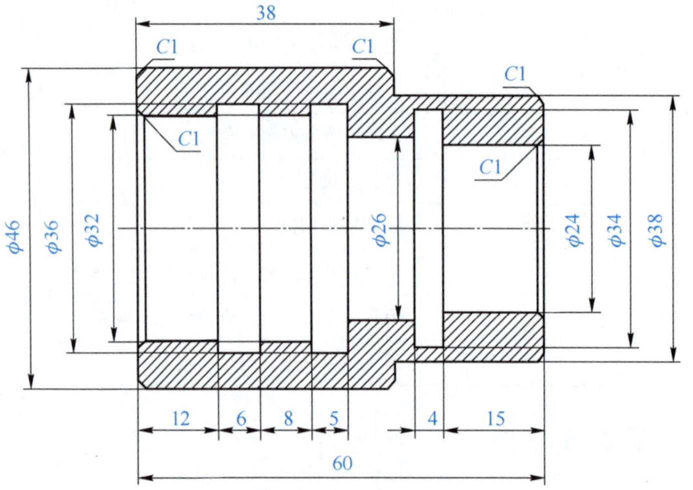

图 2－11－7　练习（一）

2. 加工如图 2－11－8 所示的工件，设毛坯尺寸 $\phi 50$，编写加工程序。

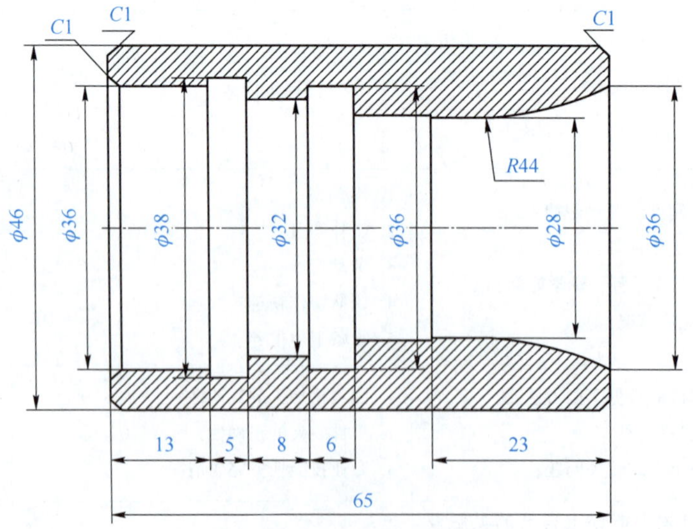

图 2－11－8　练习（二）

任务十二　内孔螺纹的加工

学习目标

1. 素质目标

(1) 培养中职生安全文明生产的能力；

(2) 培养中职生积极、认真的学习态度。

2. 知识目标

(1) 了解内孔螺纹加工编程方法；

(2) 掌握内孔螺纹加工循环的技能；

(3) 熟悉编制内孔螺纹类零件工艺的制定方法。

内孔螺纹教学视频

3. 技能目标

(1) 掌握内孔螺纹加工的方法及刀具的合理选用方法；

(2) 掌握内孔螺纹加工循环的操作方法；

(3) 掌握内孔螺纹尺寸的控制方法。

12.1　任务引入

零件的工件材料为 $\phi45$ 棒料，毛坯材料为硬铝，根据图 2-12-1 和图 2-12-2 所示制定完成该产品的工艺过程，并运用所学知识编写零件的加工程序。

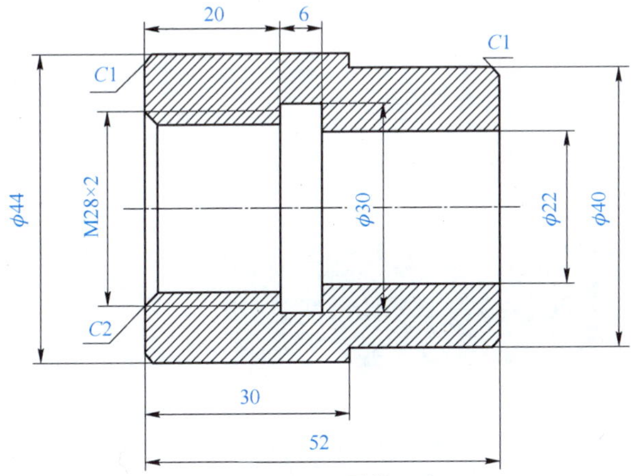

图 2-12-1　零件示意

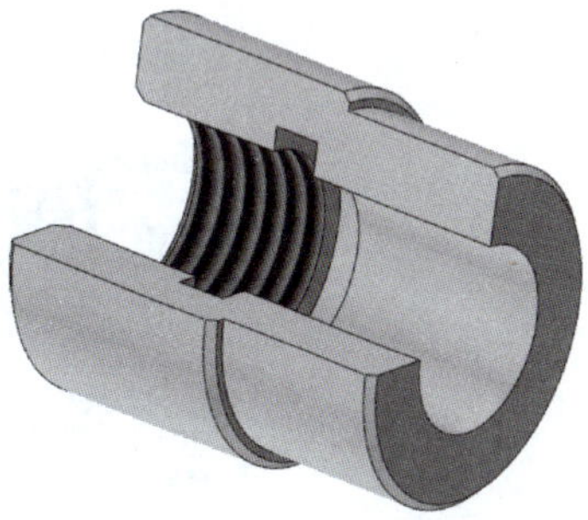

图 2-12-2　零件实物示意

12.2　相关知识

12.2.1　内螺纹车刀

内螺纹车刀与外螺纹车刀的几何形状相似，只是装夹方向相反，如图 2-12-3 所示。

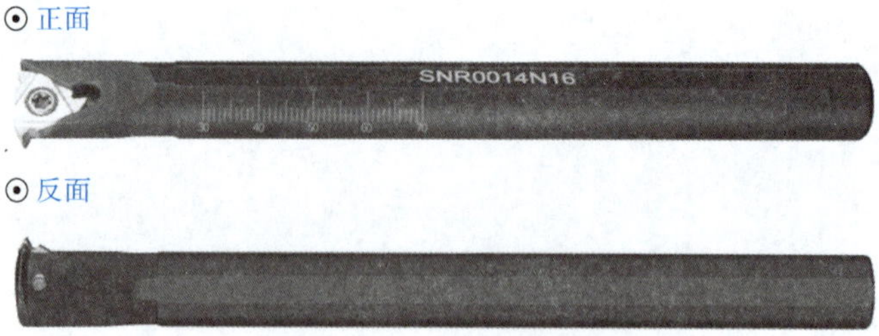

图 2－12－3　内螺纹车刀

12.2.2　内螺纹加工方法

用可转位刀片式或整体式小型镗刀车削螺纹。对于内螺纹的加工，既可以使用单齿刀片，也可以使用多齿刀片。多齿刀片的每个切削刃上都有多个刀齿，每一个后续刀齿都比前一个刀齿的切削深度更大。使用多齿刀片可以减少完成螺纹加工所需的走刀次数。由于多齿刀片价格较贵，因此对大批量生产比较有利，而在小批量加工中则不具有优势。

用户可以采用完整牙形或部分牙形刀片（多齿刀片只有完整牙形），完整牙形刀片能加工出完整的螺纹牙形，包括牙顶（刀片能切削螺纹小径）。采用这种刀片加工时，每种螺距都需要一个单独的刀片。与部分牙形刀片相比，完整牙形刀片能以更少的走刀次数加工出强度和精度更高的螺纹，这是因为该刀片可以同时加工出螺纹的大径、小径和中径。

部分牙形刀片车削出的螺纹没有牙顶（它不能切削螺纹小径）。由于其只有一个刀齿，因此采用不同的切入深度就能加工出不同螺距的螺纹。这种螺纹具有非常尖的牙顶圆弧，因此会降低粗牙螺纹的强度，而且加工时间耗费较长。

采用钢制刀柄的螺纹车刀适合加工深度不超过 3 倍孔径的螺孔，而采用硬质合金刀柄的螺纹车刀可以加工深度为 4~5 倍孔径的螺孔。

12.2.3　内螺纹检测

内螺纹检测的测量工具采用螺纹通止规，如图 2－12－4 所示。

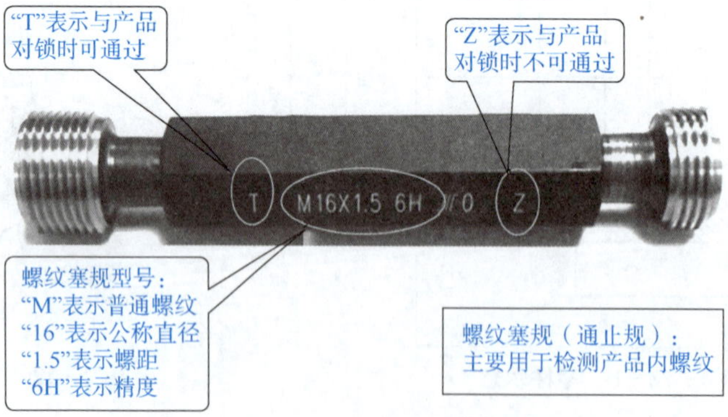

图 2－12－4　螺纹通止规示意

通止规使用方法及注意事项。

（1）所选螺纹塞规型号必须与测试产品的型号一致（可对照样品的工程图面）。

（2）螺纹塞规"T"头与产品锁合时，产品螺牙需全部锁入。

（3）螺纹塞规"Z"头与产品锁合时，产品螺牙锁入不得超过 3 圈。

12.3 任务实施

12.3.1 工件的加工工艺分析及装夹

1. 加工工艺分析

（1）编程原点的确定。该零件两端均需要加工，且需控制总长，分别将编程原点定在工件左、右端面与轴线的交点处。

（2）刀具选择 95°外圆车刀和 95°内孔车刀。该两种车刀（图 2－12－5）主要用于内外圆及端面的半精加工及精加工，其刀片为菱形，通用性好。

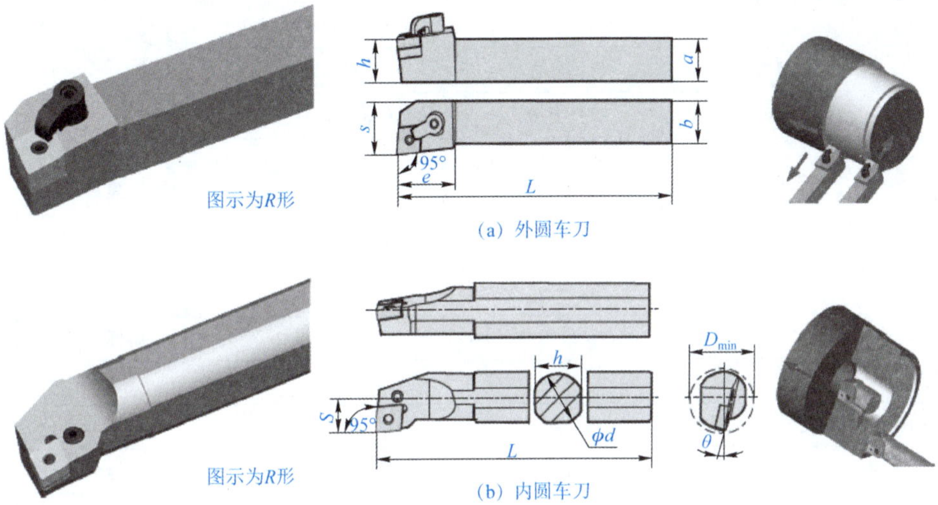

图 2－12－5 95°刀具示意

对于内孔槽刀，应选择 3 mm 的刀片，以方便退刀槽的加工；对于内孔螺纹刀，应选择通用螺距的刀片，可使加工方位更广泛，如图 2－12－6、图 2-12-7 所示。

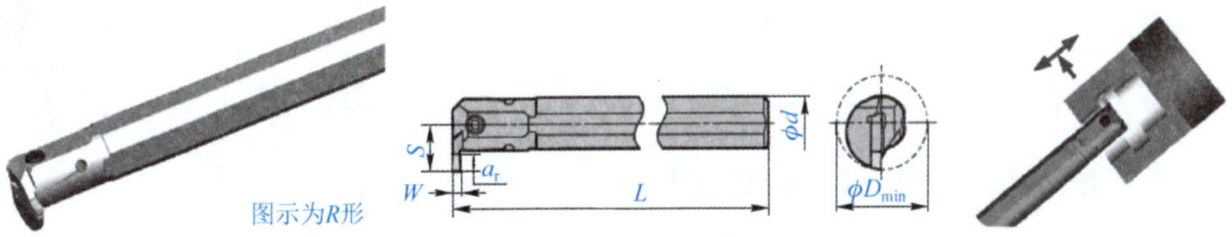

图 2－12－6 内孔槽刀

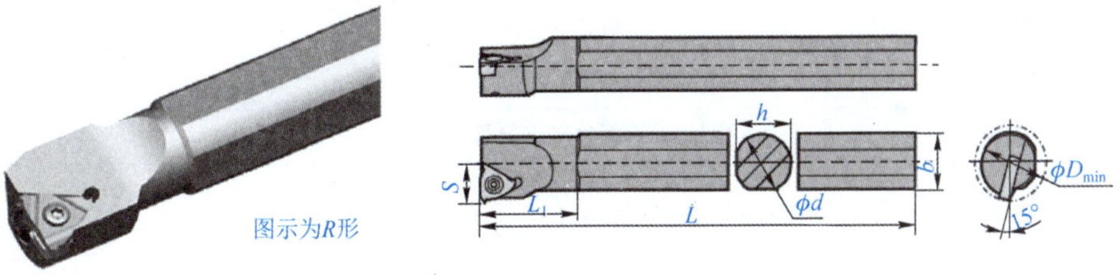

图 2－12－7 内孔螺纹刀

（3）确定刀具参数（表 2－12－1）

表 2-12-1　切削用量及刀具选择

刀具号	刀具规格及名称	刀杆尺寸/mm	加工内容	主轴转速（r/min）	进给速度（mm/r）
T01	95°外圆刀	20×20	车端面、外轮廓	800	0.2
T02	95°内孔刀	ϕ16	车内轮廓	600	0.15
T03	3 mm 内孔槽刀	ϕ16	车内沟槽	300	0.05
T04	内孔螺纹刀	ϕ16	车内螺纹	300	

（4）填写工艺卡片（表 2-12-2）

表 2-12-2　工艺卡片

数控加工工序			零件名称		零件图号
			内孔螺纹的加工		图 2-12-1
材料名称	材料牌号	机床名称	机床型号	夹具名称	夹具编号
铝	6061	数控车床	CA6150	三爪卡盘	
序号	工艺内容	切削转速（r/min）	进给速度（mm/r）	量具	刀具
1	装夹工件，伸出卡盘 58 mm				
3	手动钻孔	300			ϕ20 钻头
4	车右端面、外圆至尺寸	800	0.2	游标卡尺	95°外圆刀
5	掉头装夹、找正				
6	车左端面及左端外圆，保证尺寸	800	0.2	游标卡尺	95°外圆刀
7	车内孔至尺寸	600	0.15	游标卡尺	95°内孔刀
8	车内槽	300	0.05		3 mm 内孔槽刀
9	车削 M28×1.5 螺纹	300		螺纹塞规	内孔螺纹刀

2. 工件的装夹

（1）用三爪自定心卡盘夹持工件左端外圆，加工外圆，再钻孔后车削内孔、沟槽及螺纹。

（2）掉头夹持工件右端外圆，车端面，保证总长，车削剩余外圆及内孔。

内孔螺纹仿真

12.3.2　参考程序（表 2-12-3、表 2-12-4）

表 2-12-3　内孔螺纹零件右端加工程序

O0001		主　程　序　名
N1	M03 S800	主轴正转转速 800 r/min
N2	T0101	选择 1 号刀具 95°右偏刀
N3	G99	选择每转进给量
N4	G00 X46	刀具快速定位到工件进刀点
N5	Z1	轴向定位至切削起点
N6	G90 X43 Z-22 F0.2	粗加工 ϕ40 外圆
N7	G00 X38	定位至倒角起点
N8	G01 Z0 F0.12 S1200	

表 2-12-3（续）

N9	X40 Z-1	车倒角 *C*1
N10	Z-22	精加工 ϕ40 外圆
N11	X42	精加工端面
N12	X44 Z-13	倒角 *C*1
N13	Z-56	精加工 ϕ44 外圆
N14	G00 X100	快速退刀
N15	Z100	
N16	M30	程序结束并返回程序起点

内孔螺纹实操

表 2-12-4　内孔螺纹零件左端加工程序

O0002		主　程　序　名
N1	M03 S800	主轴正转转速 800 r/min
N2	T0202	选择 2 号内孔刀
N3	G99	选择每转进给量
N4	G00 X20	刀具快速定位到工件进刀点
N5	Z1	
N6	G71 U1 R1	执行轮廓粗车复合循环
N7	G71 P8 Q15 U-0. 5 W0. 1 F0. 2	
N8	G0 X30. 5	精加工内孔轮廓
N9	G01 Z0 F0. 12 S1200	
N10	X26. 5 Z-1. 5	
N11	Z-26	
N12	X21	
N13	X22 Z-26. 5	
N14	Z-53	
N15	X21	
N16	G70 P8 Q15	执行精车轮廓复合循环
N17	G00 Z150	退刀
N18	T0303	选择 3 号内孔槽刀
N19	M03 S400	主轴正转转速 400 r/min
N20	G00 X25	快速定位到切槽起点
N21	Z-23	
N22	G01 X30 F0. 05	粗精加工内沟槽
N23	X26 F0. 2	
N24	Z-26	
N25	X30 F0. 05	
N26	Z-23	
N27	X25 F0. 3	

表 2-12-4（续）

O0002		主 程 序 名
N28	G00 Z150	刀具退至安全点
N29	T0404	选择 4 号内螺纹刀
N30	G00 X25	定位至螺纹切削起点
N31	Z1	
N32	G92 X27.1 Z-24 F1.5	粗精加工螺纹
N33	X27.6	
N34	X27.9	
N35	X28.1	
N36	X28.2	
N37	G00 Z200	退刀
N38	X100	退刀
N39	M30	程序结束并返回程序起点

12.3.3 任务评价（表 2-12-5）

表 2-12-5 任务评价

班级：______ 小组：______ 姓名：______		指导教师： 日 期：				
评价项目	评价标准	评价依据	评价方式			小计
			学生自评 20%	小组互评 30%	教师评价 50%	
职业素养（30 分）	1. 遵守企业规章制度、劳动纪律； 2. 按时按质完成工作任务； 3. 积极主动承担工作任务，勤学好问； 4. 工作岗位 6S 完成情况；	1. 出勤率； 2. 工作态度； 3. 劳动纪律； 4. 团队协作精神； 5. 设备卫生保养；				
专业能力（50 分）	1. 熟练掌握内螺纹的常见车削方法； 2. 掌握工件装夹技巧； 3. 认真填写任务单上的相关问答题；	1. 内螺纹加工的规范性； 2. 工件装夹的正确性； 3. 专业技能任务完成情况；				
创新能力（20 分）	1. 在任务完成过程中能提出自己的见解及方案； 2. 在教学或生产管理上提出具有创新性的建议；	1. 方案的可行性及意义； 2. 建议的可行性；				
合 计						

【操作注意事项】

(1) 在加工前应做好各项检查工作。

(2) 刀具、工件按要求装夹，认真遵守安全操作规程。

(3) 在加工时，安全门上不许放任何物品，且须关好，手放在急停按钮上。

(4) 在首次切削时，禁止采用自动方式加工，使用单段以避免意外事故发生。

12.4　练习巩固

1. 加工如图 2-12-8 所示的工件，设毛坯尺寸 $\phi50$，编写加工程序。

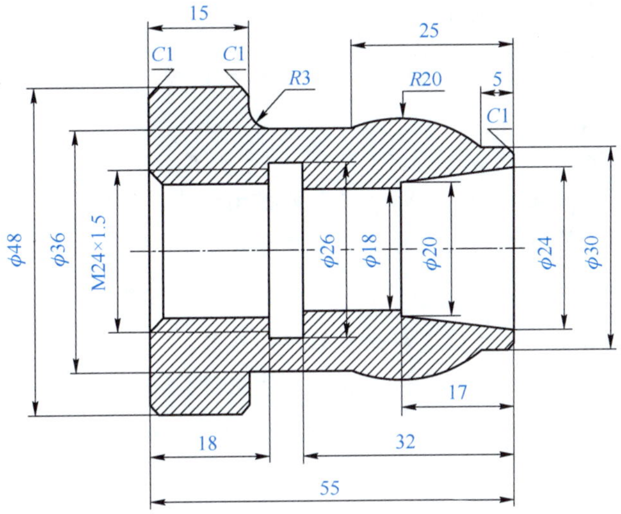

图 2-12-8　练习（一）

2. 加工如图 2-12-9 所示的工件，设毛坯尺寸 $\phi55$，编写加工程序

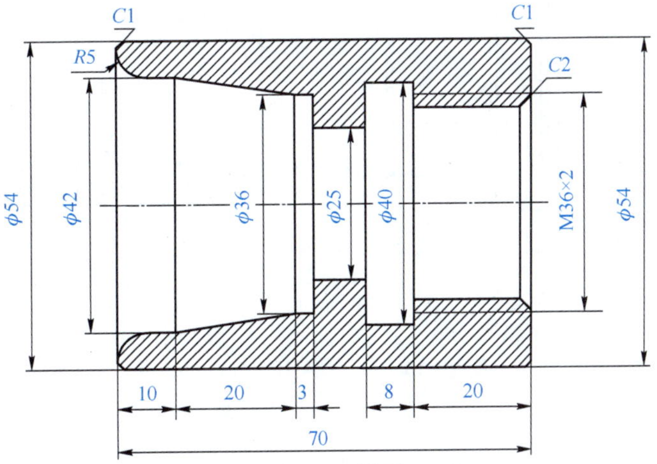

图 2-12-9　练习（二）

任务十三　配合件的加工

配合件教学视频

学习目标

1. 素质目标

（1）培养中职生安全文明生产的能力；
（2）培养中职生积极、认真的学习态度。

2. 知识目标

（1）了解配合件加工方法；
（2）掌握尺寸精度、形状位置公差和表面粗糙度的控制方法，保证配合精度；
（3）懂得配合件的车削工艺、加工质量的分析和编程方法。

3. 技能目标

（1）提高综合控制尺寸精度、形位精度和配合间隙的技能；
（2）能按装配图的技术要求完成套件零件的加工与装配。

13.1　任务引入

通过综合运用前面所学知识，使用直径 40 的铝材，加工如图 2－13－1 和图 2－13－2 所示圆柱圆锥配合件。

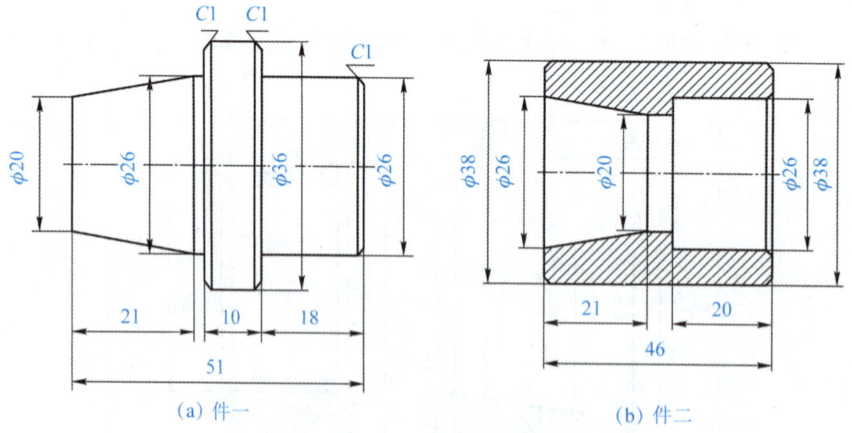

图 2－13－1　零件图（配合件）

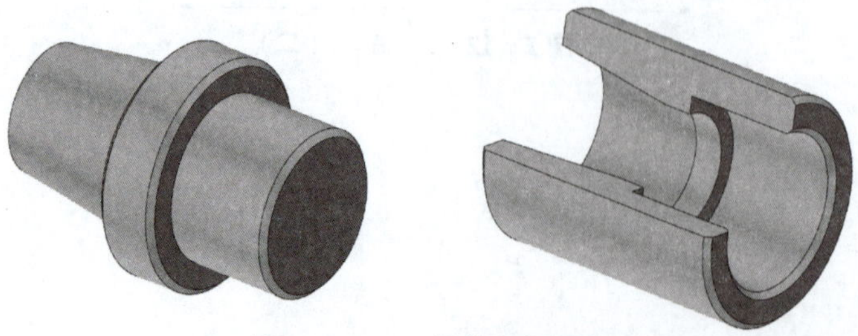

图 2－13－2　零件实物示意

13.2 相关知识

13.2.1 配合件分析

配合件就是由若干个不同的零件单独或配合加工后，按图样组合（装配）达到一定的技术要求。不管组合件的件数多少，复杂程度如何，组合件的组合类型不外乎圆柱配合、圆锥配合、偏心配合和螺纹配合等四种。应从影响配合件配合的因素着手分析，并针对各个因素在加工过程中提出具体的应对措施，减少各个因素对配合的影响，使加工更加容易快捷，并保证工件满足精度要求及配合要求，从而实现组合件的装配并满足装配精度。

13.2.2 手工编程时注意的问题

1. 正确选择程序原点

在数控车削编程时，首先要选择工件上的一点作为数控程序原点，并以此为原点建立一个工件坐标系。程序原点的选择要尽量满足程序编制简单，尺寸换算少，引起的加工误差小等条件。为了提高零件加工精度，方便计算和编程，我们通常将程序原点设定在工件轴线与工件前端面、后端面、卡爪前端面的交点上，尽量使编程基准与设计、装配基准重合。

2. 合理选择进给路线

进给路线是刀具在整个加工工序中的运动轨迹，是编写程序的重要依据之一。合理地选择进给路线对于数控加工是很重要的，应考虑以下两个方面。

（1）尽量缩短进给路线，减少空走刀行程，提高生产效率；

（2）进行粗加工或半精加工时，若毛坯余量较大，应采用合适的循环加工方式，在兼顾被加工零件的刚性及加工工艺性等要求的前提下，采取最短的切削进给路线，减少空行程时间，提高生产效率，降低刀具磨损。

13.2.3 加工零件的精度和表面粗糙度要求

（1）合理选取起刀点、切入点和切入方式，保证切入过程平稳，没有冲击。为保证工件轮廓表面加工后的粗糙度要求，在进行精加工时，最终轮廓应安排在最后一次走刀连续加工出来。认真考虑刀具的切入和切出路线，尽量减少在轮廓处停刀，以避免切削力突然变化造成弹性变形而留下刀痕。

（2）选择工件在加工后变形较小的路线。对细长零件或薄板零件，应采用分几次走刀加工到最后尺寸，或采取对称去余量法安排进给路线。

13.3 任务实施

13.3.1 工件的加工工艺分析及装夹

1. 加工工艺分析

（1）读零件图，零件被装配在一起时应保证圆柱面锥面配合。

（2）内、外圆柱面和圆锥面的表面粗糙度要求较高，注意切削用量的选择。

（3）刀具选择95°外圆车刀和95°内孔车刀。该两种车刀（图2-13-3）主要用于内外圆及端面的半精加工及精加工，其刀片为菱形，通用性好。

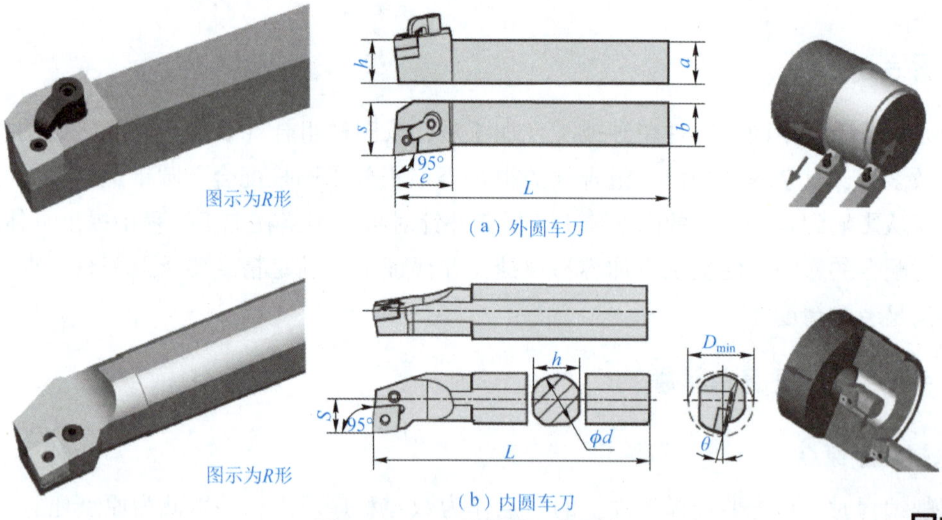

图2-13-3 内外圆刀具示意

配合件仿真

（4）确定刀具参数（表2-13-1）

表2-13-1 切削用量及刀具选择

刀具号	刀具规格及名称	刀杆尺寸/mm	加工内容	主轴转速（r/min）	进给速度（mm/r）
T01	95°外圆刀	20×20	车端面、外轮廓	800	0.2
T02	95°内孔刀	ϕ16	车内轮廓	600	0.15

（5）填写工艺卡片（表2-13-2）

表2-13-2 工艺卡片

数控加工工序			零件名称		零件图号
			件一		图2-13-1（a）
材料名称	材料牌号	机床名称	机床型号	夹具名称	夹具编号
铝	6061	数控车床	CK6150e	三爪卡盘	
序号	工艺内容	切削转速（r/min）	进给速度（mm/r）	量具	刀具
1	夹毛坯，车平端面。				
2	粗精车右端外圆	800	0.2	游标卡尺	95°外圆刀
3	掉头，加持右端外圆，夹持时外圆用铜皮保护				
4	粗精车左端锥面及外圆	800	0.2	游标卡尺	95°外圆刀
5	检验				

表 2-13-2（续）

数控加工工序			零件名称		零件图号
			件二		图 2-13-1（b）
材料名称	材料牌号	机床名称	机床型号	夹具名称	夹具编号
铝	6061	数控车床	CK6150e	三爪卡盘	

序号	工艺内容	切削转速（r/min）	进给速度（mm/r）	量具	刀具
1	夹毛坯，车平端面。				
2	钻直径为 20 的盲孔，选择 ϕ20 的麻花钻，手摇尾座加工钻孔	300		游标卡尺	ϕ20 麻花钻
3	粗精加工外圆	800	0.2	游标卡尺	95°外圆刀
4	粗精加工右端内孔。	600	0.15	游标卡尺	95°内孔刀
5	切断后掉头，夹持时外圆用铜皮保护	300		螺纹环规	外螺纹刀
6	平端面，保证总长	800	0.2	游标卡尺	95°外圆刀
7	粗精车左端内孔。	600	0.15	游标卡尺	95°内孔刀

2. 工件的装夹

（1）加工件一，用三爪自定心卡盘夹持 ϕ40 mm 毛坯，零件伸出卡盘约 55 mm。加工右端外形后，手动切断，保证总长为 52 mm。

（2）掉头夹持零件右端 ϕ26 mm 的外圆，包裹铜皮。车削件一左端特征。

（3）加工件二，用三爪自定心卡盘加持 ϕ40 mm 毛坯，零件伸出卡盘约 50 mm。加工右端外圆、内孔后手动切断，保证总长为 47 mm。

（4）掉头夹持零件的外圆，包裹铜皮。车削件二左端特征。

13.3.2 参考程序（表 2-13-3 至表 2-13-6）

表 2-13-3 件一右端加工程序

O0001		主 程 序 名
N1	M03 S800	主轴正转转速 800 r/min
N2	T0101	选择 1 号刀具 95°右偏刀
N3	G99	选择每转进给量
N4	G00 X42 Z1	刀具快速定位到工件进刀点
N5	G71 U2 R1	执行粗加工复合循环
N6	G71 P7 Q14 U0.1 W0.2 F0.2	
N7	G00 X24	精加工轮廓
N8	G01 Z0 F0.2	
N9	X26 Z-1	
N10	Z-18	
N11	X34	
N12	X36 Z-19	
N13	Z-51	
N14	G00 X42	
N15	G70P7 Q14	精加工复合循环
N16	G00 X100	刀具退至安全点，方便测量、拆装工件
N17	Z100	刀具退至安全点，方便测量、拆装工件
N18	M30	程序结束并返回程序起点

表 2-13-4　件一左端加工程序

00001		主　程　序　名
N1	M03 S800	主轴正转转速 800 r/min
N2	T0101	选择 1 号刀具 95°右偏刀
N3	G99	选择每转进给量
N4	G00 X42 Z1	刀具快速定位到工件进刀点
N5	G71 U2 R1	执行粗加工复合循环
N6	G71 P7 Q13 U0. 1 W0. 2 F0. 2	
N7	G00 X20	精加工轮廓
N8	G01 Z0 F0. 2	
N9	X26 Z-21	
N10	Z-23	
N11	X34	
N12	X36 Z-24	
N13	G00 X42	
N14	G70P7 Q13	精加工复合循环
N15	G00 X100	刀具退至安全点，方便测量、拆装工件
N16	Z100	刀具退至安全点，方便测量、拆装工件
N17	M30	程序结束并返回程序起点

配合件实操

表 2-13-5　件二右端加工程序

00001		主　程　序　名
N1	M03 S600	主轴正转转速 600 r/min
N2	T0202	选择 2 号刀具 95°内孔刀
N3	G99	选择每转进给量
N4	G00 X20 Z1	刀具快速定位到工件进刀点
N5	G71 U2 R1	执行粗加工复合循环
N6	G71 P7 Q13 U-0. 1 W0. 2 F0. 15	
N7	G00 X28	精加工轮廓
N8	G01 Z0 F0. 15	
N9	X26 Z-1	
N10	Z-20	
N11	X20	
N12	Z-28	
N13	G00 X20	
N14	G70 P7 Q13	精加工复合循环
N15	G00 Z100	刀具退至安全点，方便测量、拆装工件
N16	X100	刀具退至安全点，方便测量、拆装工件
N17	M30	程序结束并返回程序起点

表 2－13－6　件二左端加工程序

O0001		主　程　序　名
N1	M03 S600	主轴正转转速 600 r/min
N2	T0202	选择 2 号刀具 95°内孔刀
N3	G99	选择每转进给量
N4	G00 X20 Z1	刀具快速定位到工件进刀点
N5	G71 U2 R1	执行粗加工复合循环
N6	G71 P7 Q11 U-0.1 W0.2 F0.15	
N7	G00 X26	精加工轮廓
N8	G01 Z0 F0.15	
N9	X20 Z-21	
N10	Z-26	
N11	G00 X20	
N12	G70 P7 Q11	精加工复合循环
N13	G00 Z100	刀具退至安全点，方便测量、拆装工件
N14	X100	刀具退至安全点，方便测量、拆装工件
N15	M30	程序结束并返回程序起点

13.3.3　任务评价（表 2－13－7）

表 2－13－7　任　务　表

班级：＿＿＿＿ 小组：＿＿＿＿ 姓名：＿＿＿＿		指导教师： 日　期：				
评价项目	评价标准	评价依据	评价方式			小计
			学生自评 20%	小组互评 30%	教师评价 50%	
职业素养（30 分）	1. 遵守企业规章制度、劳动纪律； 2. 按时按质完成工作任务； 3. 积极主动承担工作任务，勤学好问； 4. 工作岗位 6S 完成情况；	1. 出勤率； 2. 工作态度； 3. 劳动纪律； 4. 团队协作精神； 5. 设备卫生保养；				
专业能力（50 分）	1. 熟练掌握配合件的常见车削方法； 2. 掌握工件装夹技巧； 3. 认真填写任务单上的相关问答题；	1. 配合件加工的规范性； 2. 工件装夹的正确性； 3. 专业技能任务完成情况；				
创新能力（20 分）	1. 在任务完成过程中能提出自己的见解及方案； 2. 在教学或生产管理上提出具有创新性的建议；	1. 方案的可行性及意义； 2. 建议的可行性；				
合　计						

【操作注意事项】

(1) 在加工前应做好各项检查工作。

(2) 刀具、工件按要求装夹，认真遵守安全操作规程。

(3) 在加工时，安全门上不许放任何物品，且须关好，手放在急停按钮上。

(4) 在首次切削时，禁止采用自动方式加工，使用单段以避免意外事故发生。

13.4 练习巩固

1. 加工如图 2-13-4 所示配合件，保证螺纹顺畅配合。

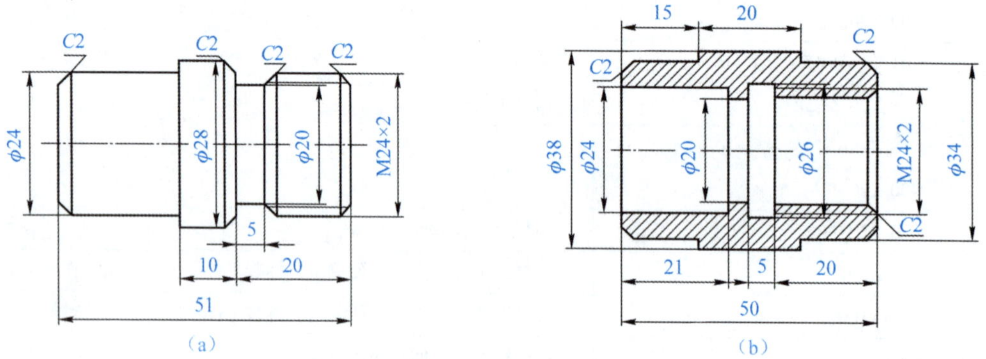

图 2-13-4 练 习

任务十四 综合练习（一）

学习目标

1. 素质目标

(1) 培养中职生安全文明生产的能力；

(2) 培养中职生积极、认真的学习态度。

2. 知识目标

(1) 了解综合零件加工方法；

(2) 掌握尺寸精度、形状位置公差和表面粗糙度的控制方法；

(3) 懂得综合零件的车削工艺、加工质量的分析和编程方法。

3. 技能目标

(1) 提高综合控制尺寸精度、形位精度的技能；

(2) 能根据图纸的技术要求完成综合零件的加工。

14.1 任务引入

如图 2-14-1 和图 2-14-2 所示零件，材料为 φ50 棒料，毛坯材料为硬铝。制定该配合件的加工工艺，并编写零件加工程序。

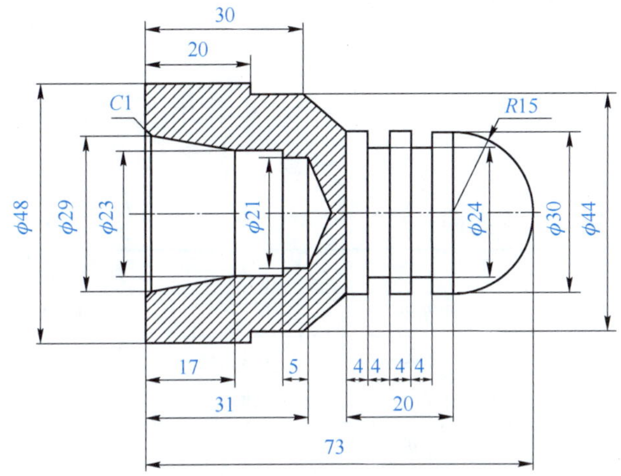

图 2-14-1　综合零件示意

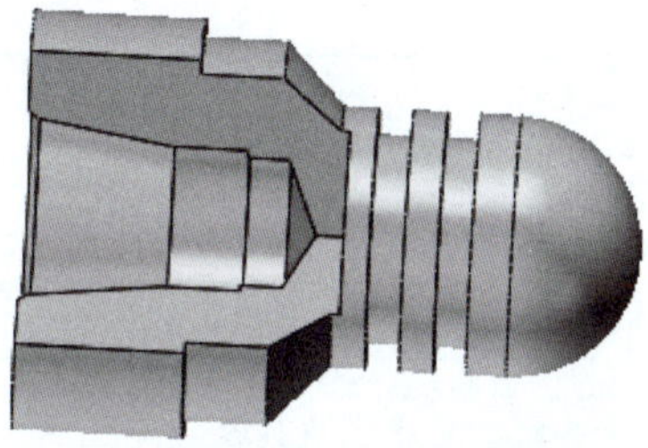

图 2-14-2　综合零件实物示意

综合练习一仿真

14.2　任务分析

14.2.1　加工装配件所需工具、量具、刃具清单（表 2-14-1）

见表 2-14-1　加工装配件所需工具、量具、刃具清单

序号	名称	规格	数量	备　注
1	游标卡尺	0~150	1	
2	千分尺	0~25、25~50	各 1	
3	百分表	0~10	1	
4	磁性表座		1	
5	内径百分表	18~25	1	
6	95°外圆刀		1	
7	切槽刀	4 mm	1	
8	95°内孔车刀	直径 16	1	
9	附件	钻头	1	
10	其他	铜棒、毛刷	各 1	

14.2.2　零件结构及技术要求分析

（1）该轴包括圆弧、圆柱、沟槽、锥面、内孔等结构，需要掉头、两次装夹进行车削加工。

（2）分别以零件的左、右端面中心为坐标原点，建立工件坐标系。

（3）工件需用三爪卡盘定位装夹。

（4）掉头过程需要在加持位包铜皮，并打表校正。

（5）加工顺序为外圆—锥面—圆弧—沟槽—掉头平端面，并保证总长—钻孔—车内孔。

14.3 任务实施

14.3.1 填写工艺卡片（表 2-14-2）

表 2-14-2 工艺卡片

数控加工工序		零件名称		零件图号	
		活塞轴		图 2-14-1	
材料名称	材料牌号	机床名称	机床型号	夹具名称	夹具编号
铝	6061	数控车床	CK6150e	三爪卡盘	

序号	工艺内容	切削转速 (r/min)	进给速度 (mm/r)	量具	刀具
1	夹工件右端，加工外圆端面	800	0.2	游标卡尺	95°外圆刀
2	钻直径为 20 的盲孔，选择 ϕ20 的麻花钻，手摇尾座加工钻孔	300		游标卡尺	ϕ20 麻花钻
3	粗精车左端外形轮廓	800	0.2	游标卡尺	95°外圆刀
4	粗精加工左端内孔	600	0.15	游标卡尺	95°内孔刀
5	掉头，夹工件左端，夹持时外圆用铜皮保护				
6	粗精车右端外形轮廓	800	0.2	游标卡尺	95°外圆刀
7	车右端外圆槽	300	0.1	游标卡尺	4 mm 切槽刀
8	检验				

14.3.2 参考程序（表 2-14-3、表 2-14-4）

表 2-14-3 综合练习（一）左端加工程序

O0001		主 程 序 名
N1	M03 S800	主轴正转转速 800 r/min
N2	T0101	选择 1 号刀具 95°右偏刀
N3	G99	选择每转进给量
N4	G00 X52 Z1	刀具快速定位到工件进刀点
N5	G00 X46	精加工外轮廓
N6	G01 Z0 F0.2	
N7	X48 Z-1	
N8	Z-30	
N9	G00 X100	退刀到安全距离
N10	Z100	退刀到安全距离
N11	T0202	选择 2 号刀具 95°内孔车刀
N12	M3S600	主轴正转转速为每分钟 600 r/min
N13	G00 X20 Z1	
N14	G71 U2 R1	执行粗加工复合循环
N15	G71 P16 Q23 U-0.1 W0.2 F0.2	

表 2-14-3（续）

O0001		主　程　序　名
N16	G00 X31	精加工内孔轮廓
N17	G01 G42 Z0 F0. 15	
N18	X29 Z-1	
N19	X23 Z-17	
N20	Z-26	
N21	X21	
N22	Z-31	
N23	G00 G40 X20	
N24	G70 P7 Q23	精加工复合循环
N25	G00 X100	刀具退至安全点，方便测量、拆装工件
N26	Z100	刀具退至安全点，方便测量、拆装工件
N27	M30	程序结束并返回程序起点

表 2-14-4　综合练习（一）右端加工程序

O0002		主　程　序　名
N1	M03 S800	主轴正转转速 800 r/min
N2	T0101	选择 1 号刀具 95°右偏刀
N3	G99	选择每转进给量
N4	G00 X51 Z1	刀具快速定位到工件进刀点
N5	G71 U2 R1	执行粗加工复合循环
N6	G71 P7 Q13 U0. 1 W0. 2 F0. 2	
N7	G00 X0	精加工轮廓
N8	G01 G42 Z0 F0. 15	
N9	G03 X30 Z-15 R15	
N10	G01W-20	
N11	X44 Z-43	
N12	Z-10	
N13	G0 X51	
N14	G70 P7 Q13	精加工复合循环
N15	G00 Z100	刀具退至安全点
N16	X100	刀具退至安全点
N17	T0303	选择 3 号切槽刀
N18	M03 S300	主轴正转转速 600 r/min
N19	G00 X31 Z-23	定位到切槽起点
N20	G01 X24 F0. 05	切第一个槽
N21	G04P1	暂停
N22	G00 X31	退刀
N23	Z-31	定位到第二个槽

表 2-14-4（续）

O0002		主 程 序 名
N24	G01 X24 F0.05	切第二个槽
N25	G04P1	暂停
N26	G00 X100	刀具退至安全点，方便测量、拆装工件
N27	Z100	刀具退至安全点，方便测量、拆装工件
N28	M30	程序结束并返回程序起点

14.3.3 任务评价（表 2-14-5）

表 2-14-5 任务评价

班级：______ 小组：______ 姓名：______		指导教师： 日 期：				
评价项目	评价标准	评价依据	评价方式			小计
			学生自评 20%	小组互评 30%	教师评价 50%	
职业素养（30分）	1. 遵守企业规章制度、劳动纪律； 2. 按时按质完成工作任务； 3. 积极主动承担工作任务，勤学好问； 4. 工作岗位6S完成情况；	1. 出勤率； 2. 工作态度； 3. 劳动纪律； 4. 团队协作精神； 5. 设备卫生保养；				
专业能力（50分）	1. 熟练掌握综合件的常见车削方法； 2. 掌握工件装夹技巧； 3. 认真填写任务单上的相关问题；	1. 综合件加工的规范性； 2. 工件装夹的正确性； 3. 专业技能任务完成情况；				
创新能力（20分）	1. 在任务完成过程中能提出自己的见解及方案； 2. 在教学或生产管理上提出具有创新性的建议；	1. 方案的可行性及意义； 2. 建议的可行性；				
合 计						

任务十五 综合练习（二）

学习目标

1. 素质目标

（1）培养中职生安全文明生产的能力；

(2) 培养中职生积极、认真的学习态度。

2. 知识目标

(1) 了解配合件加工方法；
(2) 掌握尺寸精度、形状位置公差和表面粗糙度的控制方法，保证配合精度；
(3) 懂得配合件的车削工艺、加工质量的分析和编程方法。

3. 技能目标

(1) 提高综合控制尺寸精度、形位精度和配合间隙的技能；
(2) 能按装配图的技术要求完成套件零件的加工与装配。

15.1　任务引入

加工如图 2－15－1 所示装配件，图 2－15－2 为件一，图 2－15－3 为件二，零件的三维示意如图 2－15－4 所示。制定该配合件的加工工艺，并编写零件加工程序。

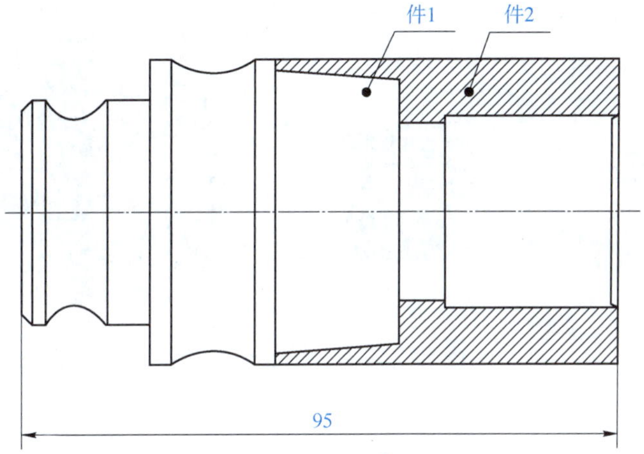

图 2－15－1　装配件示意

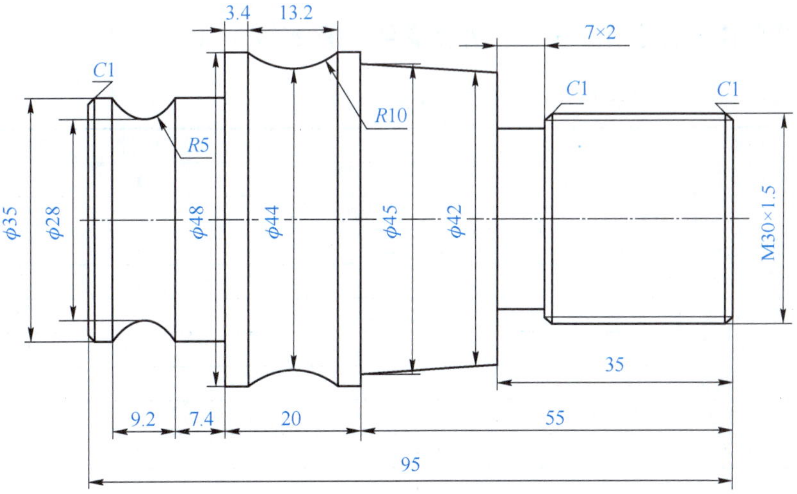

图 2－15－2　装配件一

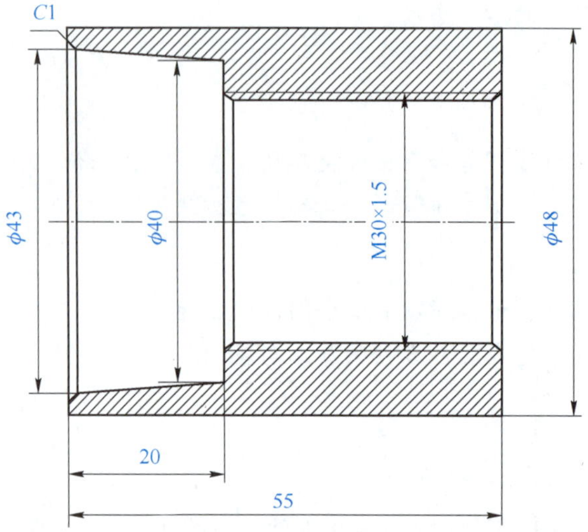

图 2-15-3 装配件二

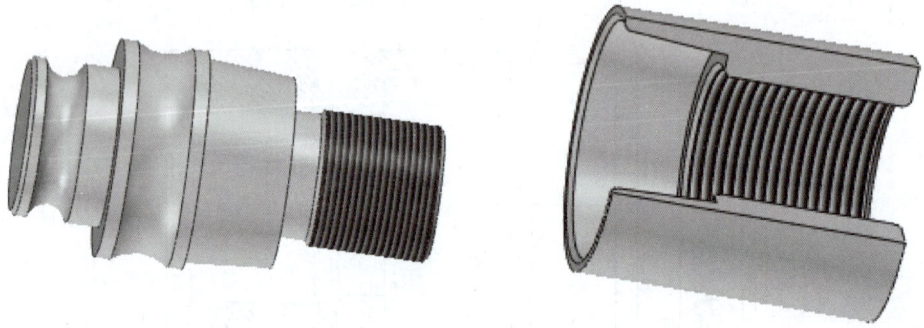

图 2-15-4 零件三维示意

综合练习二仿真

15.2 任务分析

15.2.1 加工装配件所需工具、量具、刃具清单（表 2-15-1）

表 2-15-1 加工装配件所需工具、量具、刃具清单

序号	名称	规格	数量	备 注
1	游标卡尺	0~150	1	
2	千分尺	0~25、25~50	各 1	
3	螺纹塞规	M30×1.5	1	
4	百分表	0~10	1	
5	磁性表座		1	
6	内径千分尺	5~30、25~50	各 1	
7	95°外圆刀		1	
8	93°外圆刀		1	
9	切槽刀	3 mm	1	
10	外螺纹刀		1	
11	95°内孔车刀	直径 16	1	
12	内螺纹刀	直径 16	1	
13	附件	钻头	1	
14	其他	铜棒、毛刷	各 1	

15.2.2　零件结构及技术要求分析

（1）读装配图和零件图，确定装配图是由件一螺纹轴和件二螺纹锥套两个零件装配在一起的，零件加工好后便装配在一起，须保证长度为 95 mm，锥面配合面积大于 70%。

（2）以每个零件的右端面中心为坐标原点，建立工件坐标系。

（3）工件需用三爪卡盘定位装夹。

（4）内外螺纹牙侧，圆锥面需要较高的光洁度，已保证装配顺畅。

（5）加工顺序为先加工件内孔，再加工件一，然后将件二旋和在件一上，车削件二外圆。

15.3　任务实施

15.3.1　填写工艺卡片（表 2－15－2）

表 2－15－2　工艺卡片

数控加工工序			零件名称		零件图号
			配合件		图 2－15－1
材料名称	材料牌号	机床名称	机床型号	夹具名称	夹具编号
铝	6061	数控车床	CK6150e	三爪卡盘	

序号	工艺内容	切削转速（r/min）	进给速度（mm/r）	量具	刀具
1	件二钻孔				直径 20 钻花
2	粗加工件二左端内孔	600	0. 15	游标卡尺	95°内孔刀
3	精加工件二左端内孔	800	0. 1	内径千分尺	95°内孔刀
4	加工内螺纹	300		螺纹塞规	内螺纹刀
5	粗加工件二外圆	800	0. 2	游标卡尺	95°外圆刀
6	件二掉头平端面，保证总长	800	0. 2	游标卡尺	95°外圆刀
7	粗、精加工件一左端轮廓	800	0. 2	游标卡尺	95°外圆刀
8	掉头，粗、精加工件一右端轮廓	800	0. 2	游标卡尺	95°外圆刀
9	加工件一退刀槽	9	0. 05	游标卡尺	3mm 槽刀
10	加工件一外螺纹	10	1. 5	螺纹环规	外螺纹刀
11	掉头夹持件件一左端已加工表面，并把件二与件一通过螺纹旋紧。				
12	精加工件二外圆	12	0. 2	游标卡尺	95°外圆刀
13	检验				

15.3.2　编写加工程序（表 2－15－3 至表 2－15－5）

表 2－15－3　综合练习（二）件一左端加工程序

O0001		主　程　序　名
N1	M03 S800	主轴正转转速 800 r/min
N2	T0202	选择 2 号刀具 93°尖刀
N3	G99	选择每转进给量
N4	G00 X51 Z1	刀具快速定位到工件进刀点

表 2-15-3（续）

O0001		主 程 序 名
N5	G71 U2 R1	执行粗加工复合循环
N6	G71 P7 Q17 U0.1 W0.2 F0.2	
N7	G00 X33	精加工轮廓
N8	G01 G42 Z0 F0.15	
N9	X35 Z-1	
N10	Z-3.4	
N11	G03 X35 W-9.2 R5	
N12	G01 W-7.4	
N13	X48	
N14	W-3.4	
N15	G03 X48 W-13.2 R10	
N16	G01 Z-45	
N17	G00 X51	
N18	G70P7 Q17	精加工复合循环
N19	G00 X100	刀具退至安全点
N20	Z100	刀具退至安全点
N21	M30	程序结束并返回程序起点

表 2-15-4　综合练习（二）件一右端加工程序

O0002		主 程 序 名
N1	M03 S800	主轴正转转速 800 r/min
N2	T0101	选择 1 号刀具 95°外圆刀
N3	G99	选择每转进给量
N4	G00 X51 Z1	刀具快速定位到工件进刀点
N5	G71 U2 R1	执行粗加工复合循环
N6	G71 P7 Q14 U0.1 W0.2 F0.2	
N7	G00 X28	精加工轮廓
N8	G01 G42 Z0 F0.15	
N9	X30 Z-1	
N10	Z-35	
N11	X42	
N12	X45 Z-55	
N13	X48	
N14	G00 X51	
N15	G70P7 Q14	精加工复合循环
N16	G00 X100	刀具退至安全点
N17	Z100	刀具退至安全点
N18	T0303	选择 3 号刀具 3 mm 槽刀
N19	M03 S300	主轴正转转速 300 r/min
N20	G00 X43 Z-35	定位到切槽起点
N21	G01 X26 F0.1	粗加工槽
N22	G00 X31	
N23	Z-33	
N24	G01 X26	

表 2-15-4（续）

O0002		主　程　序　名
N25	G00 X31	精加工槽底
N26	Z-30	
N27	G01 X30	
N28	X28 Z-31	
N29	X26	
N30	Z-35	
N31	X42	
N32	G00 X100	刀具退至安全点
N33	Z100	刀具退至安全点
N34	T0404	选择 4 号刀具外螺纹刀
N35	M03 S300	主轴正转转速 300 r/min
N36	G00 X30 Z3	定位到螺纹切削起点
N37	G92 X29.1 Z-33 F1.5	切削螺纹
N38	X28.5	
N39	X28.15	
N40	X28.05	
N41	G00 X100	刀具退至安全点
N42	Z100	刀具退至安全点
N43	M30	程序结束并返回程序起点

表 2-15-5　综合练习（二）件二加工程序

O0001		主　程　序　名
N1	M03 S800	主轴正转转速 800 r/min
N2	T0101	选择 1 号刀具 95°外圆刀
N3	G99	选择每转进给量
N4	G00 X46 Z1	刀具快速定位到工件进刀点
N5	G01 Z0 F0.2	靠近工件
N6	X48 Z-1	倒角
N7	G01 Z-58	车外圆
N8	G00 X100	快速退刀
N9	Z100	快速退刀
N10	T0202	选择 2 号刀具 95°内孔刀
N11	M03 S600	主轴正转转速 600 r/min
N12	G00 X20 Z2	快速定位至切削起点
N13	G71 U2 R1	执行粗加工复合循环
N14	G71 P15 Q20 U-0.1 W0.2 F0.2	
N15	G00 X45	精加工轮廓
N16	G01 G42 Z0 F0.15	
N17	X40 Z-20	
N18	X28.5	
N19	Z-58	
N20	G00 X20	

表 2-15-5（续）

O0001		主 程 序 名
N21	G70 P15 Q20	精加工复合循环
N22	G00 X100	刀具退至安全点
N23	Z100	刀具退至安全点
N24	T0303	选择 3 号刀具内螺纹刀
N25	M03 S300	主轴正转转速 300 r/min
N26	G00 X28	定位至螺纹切削起点
N27	Z-17	
N28	G92 X29.6 Z-57 F1.5	螺纹加工
N29	X29.9	
N30	X30	
N31	G00 Z100	刀具退至安全点
N32	X100	刀具退至安全点
N33	M30	程序结束并返回程序起点

15.3.3 任务评价（表 2-15-6）

表 2-15-6 任务评价

班级： 小组： 姓名：		指导教师： 日 期：				
评价项目	评价标准	评价依据	评价方式			小计
			学生自评 20%	小组互评 30%	教师评价 50%	
职业素养（30 分）	1. 遵守企业规章制度、劳动纪律； 2. 按时按质完成工作任务； 3. 积极主动承担工作任务，勤学好问； 4. 工作岗位 6S 完成情况；	1. 出勤率； 2. 工作态度； 3. 劳动纪律； 4. 团队协作精神； 5. 设备卫生保养；				
专业能力（50 分）	1. 熟练掌握配合件的常见车削方法； 2. 掌握工件装夹技巧； 3. 认真填写任务单上的相关问答题；	1. 配合件加工的规范性； 2. 工件装夹的正确性； 3. 专业技能任务完成情况；				
创新能力（20 分）	1. 在任务完成过程中能提出自己的见解及方案； 2. 在教学或生产管理上提出具有创新性的建议；	1. 方案的可行性及意义； 2. 建议的可行性；				
合 计						

项目三　数控铣床/加工中心基础知识及基本操作

任务一　认识数控铣床/加工中心

学习目标

认识数控铣床加工中心仿真

1. 素质目标

（1）培养中职生的爱国情怀；

（2）培养中职生良好的学习创新能力；

（3）培养中职生具有良好的安全认知能力。

2. 知识目标

（1）了解数控铣床/加工中心；

（2）掌握数控机床基本构造。

3. 技能目标

（1）能正确认识数控机床基本机构；

（2）会数控机床的日常保养与维护。

1.1　数控铣床/加工中心概念

铣削加工是机械加工中最常用的加工方法之一，一般能完成钻孔、扩孔、镗孔、攻螺纹等钻削加工，以及铣平面、铣斜面、铣槽、铣曲面等铣削加工。与普通铣床相比具有自动、灵活、通用等特点，特别适用于多工序复合加工和复杂轮廓的加工，加工精度也大大提高，还能实现镜像加工、轮廓放大或缩小、跳转加工等，数控铣床和加工中心是高效、高精度的数控机床，可以使工件在一次装夹中完成多道工序的加工，加工中心同时还备有刀具库，具有自动换刀功能，因此数控铣床应用十分广泛。

1948 年，美国帕森斯公司接受美国空军委托，研制飞机螺旋桨叶片轮廓样板的加工设备。由于样板形状复杂多样，精度要求高，一般加工设备难以适应，于是提出计算机控制机床的设想。1949 年，该公司在美国麻省理工学院（MIT）伺服机构研究室的协助下，开始数控机床研究，并于 1952 年试制成功第一台由大型立式仿形铣床改装而成的三坐标数控铣床，不久即开始正式生产，于 1957 年正式投入使用。

1.1.1 数控铣床及数控铣削加工简介

数控铣床（图 3－1－1）可以分为立式、卧式和龙门式三种。最常用的是立式数控铣床，用于铣削及成型铣削一般中小型复杂零件，进行立铣、钻、扩、镗、攻丝等加工工序。

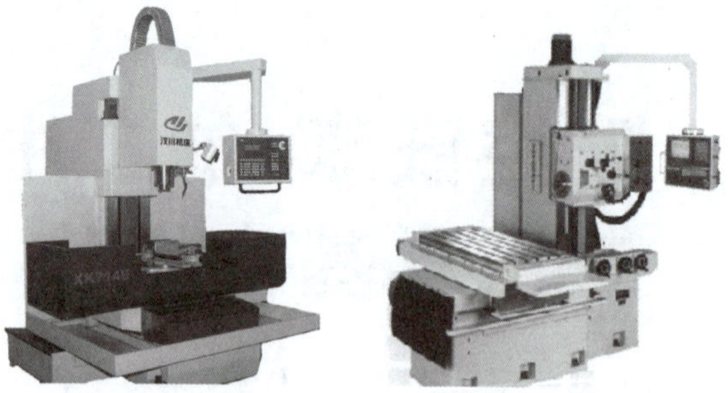

图 3－1－1　数控铣床

1. 立式数控铣床

其特别适用于加工各种形状复杂的二三维凹凸模型及复杂的型腔和表面，更适于企业生产车间批量加工零件，如图 3－1－2 所示。

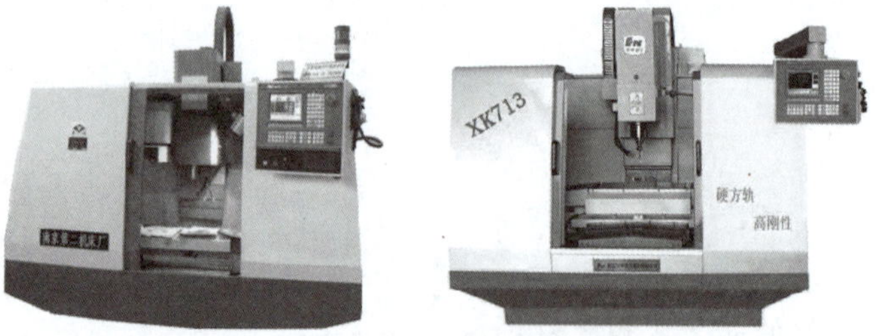

图 3－1－2　立式数控铣床

2. 卧式数控铣床

卧式数控铣床则在镗削、齿轮加工方面应用较多，如图 3－1－3 所示。

图 3－1－3　卧式加工中心

3. 龙门式数控铣床

龙门铣床可加工大型模具复杂的三维曲面及大中型零件、配件等，只需要重新编制程序，就能实现对零件的加工，并可以快速地从一种零件转变为加工另一种零件，并能保证较高的精度和表面质量。机床具有铣削、镗削、钻削等一机多功能，根据用户的要求还可提供直角铣头、回转工作台等功能附件，达到“一次装夹五面加工”的目的，如图 3－1－4 所示。

图 3－1－4　龙门式数控铣床

1.1.2　数控铣床/加工中心的结构

(1) 机床的基础部件，包括床身、底座、立柱、横梁、滑座和工作台等。

(2) 主传动系统（包括主轴部件）。

(3) 进给传动系统。

(4) 辅助功能系统和装置，如液压、气动、润滑、冷却、排屑、防护等。

(5) 刀架或自动换刀装置（ATC）。

(6) 自动交换工作台（APC）。

图 3－1－5 所示为立式加工中心的结构示意。

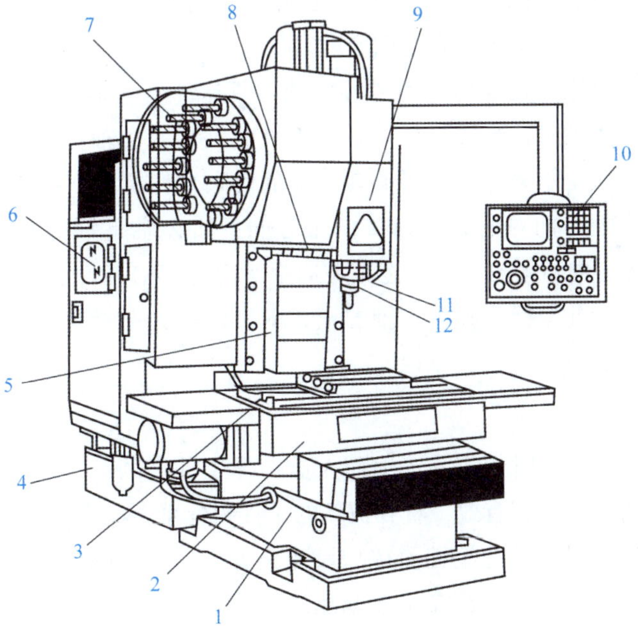

1—床身；2—滑座；3—工作台；4—润滑油植；5—立柱；6—数控柜；7—刀库；8—机械手；9—主轴箱；10—操纵面板；11—控制柜；12—主轴

图 3－1－5　立式加工中心结构示意

1.2 数控铣床/加工中心坐标系

规定数控机床坐标轴和运动方向是为了准确地描述机床运动，简化程序的编制，并使所编程序具有互换性。国际标准化组织目前已经统一了标准坐标系，我国也颁布了相应的标准（JB 3051−82），对数控机床的坐标和运动方向作了明文规定。

1.2.1 数控铣床坐标系建立的原则

（1）刀具相对于静止的工件而运动的原则。

（2）标准坐标系是一个右手笛卡儿直角坐标系。在图 3－1－6 所示中，大拇指的方向为 X 轴的正方向，食指为 Y 轴的正方向，中指为 Z 轴正方向。

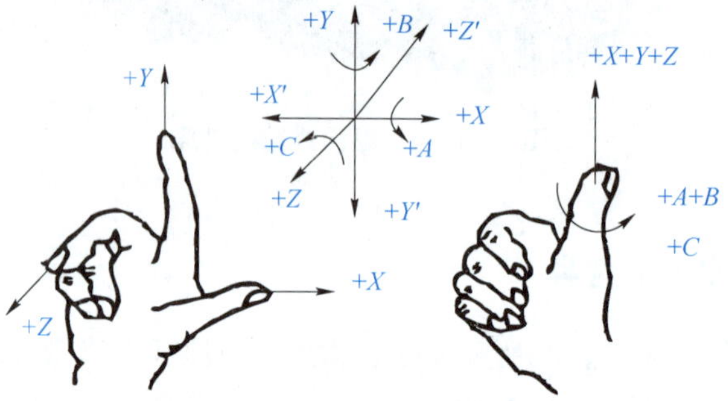

图 3－1－6 右手笛卡儿坐标系

1.2.2 数控铣床的坐标系

1. 机床坐标系和机床原点

机床坐标系是机床上固有的坐标系。机床坐标系的原点也称为机床原点或机床零点，在机床经过设计制造和调整后这个原点便被确定下来，它是固定的点。

在标准中，规定平行于机床主轴（传递切削力）的刀具运动坐标轴为 Z 轴，取刀具远离工件的方向为正方向。如果机床有多个主轴时，则选一个垂直于工件装夹面的主轴为 Z 轴，水平方向为 X 轴，且垂直于 Z 轴并平行于工件的装夹面。对于刀具做旋转运动的机床（如铣床、镗床），若 Z 轴为水平方向，则沿刀具主轴后端向工件方向看，向右的方向为 X 的正方向；如 Z 轴是垂直方向，则从主轴向立柱看时，对于单立柱机床，X 轴的正方向指向右边。上述正方向都是刀具相对工件运动而言。在确定了 X、Z 轴的正方向后，可按右手直角笛卡儿坐标系确定 Y 轴的正方向，即在 Z−X 平面内，从 $+Z$ 转到 $+X$ 时，右螺旋应沿 $+Y$ 方向前进。

2. 工件坐标系

工件坐标系是编程人员在编程时使用的，编程人员选择工件上的某一已知点为原点称编程原点或工件原点。工件坐标系一旦建立便一直有效，直到被新的工件坐标系所取代。

工件坐标系的原点选择要尽量满足编程简单、尺寸换算少、引起的加工误差小等条件，一般情况下以坐标式尺寸标注的零件，编程原点应选在尺寸标注的基准点；对称零件或以同心圆为主的零件，编程原点应选在对称中心线或圆心上；Z 轴的程序原点通常选在工件的上表面。

1.3 数控铣床/加工中心的维护与保养

1.3.1 数控铣床的维护与保养目的和意义

我们知道，数控机床是一种综合应用了计算机技术、自动控制技术、自动检测技术和精密机械设计和制造等先进技术的高新技术的产物，是技术密集度及自动化程度都很高的、典型的机电一体化产品。与普通机床相比较，数控机床不仅具有零件加工精度高、生产效率高、产品质量稳定且自动化程度极高的特点，而且它还可以完成普通机床难以完成或根本不能加工的复杂曲面的零件加工，因而数控机床在机械制造业中的地位显得越来越重要。甚至可以这样说：在机械制造业中，数控机床的档次和拥有量，是反映一个企业制造能力的重要标志。

但是，应当清醒地认识到：在企业生产中，数控机床能否达到加工精度高、产品质量稳定、提高生产效率的目标，这不仅取决于机床本身的精度和性能，很大程度上也与操作者在生产中能否正确地对数控机床进行维护保养和使用密切相关。

还应当注意到，数控机床维修的概念不能单纯地理解成数控系统或数控机床的机械部分和其他部分在发生故障时，仅仅是依靠维修人员如何排除故障和及时修复，使数控机床能够尽早地投入使用就可以了，这还应包括正确使用和日常保养等工作。只有坚持做好对机床的日常维护保养工作，才可以延长元器件的使用寿命，延长机械部件的磨损周期，防止意外恶性事故的发生，争取机床长时间稳定工作；也才能充分发挥数控机床的加工优势，达到数控机床的技术性能，确保数控机床能够正常工作，因此这无论是对数控机床的操作者，还是对数控机床的维修人员来说，数控机床的维护与保养就显得非常重要，必须高度重视。

1.3.2 数控机床维护与保养的常识

我们懂得了数控机床的维护与保养的目的和意义后，还必须明确其基本要求，主要包括以下各点。

(1) 在思想上要高度重视数控机床的维护与保养工作，尤其是对数控机床的操作者更应如此，我们不能只管操作，而忽视对数控机床的日常维护与保养。

(2) 提高操作人员的综合素质。数控机床的使用比使用普通机床的难度要大，因为数控机床是典型的机电一体化产品，它牵涉的知识面较广，即操作者应具有机、电、液、气等更宽广的专业知识；再有，由于其电气控制系统中的 CNC 系统升级、更新换代比较快，如果不定期参加专业理论培训学习，就不能熟练掌握新的 CNC 系统应用，因此对操作人员提出的素质要求是很高的。为此，必须对数控操作人员进行培训，使其对机床原理、性能、润滑部位及其方式，进行较系统的学习，为更好地使用机床奠定基础。同时在数控机床的使用与管理方面，制定一系列切合实际、行之有效的措施。

(3) 要为数控机床创造一个良好的使用环境。由于数控机床中含有大量的电子元件，它们最怕阳光直接照射，也怕潮湿和粉尘、振动等，这些均可使电子元件受到腐蚀变坏或造成元件间的短路，引起机床运行不正常。为此，对数控机床的使用环境应做到保持清洁、干燥、恒温和无振动；对于电源应保持稳压，一般只允许±10%波动。

(4) 严格遵循正确的操作规程。无论是什么类型的数控机床，它都有一套自己的操作规程，这既是保证操作人员人身安全的重要措施之一，也是保证设备安全、使用产品质量等的重要措施。因此使用者必须按照操作规程正确操作，如果机床在第一次使用或长期没用时，应先使其空转几分钟；并要特别注意在使用中的开机、关机的顺序和注意事项。

(5) 在使用中，尽可能提高数控机床的开动率对于新购置的数控机床应尽快投入使用，设备在使用初期，故障率相对来说要大一些，用户应在保修期内充分利用机床，使其薄弱环节尽早暴露出来，以在保修期内得以解决。如果在缺少生产任务时，也不能空闲不用，要定期通电，每次空运行1小时左右，利用机床运行时的发热量来去除或降低机内的湿度。

（6）要冷静对待机床故障，不可盲目处理。机床在使用中不可避免地会出现一些故障，此时操作者要冷静对待，不可盲目处理，以免产生更为严重的后果，要注意保留现场，待维修人员来后如实说明故障前后的情况，并参与共同分析问题，尽早排除故障。故障若属于操作原因，操作人员要及时吸取经验，避免下次犯同样的错误。

（7）制定并且严格执行数控机床管理的规章制度。除了对数控机床的日常维护外，还必须制定并且严格执行数控机床管理的规章制度。主要包括定人、定岗和定责任的“三定”制度，定期检查制度，规范的交接班制度等。这也是数控机床管理、维护与保养的主要内容。

1.3.3 数控机床如何维护保养

数控机床种类多，各类数控机床因其功能、结构及系统的不同，各具不同的特性。其维护保养的内容和规则也各有其特色，具体应根据其机床种类、型号及实际使用情况，并参照机床使用说明书要求，制定和建立必要的定期、定级保养制度。下面是一些常见、通用的日常维护保养要点。

（1）严格遵守操作规程和日常维护制度。数控设备操作人员要严格遵守操作规程和日常维护制度，操作人员的技术业务素质的优劣是影响故障发生频率的重要因素。当机床发生故障时，操作者要注意保留现场，并向维修人员如实说明出现故障前后的情况，以利于分析、诊断出故障的原因，及时排除。

（2）防止灰尘污物进入数控装置内部。在机加工车间的空气中一般都会有油雾、灰尘甚至金属粉末，一旦它们落在数控系统内的电路板或电子器件上，容易引起元器件间绝缘电阻下降，甚至导致元器件及电路板损坏。有的用户在夏天为了使数控系统能超负荷长期工作，采取打开数控柜的门来散热。

应该检查数控柜上的各个冷却风扇工作是否正常。每半年或每季度检查一次风道过滤器是否有堵塞现象，若过滤网上灰尘积聚过多，不及时清理，会引起数控柜内温度过高。

（3）20世纪80年代以前生产的数控机床，大多带有光电式纸带阅读机，如果读带部分被污染，将导致读入信息出错。为此必须按规定对光电阅读机进行维护。

（4）直流电动机电刷的过度磨损，会影响电动机的性能，甚至造成电动机损坏。为此，应对电动机电刷进行定期检查和更换。数控车床、数控铣床、加工中心等，应每年检查一次。

（5）一般数控系统内对CMOSRAM存储器件设有可充电电池维护电路，以保证系统不通电期间能保持其存储器的内容。在一般情况下，即使尚未失效，也应每年更换一次，以确保系统正常工作。电池的更换应在数控系统供电状态下进行，以防更换时RAM内信息丢失。

（6）备用的印制电路板长期不用时，应定期装到数控系统中通电运行一段时间，以防损坏。

（7）定期调整主轴驱动带的松紧程度，防止因主轴驱动带打滑造成的丢转现象；检查主轴润滑的恒温油箱、调节温度范围，及时补充油量，并清洗过滤器；主轴中刀具夹紧装置长时间使用后，会产生间隙，影响刀具的夹紧，需及时调整液压缸活塞的位移量。

（8）定期检查、调整丝杠螺纹副的轴向间隙，保证反向传动精度和轴向刚度；定期检查丝杠与床身的连接是否有松动；丝杠防护装置有损坏要及时更换，以防灰尘或切屑进入。

（9）严禁把超重、超长的刀具装入刀库，以避免机械手换刀时掉刀或刀具与工件、夹具发生碰撞；经常检查刀库的回零位置是否正确，检查机床主轴回换刀点位置是否到位，并及时调整；开机时，应使刀库和机械手空运行，检查各部分工作是否正常，特别是各行程开关和电磁阀能否正常动作。

（10）定期对各润滑、液压、气压系统的过滤器或分滤网进行清洗或更换；定期对液压系统进行油质化验检查、添加和更换液压油；定期对气压系统分水滤气器放水。

（11）定期进行机床水平和机械精度检查并校正。机械精度的校正方法有软硬两种。其软方法主要是通过系统参数补偿，如丝杠反向间隙补偿、各坐标定位精度定点补偿、机床回参考点位置校正等；硬方法一般要在机床大修时进行，如进行导轨修刮、滚珠丝杠螺母副预紧调整反向间隙等。

数控设备是一种自动化程度高、结构较复杂的先进加工设备，要充分发挥数控设备的高效性，就必须正确操作和精心的维护保养，以保证设备的正常运行和高的利用率。因其集机、电、液于一身，所以数控设备对维修维护人员的要求较高，除本文所提到常规维护保养外，还应根据具体数控设备的详细操作说明手册作具体的专门维护和保养。

任务二　华中系统面板介绍

学习目标

1. 素质目标

（1）培养中职生的爱国情怀；

（2）培养中职生良好的学习创新能力；

（3）培养中职生具有良好的安全认知能力。

华中系统面板介绍仿真

2. 知识目标

（1）了解华中数控系统面板；

（2）掌握华中数控程序编制方法。

3. 技能目标

（1）能正确认识数控机床基本操作；

（2）会简单操作华中数控系统。

2.1　数控铣床/加工中心安全操作规程

（1）操作者必须熟悉机床使用说明书和机床的一般性能、结构，严禁超性能使用。

（2）工作前穿戴好个人的防护用品，长发（男女）职工戴好工作帽，头发压入帽内，切削时戴防护眼镜，严禁戴手套。

（3）开机前要检查润滑油是否充裕、冷却是否充足，发现不足应及时补充。

（4）打开数控铣床电器柜上的电器总开关。

（5）按下数控铣床控制面板上的“ON”按钮，启动数控系统，在自检完毕后进行数控铣床的强电复位。

（6）手动返回数控铣床参考点。首先返回+*Z* 方向，然后返回+*X* 和+*Y* 方向。

（7）手动操作时，在 *X*、*Y* 移动前，必须使 *Z* 轴处于安全位置，以免撞刀。

（8）数控铣床出现报警时，要根据报警号，查找原因，及时排除警报。

（9）更换刀具时应注意操作安全。在装入刀具时应将刀柄和刀具擦拭干净。

（10）在自动运行程序前，必须认真检查程序，确保程序的正确性。在操作过程中必须集中注意力，谨慎操作。运行过程中，一旦发生问题，及时按下复位按钮或紧急停止按钮。

（11）加工完毕后，应把刀架停放在远离工件的换刀位置。

（12）实习学生在操作时，旁观的同学禁止按控制面板的任何按钮、旋钮，以免发生意外及事故。

(13) 严禁任意修改、删除机床参数。

(14) 生产过程中产生的废机油和切削油，要集中存放到废液标识桶中，倾倒过程中防止滴漏到桶外，严禁将废液倒入下水道，以免污染环境。

(15) 关机前，应使刀具处于安全位置，把工作台上的切屑清理干净、把机床擦拭干净。

(16) 关机时，先关闭系统电源，再关闭电器总开关。

(17) 做好机床清扫工作，保持清洁，认真执行交接班手续，填好交接班记录。

2.2 系统操作面板及各键功能

2.2.1 系统操作面板

HNC-818B 数控系统是基于成熟的华中 8 型数控系统平台，为总线式数控装置，产品稳定可靠，如图 3-2-1所示。

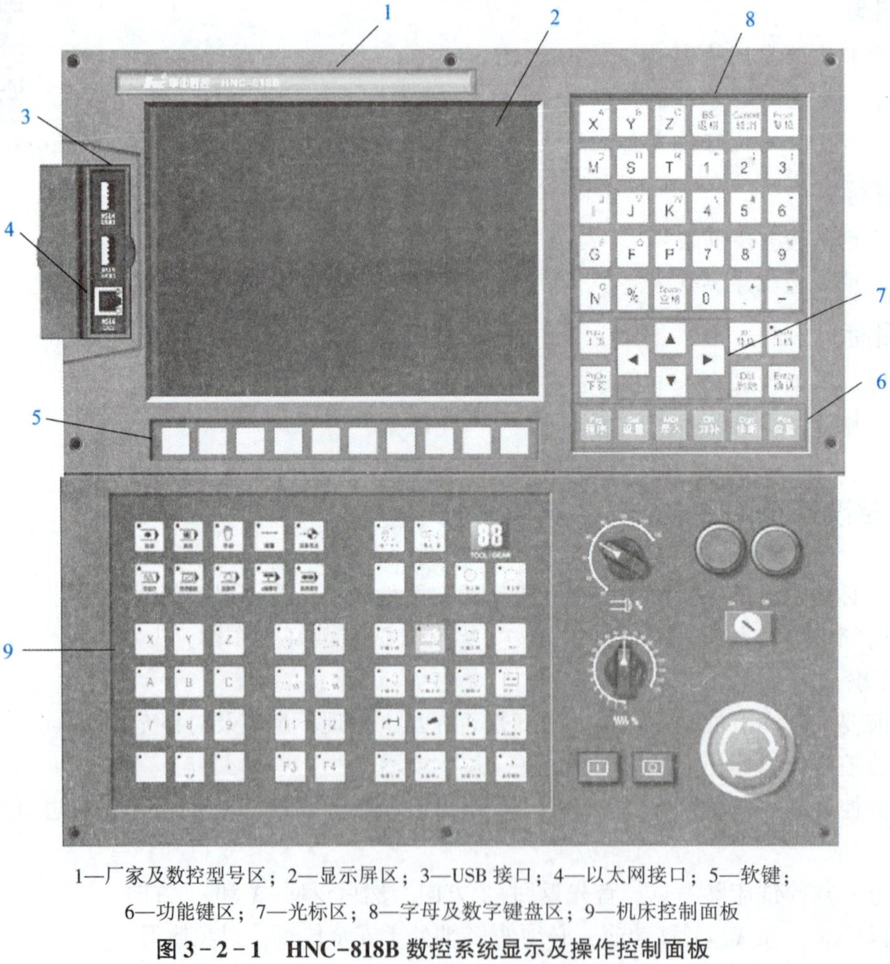

1—厂家及数控型号区；2—显示屏区；3—USB 接口；4—以太网接口；5—软键；
6—功能键区；7—光标区；8—字母及数字键盘区；9—机床控制面板

图 3-2-1 HNC-818B 数控系统显示及操作控制面板

HNC-818B 数控系统的操作界面如图 3-2-2 所示。各部分的作用如下所述。

(1) 标题栏

①加工方式　系统工作方式根据机床控制面板上相应按键的状态可在自动（运行）、单段（运行）、手动（运行）、增量（运行）、回零、急停之间切换；

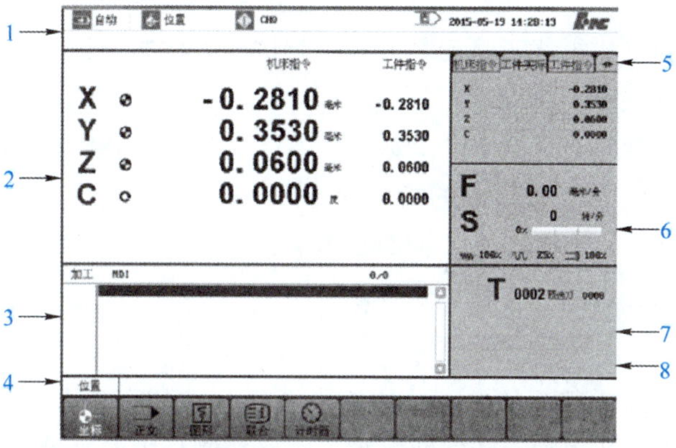

1—标题栏；2—图形显示窗口；3—G 代码显示区；4—菜单命令条；
5—标签页；6—辅助功能；7—刀具信息；8—G 模态 & 加工时间

图 3-2-2　HNC—818 数控系统的操作界面

②主菜单名　显示当前激活的主菜单按键；

③工位信息　显示当前工位号；

④通道信息　显示每个通道的工作状态，包括“运行正常”“进给暂停”“出错”；

⑤系统时间　显示当前系统时间（机床参数里可选）。

（2）图形显示窗口　这块区域显示的画面，根据所选菜单键的不同而不同。

（3）G 代码显示区　预览或显示加工程序的代码。

（4）菜单命令条　通过菜单命令条中对应的功能键来完成系统功能的操作。

（5）标签页　用户可以通过切换标签页，查看不同的坐标系类型。

（6）辅助机能　自动加工中的 F、S 信息，以及修调信息。

（7）刀具信息　当前所选刀具。

（8）G 模态 & 加工时间（在“程序”主菜单下）：显示加工过程中的 G 模态以及系统本次加工的时间。

2.2.2　各功能的操作方法

1. 开关机的操作方法

（1）检查机床状态是否正常；

（2）检查电源电压是否符合要求，接线是否正确；

（3）按下“急停”按钮；

（4）机床上电；

（5）数控上电；

（6）检查面板上的指示灯是否正常；

（7）接通数控装置电源后，系统自动运行系统。此时，工作方式为“急停”；

（8）系统上电进入操作界面时，初始工作方式显示为“急停”，为控制系统运行，右旋并拔起“急停”按钮使系统复位，接通伺服使能。

关闭机床前要将 *X*、*Y*、*Z* 轴置于机床中间位置，先关闭数控系统，再关闭强电。按动关机顺序与开机相反。

2. 返回机床零点的操作方法

控制机床运动的前提是建立机床坐标系，为此系统接通电源、复位后首先应进行机床各轴回参考点操作，方法如下：

(1) 如果系统显示的当前工作方式不是回零方式，就按一下控制面板上的“回参考点”按键（图3-2-1），确保系统处于“回零”方式；

图3-2-1 回参考点按键

(2) 根据X轴机床参数“回参考点方向”，按一下“X”以及方向键（“回参考点方向”为“+”），X轴回到参考点后，“X”按键内的指示灯亮；

(3) 用同样的方法使用“Z”按键，使Z轴回参考点；

(4) 在所有轴回参考点后，即建立了机床坐标系。

3. 急停按钮的操作方法

图3-2-2 急停按钮键

机床在运行过程中，在危险或紧急情况下，按下“急停”按钮（图3-2-2），数控系统即进入急停状态，伺服进给及主轴运转立即停止工作（控制柜内的进给驱动电源被切断）；松开“急停”按钮（右旋此按钮，将会自动跳起），系统进入复位状态。

解除急停前，应先确认故障原因是否已经排除，而急停解除后，应重新执行回参考点操作，以确保坐标位置的正确性。在上电和关机之前应按下“急停”按钮以减少设备电冲击。

4. 超程解除的操作方法

在伺服轴行程的两端各有一个极限开关，作用是防止伺服碰撞而损坏。每当伺服碰到行程极限开关时，就会出现超程。当某轴出现超程（“超程解除”按键内指示灯亮）时，系统视其状况为紧急停止，要退出超程状态时，可进行如下操作：

(1) 置工作方式为“手动”或“增量”方式；

(2) 一直按压着“超程解除”按键（控制器会暂时忽略超程的紧急情况）；

(3) 在手动（手摇）方式下，使该轴向相反方向退出超程状态；

(4) 松开“超程解除”按键；

(5) 若显示屏上运行状态栏“运行正常”取代了“出错”，表示恢复正常，可以继续操作。

5. 手动进给

按一下“手动”按键（指示灯亮），系统处于手动运行方式，可通过点动方式来移动机床坐标轴。下面以点动移动X轴为例说明。

(1) 按下“X”按键以及方向键（指示灯亮），X轴将产生正向或负向连续移动；

(2) 松开“X”按键以及方向键（指示灯灭），X轴即减速至停止。

用同样的操作方法，使用“Z”按键可使Z轴产生正向或负向连续移动。

图3-2-3 超程解除按键

图3-2-4

图3-2-5 修调波段开关

图3-2-6 增量按键

在手动运行方式下，同时按压X、Z方向的轴手动按键，能同时手动控制X、Z坐标轴连续移动。

在自动方式或MDI运行方式下，当F代码编程的进给速度偏高或偏低时，可旋转进给修调波段开关，修调程序中编制的进给速度。修调范围为0%~120%。

6. 手摇进给

在非急停的状态下按一下控制面板上的“增量”按键（指示灯亮），系统处于手摇进给方式，可通过手摇进给控制机床坐标轴移动。手持单元(图 3 - 2 - 7）的坐标轴选择波段开关置于所需移动的轴选挡位，再波动倍率选择波段开关，置于所需倍率挡位，每次波动手持单元一格，机床移动相应的倍率增量。手摇进给方式每次只能增量进给一个坐标轴。

图 3 - 2 - 7　手持单元

7. 主轴控制的操作方法

(1) 在手动方式下，按一下“主轴正转”按键（指示灯亮)，主轴电机以机床参数设定的转速正转，直到按压“主轴停止”或“主轴反转”按键。

(2) 在手动方式下，按一下“主轴反转”按键（指示灯亮)，主轴电机以机床参数设定的转速反转，直到按压“主轴停止”或“主轴正转”按键。

(3) 在手动方式下，按一下“主轴停止”按键（指示灯亮)，主轴电机停止运转。

注意：“主轴正转”“主轴反转”“主轴停止”3 个按键互锁，即按一下其中一个（指示灯亮)，其余两个会失效（指示灯灭)。

(a)　(b)　(c)

图 3 - 2 - 8　主轴控制键

图 3 - 2 - 9

8. 手动数据输入（MDI）运行

按 MDI 主菜单键进入 MDI 功能，用户可以从 NC 键盘输入并执行一行或多行 G 代码指令段，如图 3 - 2 - 10 所示。

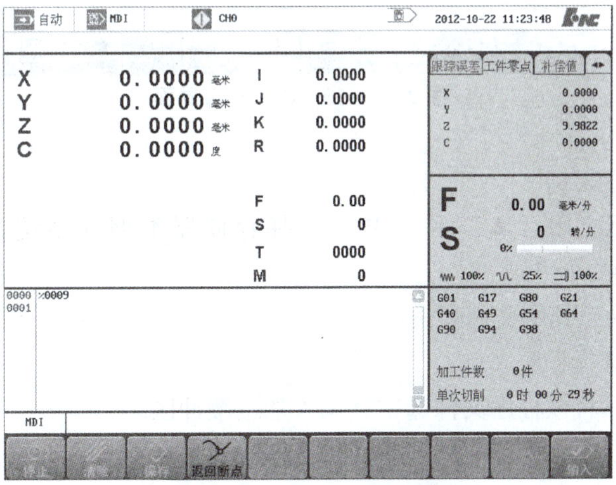

图 3 - 2 - 10　MDI 录入界面

MDI 输入的最小单位是一个有效指令字，因此输入一个 MDI 运行指令段可以有下述两种方法：

(1) 一次输入，即一次输入多个指令字的信息；

(2) 多次输入，即每次输入一个指令字信息。

例如要输入“G00 X100 Z100” MDI 运行指令段，可以直接输入“G00 X100 Z100”；

按“输入”键，显示窗口内关键字 X、Z 的值将分别变为 100、100；

在输入命令时，可以看见输入的内容，如果发现输入错误，可用“BS”“▶”和“◀”键进行编辑；按“输入”键后，系统发现输入错误，会提示相应的错误信息，此时可按“清除”键将输入的数据清除。

在输入完一个 MDI 指令段后，按一下操作面板上的“循环启动”键，系统即开始运行所输入的 MDI 指令。

如果输入的 MDI 指令信息不完整或存在语法错误，系统会提示相应的错误信息，此时不能运行 MDI 指令。

9. 程序选择

进入程序主菜单，在程序主菜单下单击“选择”对应功能键，将出现如图 3－2－13 所示的界面。

图 3－2－11　循环启动键

图 3－2－12　程序键

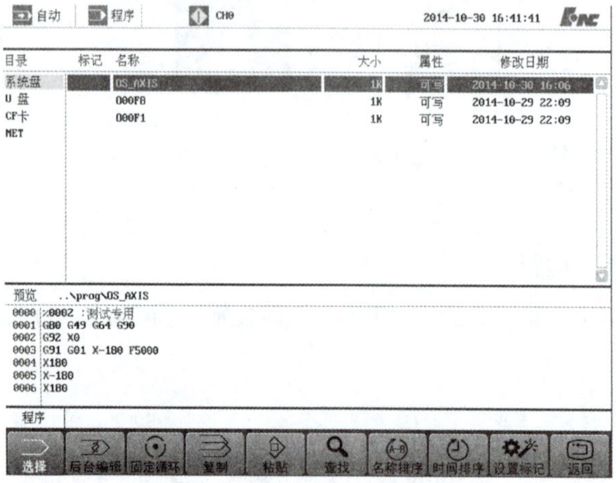

图 3－2－13　程序选择界面

（1）选择文件的操作方法

①如图 3－2－13 所示，用“▲”和“▼”选择存储器类型（系统盘、U 盘、CF 卡），也可用“Enter”键查看所选存储器的子目录。

②用光标键“▶”切换至程序文件列表；

③用“▲”和“▼”选择程序文件；

④按“Enter”键，即可将该程序文件选中并调入加工缓冲区。

（2）新建文件的操作方法

①单击“程序→编辑→新建”对应功能键；

②输入文件名后，按“Enter”键确认后，就可编辑新文件了。

③新建程序文件的默认目录为系统盘的 prog 目录；

④新建文件名不能和已存在的文件名相同。

（3）编辑文件的操作方法

用户单击“程序→编辑”对应功能键，即可编辑当前载入的文件。

（4）部分快捷键的说明

①Del：删除光标后的一个字符，光标位置不变，余下的字符左移一个字符位置；

②Pgup：使编辑程序向程序头滚动一屏，光标位置不变，如果到了程序头，则光标移到文件首行的第一个字符；

③Pgdn：使编辑程序向程序尾滚动一屏，光标位置不变，如果到了程序尾，则光标移到文件末行的第一个字符；

④BS：删除光标前的一个字符，光标向前移动一个字符位置，余下的字符左移一个字符位置；

⑤◄：使光标左移一个字符位置；

⑥►：使光标右移一个字符位置；

⑦▲：使光标向上移一行；

⑧▼：使光标向下移一行；

⑨ALT+B：定义块首；

⑩ALT+E：定义块尾；

⑪ALT+D：块删除；

⑫ALT+X：剪切；

⑬ALT+C：复制；

⑭ALT+V：粘贴；

⑮ALT+F：查找；

⑯ALT+N：查找下一个；

⑰ALT+R：替换；

⑱ALT+L：行删除；

⑲ALT+H：文件首；

⑳ALT+T：文件尾。

2.3　数控铣床/加工中心基本功能指令

数控程序编制就是编程员根据零件图确定该零件的加工工艺，将零件加工的工艺过程、工艺参数、加工路线以及加工中需要的辅助动作，如换刀、冷却、夹紧等，按照加工顺序和所用数控机床规定的指令代码及程序格式，编制成加工程序单。再将程序单中的全部内容输入到数控装置中，从而使数控机床按程序单中内容进行加工。

程序编制及加工的一般方法和步骤，如图3-2-14所示。

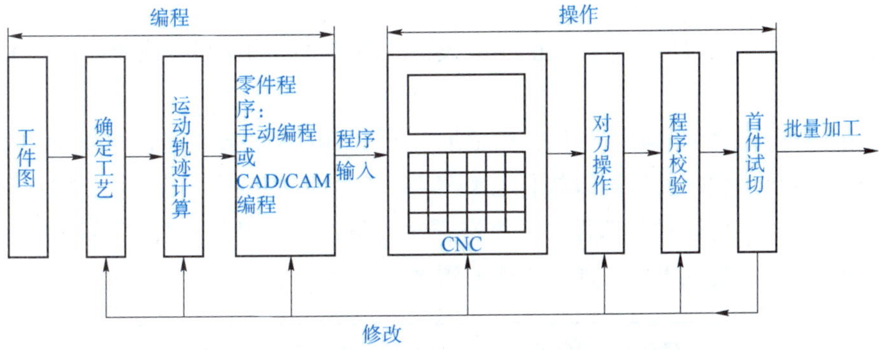

图3-2-14　程序编制及加工的一般方法和步骤

向控制装置提供信息时规定的样式，称为程序格式；数控装置所使用的格式称为字地址格式。程序是“程序段”单位的集合，用一个“程序段”指定一个机床动作（顺序）。按照实际移动刀具的顺序记叙这些指令（程序段）。程序段是“字”单位的集合，用一个“字”指定一个操作的命令。字是字符（英文字母、数字、符号）的集合，字符按照某种顺序排列。

华中数控装置使用的指令信息，由字母（A，B，C，…，Z）、数字（0，1，2，…，9）、符号（+，-，/，…）构成，这些字母、数字、符号统称为字符。以这样的形式表现出的内容称为代码。如华中数控装置使用ISO代码，编写格式采用记事本格式书写。

程序段中不同的指令字符及其后续数值确定了每个指令字的含义。在数控程序段中包含的主要指令字符如表3-2-1所示。

表3-2-1　数控机床程序段中包含的主要指令字符

机能	地址	意　义
零件程序号	O	程序编号：O1~4294967295
程序段号	N	程序段编号：N0~4294967295
准备机能	G	指令动作方式（直线、圆弧等）G00~G200
尺寸字	X，Y，Z	直线轴的移动命令±21474
	A，B，C	旋转轴的移动命令±21474
	U，V，W	车床增量编程指令±21474
	R	圆弧的半径，固定循环的参数
	I，J，K	圆心相对于起点的坐标，固定循环的参数
进给速度	F	进给速度的指定：F0~F50000
主轴机能	S	主轴旋转速度的指定：S0~S100000
刀具机能	T	刀具编号的指定：T0~T99
辅助机能	M	机床侧开/关控制的指定：M0~M99
	A	工作台分度等
补偿号	H，D	刀具补偿号的指定：00~99
暂停	P，X	暂停时间的指定：ms（毫秒），s（秒）
程序号的指定	P	子程序号的指定：P1~P4294967295
重复次数	L	子程序的重复次数，固定循环的重复次数
参数	P，Q，R	固定循环的参数

程序段的组成：一个程序段由1个以上的字组成，一组单步的顺序指令或者一行若干功能指令称为程序段。

程序段号：用于区分每个程序段的号码，由地址N和后面的5位数字（1~99999）组成程序段号。程序段号放在程序段的开头。程序段号可以按任意顺序指定，并且任何段号都可以跳过，但有特殊意义的代码指令指定的段号除外。可以对全部程序段指定程序段号；也可以仅对程序要求的程序段指定程序段号。但是为方便起见，一般情况下可按加工步骤的顺序指定程序段号。

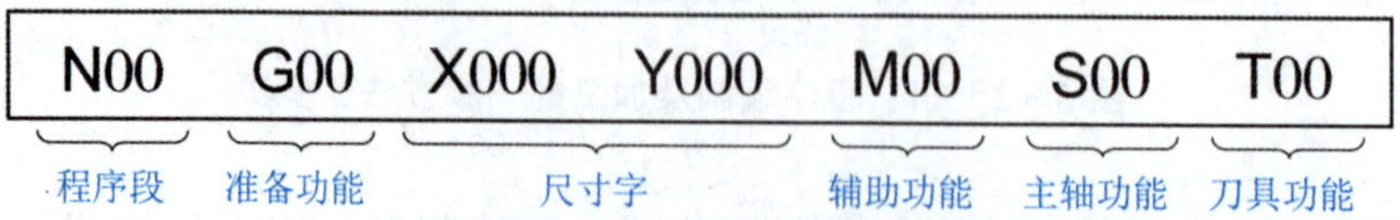

图3-2-15　程序段及其段号

2.3.1 准备功能（G 代码）

(1) G 代码的模态　G 代码按其有效状态可分为非模态 G 代码和模态 G 代码两种。

①非模态 G 代码　只有指定该 G 代码时才有效，未指定时无效。

②模态 G 代码　该类 G 代码执行一次后由数控系统存储，在同组其他代码替换前一直有效。

(2) G 代码的分组　G 代码按其功能类分为若干个组，其中 00 组为非模态 G 代码，其他组均为模态 G 代码。同一程序段中可以指定多个不同组的 G 代码。若在同一程序段中指定了多个同组代码，只有最后指定的代码有效。如果固定循环中指定了 01 组的 G 代码，就像指定了 G80 指令一样，可取消固定循环。但指定固定循环的 G 代码，不影响 01 组的代码。

(3) G 代码一览表　系统上电后，表 3-2-2 中标注"【】"符号的为同组中的初始模态。

表 3-2-2　G 代码一览表

G 代码	组号	功　能
G00	01	快速定位
【G01】		线性插补
G02		顺时针圆弧插补/顺时针圆柱螺旋插补
G03		逆时针圆弧插补/逆时针圆柱螺旋插补
G04	00	暂停
G05. 1	27	高速高精模式
G07	00	虚轴指定
G07. 1		圆柱面插补
G08		预读停止
G09		准停校验
G10	07	可编程数据输入
【G11】		可编程数据输入取消
G12	18	极坐标插补方式开启
【G13】		极坐标插补方式取消
【G15】	16	极坐标编程取消
G16		极坐标编程开启
【G17】	02	*XY* 平面选择
G18		*ZX* 平面选择
G19		*YZ* 平面选择
G20	08	英制输入
【G21】		公制输入
G24	03	镜像功能开启
【G25】		镜像功能关闭
G28	00	返回参考点
G29		从参考点返回
G30		返回第 2、3、4、5 参考点
【G40】	09	刀具半径补偿取消
G41		左刀补
G42		右刀补

表 3-2-2（续）

G 代码	组号	功　　能
G43	10	刀具长度正向补偿
G44		刀具长度负向补偿
【G49】		刀具长度补偿取消
【G50】	04	缩放功能关闭
G51		缩放功能开启
G52	00	局部坐标系设定
G53		直接机床坐标系编程
G54. x	11	扩展工件坐标系选择
【G54】		工件坐标系 1 选择
G55		工件坐标系 2 选择
G56		工件坐标系 3 选择
G57		工件坐标系 4 选择
G58		工件坐标系 5 选择
G59		工件坐标系 6 选择
G60	00	单方向定位
G61	12	精确停止方式
【G64】		切削方式
G65	00	宏非模态调用
G68	05	旋转变换开始
【G69】		旋转变换取消
G73	06	深孔钻削循环
G74		反攻丝循环
G76		精镗循环
【G80】		固定循环取消
G81		中心钻循环
G82		带停顿钻孔循环
G83		深孔钻循环
G84		攻丝循环
G85		镗孔循环
G86		镗孔循环
G87		反镗循环
G88		镗孔循环（手镗）
G89		镗孔循环
G181		圆弧槽循环（类型 1）
G182		圆弧槽循环（类型 2）
G183		圆周槽铣削循环
G184		矩形凹槽循环
G185		圆形凹槽循环
G186		端面铣削循环
G188		矩形凸台循环
G189		圆形凸台循环

表 3-2-2（续）

G 代码	组号	功　能
【G90】	13	绝对编程方式
G91		增量编程方式
G92	00	工件坐标系设定
G93	14	反比时间进给
【G94】		每分钟进给
G95		每转进给
【G98】	15	固定循环返回起始点
G99		固定循环返回参考点
G101	00	轴释放
G102		轴获取
G103		指令通道加载程序
G103. 1		指令通道加载程序运行
G104		通道同步

2.3.2　辅助功能（M 指令）

辅助功能代码由地址字 M 及其后的数字组成，主要用于控制零件程序的走向以及机床各种辅助开关动作等辅助功能。其中 M00、M01、M02、M30、M92、M93、M98、M99 等用于控制零件程序的走向，是数控内定的辅助功能，不由机床制造商设计决定，与 PLC 程序无关；其他 M 代码用于机床各辅助功能的开关动作，其功能不由 CNC 内定，而是由 PLC 程序指定，所以不同机床厂可能有差异。以下本书提供功能为常规定义，具体情况以机床说明为准。

1. M 指令前后置属性说明

在与移动指令相同的程序段中指定 M 功能时，M 指令的执行顺序可能有前置、后置、同步三种状况。

（1）前置功能：在程序段编制的轴运动之前执行 M 功能。

（2）后置功能：在程序段编制的轴运动之后执行 M 功能。

（3）同步功能：与程序段编制的轴运动同时执行 M 功能。

本系统在参数配置中，M 代码表可以设置生效方式有前置、后置或同步三种，具体适 用哪种状态取决于机床规格说明，如图 3-2-16 所示。

2. 多个 M 指令指定说明

通常一个程序段只有一个 M 代码有效。在本系统中的某些情况下，一个程序段中最多可以指定 4 个 M 代码。当需要在一个程序段中指定多个 M 代码时请注意以下情况。

（1）在一个程序段中最多可以指定 4 个 M 代码，多个同组 M 代码则视为 1 个。

（2）在一个程序段中指定多个同组 M 代码时，程序段中最后一个 M 代码生效。

（3）在一个程序段中指定多个不同组 M 代码时，程序段中 M 代码均生效。

（4）M00、M01、M02、M30、M99 等 M 代码不得与其他 M 代码一起指定。

（5）M00、M01、M02、M30、M99 等 M 代码要求单行指定，即含上述 M 代码的程序行，不仅只能有一个 M 代码，且不能有 G 指令，T 指令等其他执行指令。

（6）M 代码和功能之间的对应关系，取决于机床制造商的具体设定。详见机床制造商的说明书。

M指令名称	M指令组号	M指令类型	M指令备注
M03	3	前置	主轴正转
M04	3	前置	主轴反转
M06	6	同步	未指定
M07	7	同步	未指定
M08	7	同步	冷却液开
M09	7	后置	冷却液关
M10	10	同步	未指定
M11	11	同步	未指定
M12	12	同步	未指定
M13	13	同步	未指定
M14	14	同步	未指定
M15	15	同步	未指定

图 3-2-16　M 指令前后置属性说明

注：1. 列表中未显示的 M 代码 M00、M01、M02、M05、M30、M92、M93 生效方式为固定的，因此无法修改。

2. 设定或默认为后置的 M 代码不要与移动指令同行指定，最好单独指定一行，否则有些 M 代码可能会出现错误。

3. M 指令功能及常规状态表（表 3-2-3）

表 3-2-3　M 指令功能及常规状态表

代码	功能	属性			功能保持到注销或取消	功能仅在出现的程序段执行
		同步	前置	后置		
M00	程序暂停			#		○
M01	选择停			#		○
M02	程序结束			#		○
M03	主轴正转		○		○	
M04	主轴反转		○		○	
M05	主轴停止			#	○	
M06	换刀		○			○
M07	2 号冷却液开		○		○	
M08	1 号冷却液开		○		○	
M09	冷却液关			○	○	
M19	主轴定向		○			○
M30	程序结束并返回首行			#		○
M98	调用子程序			○		○
M99	子程序返回主程序			○		○

注：○表示指常规定该功能；#表示固定指定该功能状态。

任务三　数控铣床/加工中心刀具系统

学习目标

华中系统面板介绍仿真

1. 素质目标

(1) 培养中职生的爱国情怀；

(2) 培养中职生良好的学习创新能力；

(3) 培养中职生具有良好的安全认知能力。

2. 知识目标

(1) 了解数控铣床/加工中心的刀具；

(2) 掌握数控铣床/加工中心刀具的使用方法。

3. 技能目标

(1) 能正确分辨数控铣床/加工中心的刀具；

(2) 会安装、拆卸数控铣床/加工中心的刀具。

3.1　认识数控铣床/加工中心刀具

3.1.1　常用数控铣削刀具

常见的数控铣床上所采用的刀具如图 3－3－1 所示。

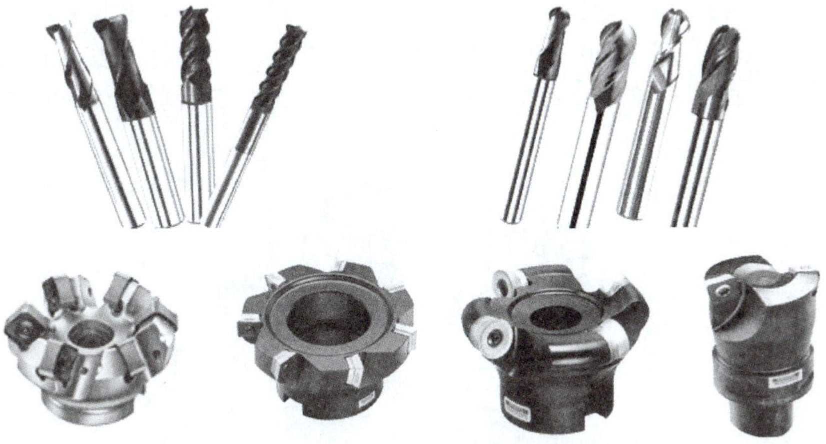

图 3－3－1　常用铣削刀具

要根据被加工零件的材料、几何形状、表面质量要求、热处理状态、切削性能及加工余量等选择刀具。被加工零件的几何形状是选择刀具类型的主要依据。铣削平面或台阶面时一般采用通用铣刀；铣较大平面时，为了提高生产效率和提高加工表面粗糙度，一般采用刀片镶嵌式盘形铣刀；铣键槽时，为了保证槽的尺寸精度、一般用两刃键槽铣刀，加工曲面类零件时，为了保证刀具切削刃与加工轮廓在切削点相切，而避免刀刃与工件轮廓发生干涉，一般采用球头刀，孔加工时，可采用钻头、镗刀等孔加工类刀具；加工螺纹时，一般采用螺纹铣刀或机用丝锥。

3.1.2 刀柄

数控铣床/加工中心的刀柄是必备的辅具，在刀柄上安装不同的刀具。常用的铣削刀柄夹簧如图 3-3-2 所示。刀柄要和主轴孔相对应，刀柄是系列化、标准化产品，其锥柄部分和机械手抓拿部分都已有相应的国际和国家标准，与刀柄相连的刀具装夹部分也已标准化、系列化。图 3-3-3 所示为刀柄作用示意图。

图 3-3-2　常用铣削刀柄、夹簧

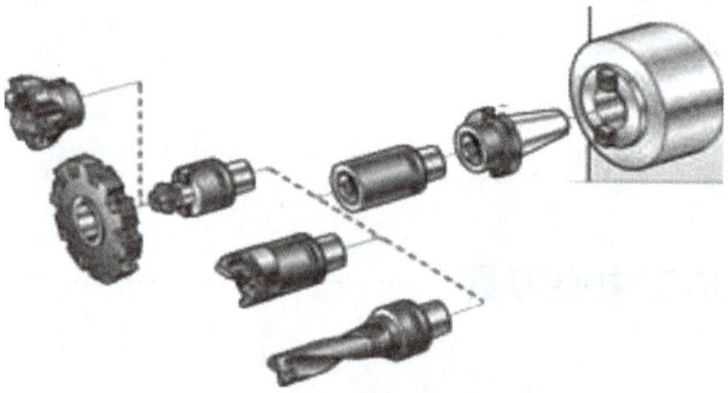

图 3-3-3　刀柄作用示意

刀柄与主轴孔的配合锥面一般采用 7∶24 的锥度，这种锥柄不自锁，换刀方便，与直柄相比有较高的定心精度和刚度。为了保证刀柄与主轴的配合与连接，刀柄与拉钉的结构和尺寸均已标准化和系列化，在我国应用最为广泛的是 BT40 和 BT50 系列刀柄和拉钉，如图 3-3-4 所示。其中 BT 表示采用日本标准 MAS403 的刀柄，其后数字为相应的 ISO 锥度号，如 50 和 40 分别代表大端直径为 69.85 和 44.45 的 7∶42 锥度。

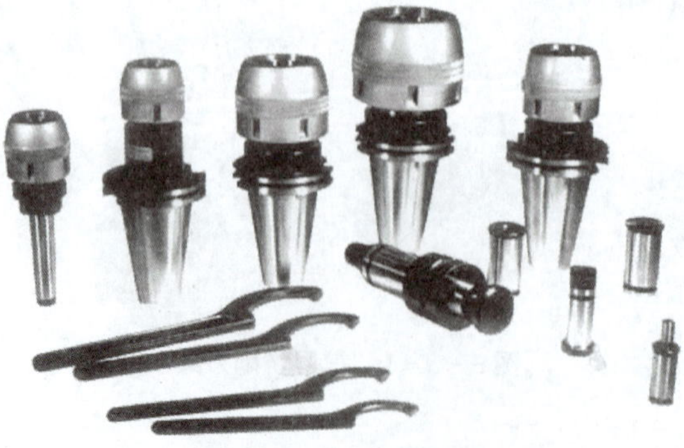

图 3-3-4　常用刀柄

1. 刀柄的分类

（1）按刀柄的结构分可分为整体式刀柄和模块或刀柄两种，其特点如下。

①整体式刀柄直接夹住刀具，刚性好，但需针对不同的刀具分别配备，其规格、品种繁多，给管理和生产带来不便。

②模块式刀柄比整体式刀柄多出中间连接部分，在装配不同刀具时只需更换连接部分即可，克服了整体式刀柄的缺点，但对连接精度、刚性、强度等都有很高的要求。

（2）按刀具夹紧方式分可分为以下四种。

①弹簧夹头刀柄　此种刀柄使用较多。采用ER型卡簧，适用于夹持16 mm以下直径的铣刀进行铣削加工；若采用KM型卡簧，则称为强力夹头刀柄，可以提供较大夹紧力，适用于夹持16 mm以上直径的铣刀进行强力铣削。

②侧固式刀柄　其采用侧向夹紧，适用于切削力大的加工，但一种尺寸的刀具需对应配备一种刀柄，规格较多。

③液压夹紧式刀柄　其采用液压夹紧，可提供较大的夹紧力。

④冷缩夹紧式刀柄　装刀时加热孔，靠冷却夹紧，使刀具和刀柄合而为一，适用于不经常换刀的场合。

（3）按允许转速分类可分为低速刀柄和高速刀柄。

①低速刀柄指用于主轴转速在8 000 r/min以下的刀柄。

②高速刀柄高速刀柄用于主轴转速在8 000 r/min以上的高速加工，其上有平衡调整环，必须经动平衡。

（4）按所夹持的刀具分类可分为以下六种。

①圆柱铣刀刀柄　其用于夹持圆柱铣刀。

②面铣刀刀柄　其用于与面铣刀盘配套使用 。

③锥柄钻头刀柄　其用于夹持莫氏锥度刀杆的钻头、铰刀等，带有扁尾槽及装卸槽。

④直柄钻头刀柄　其用于装夹直径在13 mm以下的中心钻、直柄麻花钻等。

⑤镗刀刀柄　其用于各种尺寸孔的镗削加工，有单刃、双刃以及重切削等类型。

⑥丝锥刀柄　其用于自动攻丝时装夹丝锥，一般具有切削力限制功能。

2. 常用刀柄的使用方法

数控铣床各种刀柄均有相应的使用说明，在使用时可仔细阅读。这里仅以最为常见的弹簧夹头刀柄举例说明刀柄的使用方法。

（1）将刀柄放入卸刀座并锁紧；

（2）根据刀具直径选取合适的卡簧，清洁工作表面；

（3）将卡簧装入锁紧螺母内；

（4）将铣刀装入卡簧孔内，并根据加工深度控制刀具悬伸长度；

（5）用扳手将锁紧螺母锁紧；

（6）将刀柄装上主轴。

3. 锁刀座与其他装夹刀具工件

刀柄要装入刀具，一般情况下需把刀柄放在如图3－3－5所示的锁刀座上，锁刀座上的键对准刀柄上的键槽，使刀柄无法转动，然后用扳手锁紧螺母。

3.2　数控铣床/加工中心坐标系的设定

下面以华中数控HNC-818B为例来讲解数控铣床的坐标系设定。

（1）按“设置”主菜单功能键，进入手动建立工件坐标系的方式，如图3－3－6所示。

图 3-3-5　锁刀座、扳手

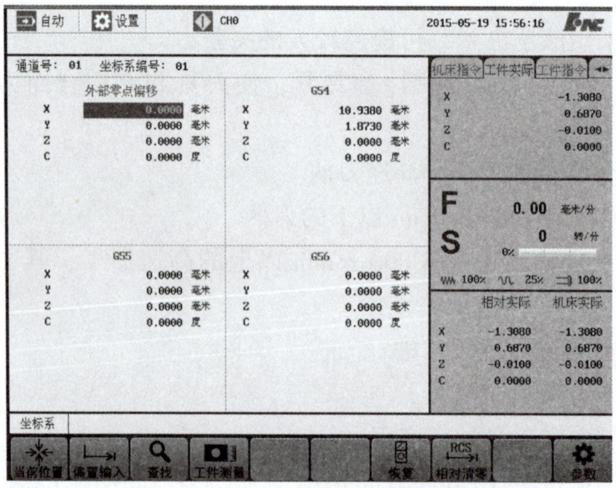

图 3-3-6　工件坐标系设置界面

(2) 通过“Pgdn”“Pgup”键选择要输入的工件坐标系 G54、G55、G56、G57、G58、G59、工件（坐标系零点相对于机床零点的值）、相对（当前相对值零点）、G54. 1G54. 60;

(3) 操作者也可以通过按“查找”按钮，查找特定工件坐标系类型;

(4) 输入所选坐标系的位置信息，操作者可以采用以下任何一种方式实现:

①在编辑框直接输入所需数据;

②通过按“当前位置”“偏置输入”“恢复”按钮，输入数据;

a. [当前位置]: 系统读取当前刀具位置;

b. [偏置输入]: 如果用户输入“+0. 001”，则所选轴的坐标系位置为当前位置加上输入的数据；如果用户输入“-0. 001”，则所选轴的坐标系位置为当前位置减去输入的数据;

c. [恢复]: 还原上一次设定的值;

③通过按“工件测量→记录Ⅰ”、“工件测量→记录Ⅱ”按钮，系统读取刀具的当前位置，然后按“工件测量→分中”按钮，系统计算两点（记录Ⅰ、记录Ⅱ）的中点，将此点作为坐标系的原点位置。

(5) 若输入正确，图形显示窗口相应位置将显示修改过的值，否则原值不变。

3. 3　数控铣床/加工中心工件坐标系的建立

工件坐标系是编程时使用的坐标系，又称编程坐标系，该坐标系是人为设定的。建立工件坐标系是数控机床加工前的必不可少的一步。不同的系统，其方法各不相同。

3.3.1 用定心锥轴找孔中心

如图 3-3-7 所示，根据孔径大小选用相应的定心锥轴，手动操作使锥轴逐渐靠近基准孔的中心，移动 Z 轴，使其能在孔中心上下轻松移动，记下机床坐标系的 X、Y 坐标值，即为所找孔中心的位置。

3.3.2 用百分表找孔中心

如图 3-3-8 所示，用磁性表座将百分表粘在机床主轴端面上，手动或低速旋转主轴。然后，手动操作使旋转的表头依 X、Y、Z 的顺序逐渐靠近被测表面，用“增量”方式，调整移动 X、Y 位置，使得表头旋转一周时，其指针的跳动量在允许的对刀误差内，并记下机床坐标系中的 X、Y 坐标值，即为所找孔中心的位置。

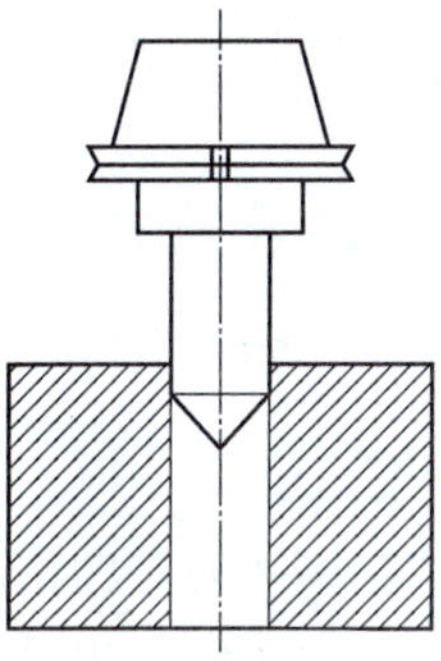

图 3-3-7　定心锥轴找孔中心

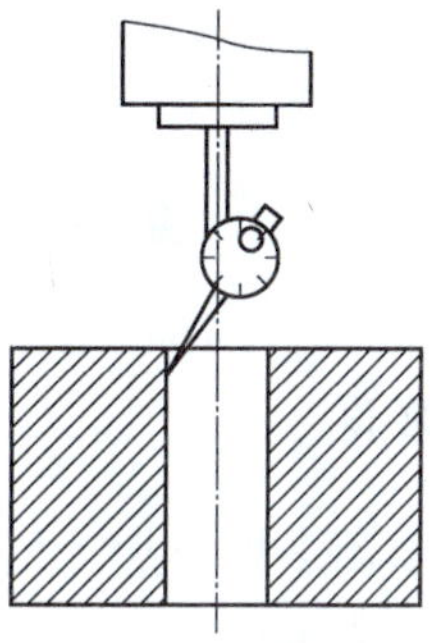

图 3-3-8　百分表找孔中心

3.3.3 以毛坯相互垂直的基准边线的交点为对刀位置点

1. 使用寻边器或直接用刀具对刀

如图 3-3-9 所示，按 X 轴移动方向，使刀具或寻边器移到工件左侧（或右侧）空位的上方，再让刀具下行，最后调整移动 X 轴，使刀具圆周刃口接触工件的左侧面（或右侧面），记下此时刀具在机床坐标系中的坐标值。用同样的方法测定 Y 轴向的坐标值，此时若已知刀具或寻边器的直径，则基准边线交点处的坐标就为（$X±D/2$，$Y±D/2$）。

2. 刀具 Z 向对刀

如图 3-3-10 所示，对刀工具中心在 X、Y 方向上的对刀完成后，可取下对刀工具，换上基准刀具，进行 Z 向对刀操作。Z 向对刀点通常都是以工件的上下表面为基准的，这可利用 Z 向设定器进行精确对刀，方法同用寻边器对刀。

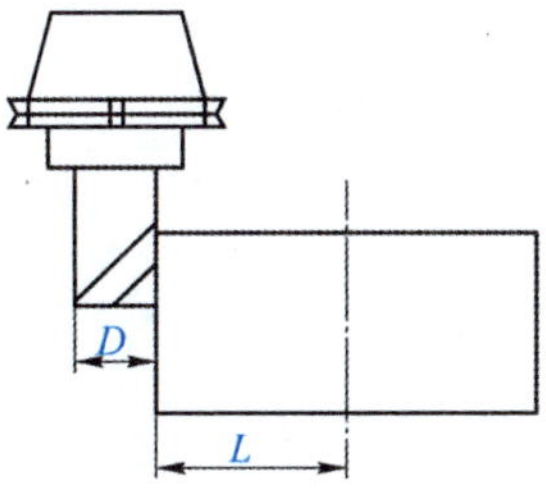

图 3-3-9　用寻边器或直接用刀具对刀

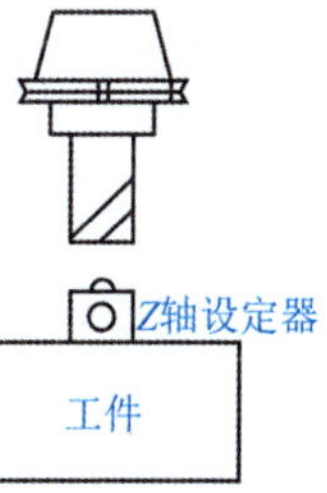

图 3-3-10　Z 向设定器对刀

3. 用寻边器找毛坯对称中心

将电子寻边器装在主轴上，用增量方式移动主轴，使寻边器的触头与毛坯表面处于临界接触（进一步寻边器灯亮，退一步则灯灭），先后定位到工件的两侧表面（碰边时注意只是一个方向移动），并记下对应的 X、Y 坐标值，则工作对称中心在机床坐标系中的坐标应是［$(X_1+X_2)/2$，$(Y_1+Y_2)/2Z$］，如图 3-3-11 所示。

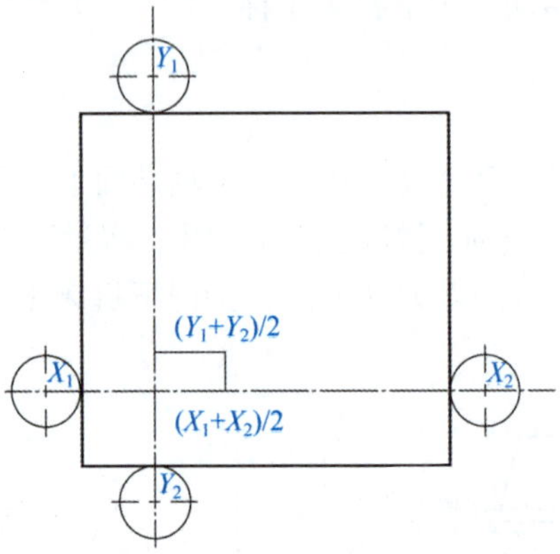

图 3-3-11　用寻边器找毛坯对称中心

3.3.4　对刀的注意事项

在实际操作中，当需要用多把刀加工同一工件时，常常是在不装刀具的情况下进行对刀。以刀座底面中心为基准刀具的刀位点先进行对刀，然后分别测出各刀具实际刀位点相对于刀座底面中心的长度偏差，填入刀具数据库即可。执行程序时，由刀具补偿指令功能来实现各刀具位置的自动调整。

对刀的目的是通过刀具或对刀工具确定工件坐标系与机床坐标系之间的空间位置关系，并将对刀数据输入到相应的存储位置。它是数控加工中最重要的工作内容，其准确性将直接影响零件的加工精度。

在对刀操作过程中需注意以下问题：

（1）根据加工要求采用正确的对刀工具，控制对刀误差；

（2）在对刀过程中，可通过改变微调进给量来提高对刀精度；

（3）对刀时需小心谨慎操作，尤其要注意移动方向，避免发生碰撞；

（4）对刀数据一定要存储在与程序对应的地址，防止因调用错误而产生严重后果。

项目四　数控铣床/加工中心技能训练

任务一　平面的加工

学习目标

1. 素质目标

(1) 培养中职生的爱国情怀；
(2) 培养中职生良好的学习创新能力；
(3) 培养中职生具有良好的安全认知能力。

平面零件仿真

2. 知识目标

(1) 掌握 G00、G01 指令及其应用；
(2) 学会编写简单数控加工程序；
(3) 掌握数控铣床/加工中心的加工工艺及制定方法。

3. 技能目标

(1) 会正确使用平口虎钳装夹工件；
(2) 掌握刀具安装试切法对刀；
(3) 熟练机床的基本操作方法。

1.1　任务引入

如图 4-1-1 所示零件，材料为硬铝。毛坯厚度 22 mm，需要加工上表面，制定完成该产品生产的工艺过程，并编写零件的加工程序。

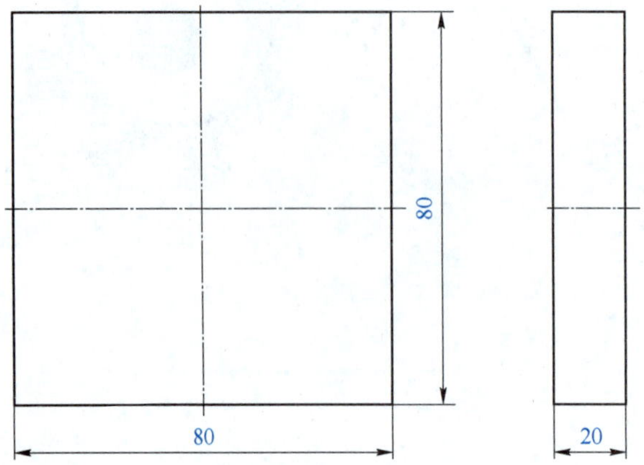

图 4-1-1　零件图

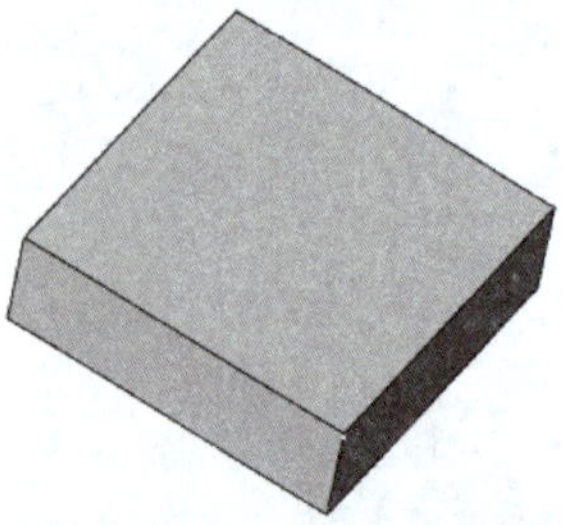

图 4-1-2　零件实物示意

1.2　相关知识

数控铣床与数控加工中心在数控机床中所占的比重较大，应用也最为广泛，数控铣床与数控加工中心的主要区别在于数控加工中心带有刀库和自动换刀装置，因此数控铣床和数控加工中心的编程方法，除了换刀程序不同外，其他均相同。

1.2.1　平面加工是机械加工的基本环节

根据走刀路线的不同，平面加工的方法主要有以下六种。

（1）双向横坐标平行法　该方法为刀具沿平行于横坐标方向加工，并且可以变换方向，如图 4-1-3（a）所示。

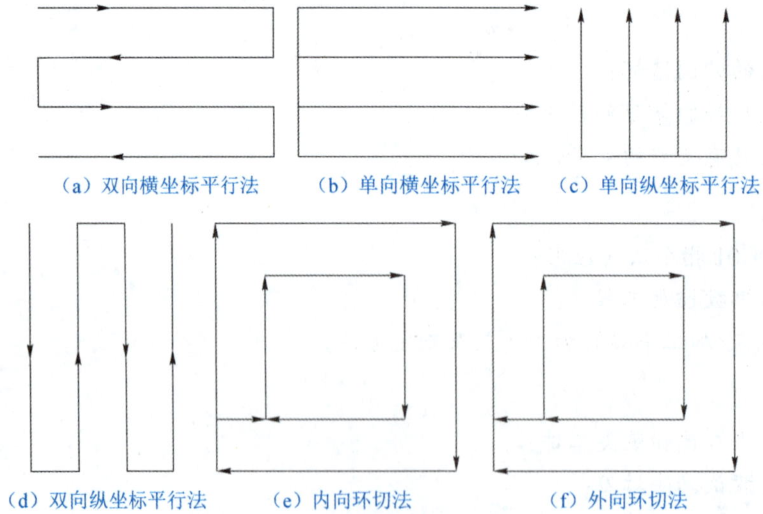

图 4-1-3　平面加工的方法

（2）单向横坐标平行法　该方法为刀具仅沿一个方向平行于横坐标加工，如图 4-1-3（b）所示。

（3）单向纵坐标平行法　该方法为刀具仅沿一个方向平行于纵坐标加工，如图 4-1-3（c）所示。

（4）双向纵坐标平行法　该方法为刀具沿平行于纵坐标方向加工，并且可以变换方向，如图 4-1-3（d）所示。

(5) 内向环切法　该方法为刀具以矩形轨迹分别平行于纵坐标、横坐标由外向内加工，并且可以变换方向，如图 4-1-3 (e) 所示。

(6) 外向环切法　该方法为刀具以矩形轨迹分别平行于纵坐标、横坐标由内向外加工，并且可以变换方向，如图 4-1-3 (f) 所示。

其中最常用的是双向横坐标平行法，因为刀具运动路线有规律，所以可以选用子程序调用方法实现。另外，要尽可能地选择直径较大的刀具，以提高加工的效率。

1.2.2　快速点定位指令（G00 或 G0）

(1) 指令功能　G00 指令使刀具快速移动到指定位置。移动速度由机床厂家在系统中设定，移动速度可以由操作面板上的[快速倍率]键调整。G00 指令只能用于快速移动，不能用于切削加工。

(2) 指令格式

G90/G91 G00 X____ Y____ Z____

其中 X、Y、Z 为目标点的坐标。

若机床有第四轴 A 轴，则指令格式为：

G90/G91 G00 X____ Y____ Z____ A

其中 X、Y、Z 为目标点的坐标；A 为旋转轴坐标值，单位为 (°)。

(3) 指令使用说明

①用 G00 指令快速移动时地址 F 下编程的进给速度无效。

②G00 一经使用持续有效，直到被同组 G 代码取代为止。

③G00 指令刀具运动速度快，容易撞刀，只能使用在空中运行的场合，能减少运动时间，提高效率。

④由于 G00 指令各轴的运动速度不一定相同，其运动轨迹也不一定是直线，因此在使用 G00 移动过程中为了防止与工件相撞，常采用三轴不同程序段编程方法，即

G00 X____ Y____;

Z____;

⑤向下运动时，不能以 G00 速度运动切入工件，应离工件有 5~10 mm 的安全距离，不能在移动过程中碰到机床、夹具等，如图 4-1-4 所示。

1.2.3　直线插补指令（G01）

(1) 指令功能　G01 指令使刀具按 F 指令速度移动到指定的位置。其轨迹为直线，用于切削运动。

(2) 指令格式

G90/G91 G01 X____ Y____ Z____ F____

说明：

X、Y、Z 为目标点的坐标；

F 为刀具进给速度大小，在 G01 指令中如果不指定 F 代码，则会默认前面 F 指令的进给速度值，如果前面没有 F 指令，则被认为进给速度为零。

数控铣床系统默认 G94，即每分钟进给 (mm/min)。

若机床有第四轴 A 轴，则指令格式为

G90/G91 G01 X____ Y____ Z____ A　F____

说明：

X、Y、Z 为目标点的坐标；

A 为旋转轴坐标值，单位为 (°)；

F 为刀具进给速度大小。对于 A 轴，G94 时进给速度单位为 (°)/min

例如如图 4-1-5 所示，刀具起点在 p_1 点，直线加工至 p_2 点，再直线加工至 p_3 点，数控程序为

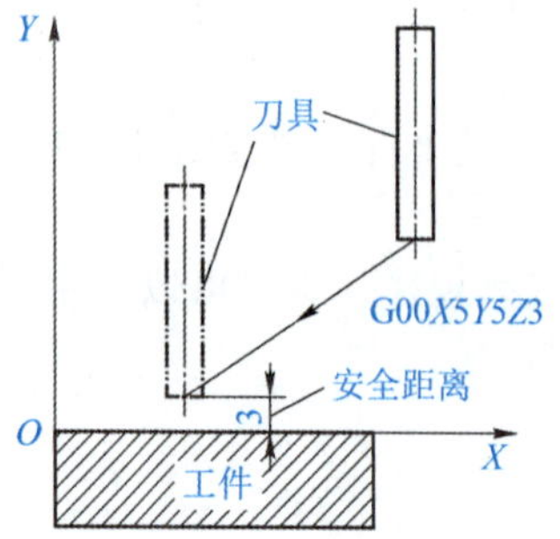

图 4-1-4 安全距离

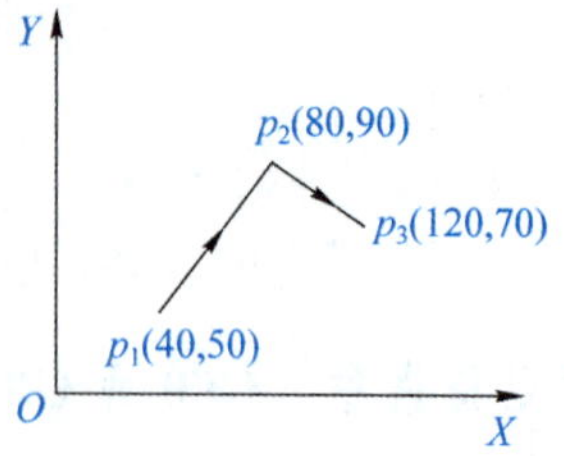

图 4-1-5 应用实例（一）

N1 G01 X80 Y90 F70；由 p_1 直线插补至 p_2，进给速度为 70 mm/min。

N2 X120 Y70；由 p_2 直线插补至 p_3，（G01、F70 为续效指令可不写）。

（3）指令使用说明

①用于直线切削加工，必须给定刀具进给速度；

②G01 为续效代码，一经使用持续有效，直到被同组 G 代码取代为止；

③刀具空间运行或退刀时用此指令则运动时间长，效率低。

1.2.4 绝对值/增量值编程指令（G90/G91）

（1）G90 指令后所指的尺寸均为坐标值尺寸。绝对值编程时的尺寸值和方向是以编程原点为基点计算和判断的。

（2）G91 指令后所指的尺寸均为增量坐标值尺寸。增量值编程又称为相对值编程，程序中的坐标值表示从刀具所在点到上一个点的坐标值。

1.2.5 基点坐标计算

（1）工件坐标系的建立。根据工件坐标系建立原则，*Z* 坐标零点设置在工件上，表面 *X*、*Y* 零点设置在设计基准上，此工件宜设置在工件左下侧顶点上，如图 4-1-6 所示。

（2）基点坐标计算零件各几何要素之间的连接点，称为基点。如零件轮廓上两条直线的交点、直线与圆弧的交点或切点等，基点坐标是编程中需要的重要数据。

此图形简单，p_1~p_{12}等基点（图 4-1-6）的坐标见表 4-1-1。

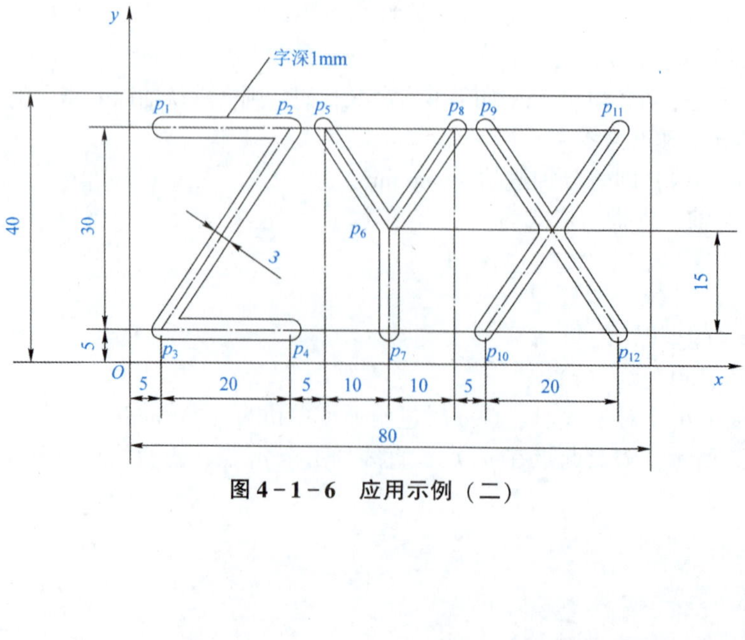

图 4-1-6 应用示例（二）

表 4-1-1　基点坐标

基点	坐标（X，Y）	基点	坐标（X，Y）	基点	坐标（X，Y）
p_1	（5，35）	p_5	（30，35）	p_9	（55，35）
p_2	（25，35）	p_6	（40，20）	p_{10}	（55，5）
p_3	（5，5）	p_7	（40，5）	p_{11}	（75，35）
p_4	（25，5）	p_8	（50，35）	p_{12}	（75，5）

1.3　任务实施

平面零件实操

1.3.1　工件的加工工艺分析

工具、量具和刃具的选择如下所述（表 4-1-2）。

表 4-1-2　平面图形加工 工、量和刀具清单

工具、量具、刃具清单				图号	图 4-1-1	
种类	序号	名称	规格/mm	精度/mm	单位	数量
工具	1	平口钳	QH135	—	个	1
	2	扳手	—	—	把	1
	3	平行垫铁	—	—	副	1
	4	塑胶锤子	—	—	个	1
量具	1	游标卡尺	0~150	0.02	把	1
	2	百分表及表座	0~10	0.01	个	1
刀具	1	立铣刀	$\phi16$	—	个	1

（1）工具选择　工件采用平口钳（图 4-1-7）装夹，下用垫铁支承。

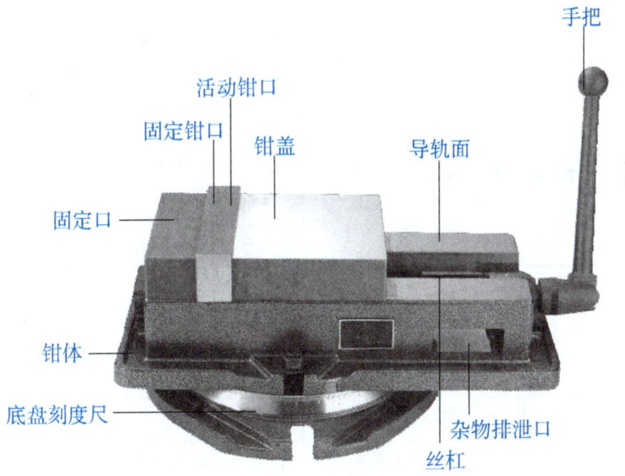

图 4-1-7　平口虎钳

①常用平口虎钳有回转式和非回转式两种。主要由固定钳口、活钳口和底座等组成。回转式钳体能在底座上任意扳转角度。

②平口虎钳的用途与规格。铣削长方体零件的平面、台阶面、钳口斜面及轴类零件的沟槽时常用平口钳装夹。平口虎钳的规格是以开口宽度来决定的，如 100 mm、120 mm、150 mm 等。

（2）量具选择　加工尺寸精度要求不高，量具用 0~150 mm 游标卡尺，另用百分表校正平口钳。

（3）刀具选择　本任务图形加工材料为硬铝，由于是加工平面，刀具选取较大直径的立铣刀，铣刀材料选用价格较低的普通高速钢即可。

1.3.2　加工工艺方案

（1）已知加工工件上表面中心为工件坐标原点，建立 G54 坐标系，先把平口钳装夹在数控铣床工作台上，用百分表校正平口钳钳口，使钳口与机床工作台 X 轴平行。工装夹在平口钳上，下面用垫铁支撑使工件高出钳口 5~10 mm。用橡胶锤轻轻敲打工件表面，使其与垫铁贴紧，夹紧工件。

（2）加工不分粗、精加工，一次加工至图纸要求，刀具中心轨迹如图 4-1-8 所示，采用平行往复加工，可提高加工效率，每条刀路之间要有一定的重叠量，以保证加工的平面度。刀具从 1 点下刀→直线加工至 2 点→直线加工至 3 点→…→直线加工至 12 点→直线加工至 13 点→直线加工至 14 点→抬刀，完成平面加工。

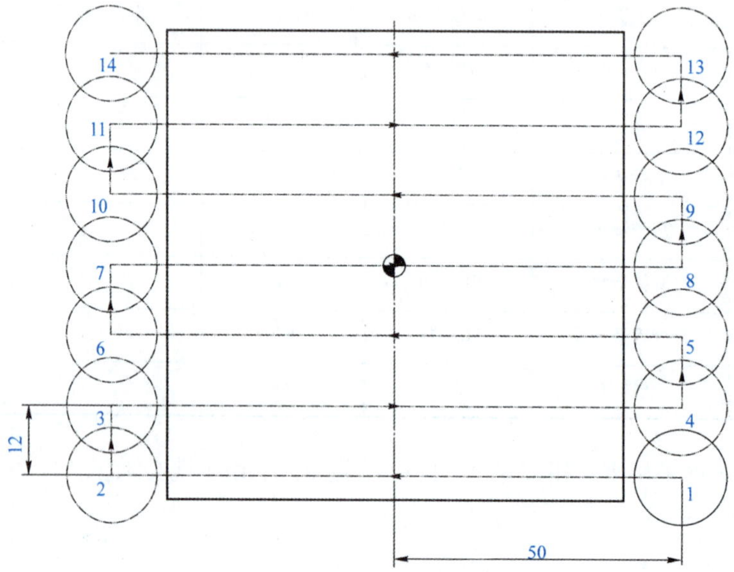

图 4-1-8　加工工艺路线

1.3.3　填写工艺卡片（表 4-1-3）

表 4-1-3　工艺卡片

数控加工工序	零件名称	零件图号
	平面的加工	图 4-1-1

材料名称	材料牌号	机床名称	机床型号	夹具名称	夹具编号
铝	6061	数控铣床	850E	平口虎钳	

序号	工艺内容	切削转速（r/min）	进给速度（mm/r）	量具	刀具
1	装夹工件				
2	铣平面	800	200	游标卡尺	ϕ16 mm 立铣刀

1.3.4 参考程序（表 4-1-4）

表 4-1-4　平面加工的参考程序

O0001		主 程 序 名
N00	G54 G17 G90	建立工件坐标系，选择加工平面
N10	M03 S800 M08	主轴正转，转速 800 r/min，冷却液开
N20	G00 X50 Y-36	刀具空间快速移动到 1 点上方 5 mm 处
N30	Z5	
N40	G01 Z-2 F200	以 G01 速度垂直下刀，深 2 mm，进给速度为 200 mm/min
N50	X-50 F200	以 G01 速度加工到 2 点，进给速度为 200 mm/min
N60	Y-24	以 G01 速度加工到 3 点
N70	X50	以 G01 速度加工到 4 点
N80	Y-12	以 G01 速度加工到 5 点
N90	X-50	以 G01 速度加工到 6 点
N100	Y0	以 G01 速度加工到 7 点
N110	X50	以 G01 速度加工到 8 点
N120	Y12	以 G01 速度加工到 9 点
N130	X-50	以 G01 速度加工到 10 点
N140	Y24	以 G01 速度加工到 11 点
N150	X50	以 G01 速度加工到 12 点
N160	Y36	以 G01 速度加工到 13 点
N170	X-50	以 G01 速度加工到 14 点
N180	G00 Z100	以 G00 速度抬刀
N190	M09	冷却液关
N200	M05	主轴停止
N210	M30	程序结束，并返回程序起点

1.3.5 任务评价

表 4-1-5 任务评价

班级：______ 小组：______ 姓名：______		指导教师： 日　期：				
评价项目	评价标准	评价依据	评价方式			小计
			学生自评 20%	小组互评 30%	教师评价 50%	
职业素养（30 分）	1. 遵守企业规章制度、劳动纪律； 2. 按时按质完成工作任务； 3. 积极主动承担工作任务，勤学好问； 4. 工作岗位 6S 完成情况；	1. 出勤率； 2. 工作态度； 3. 劳动纪律； 4. 团队协作精神； 5. 设备卫生保养；				
专业能力（50 分）	1. 熟练掌握平面的常见铣削方法； 2. 掌握工件装夹技巧； 3. 认真填写任务单上的相关问答题；	1. 平面加工的规范性； 2. 工件装夹的正确性； 3. 专业技能任务完成情况；				
创新能力（20 分）	1. 在任务完成过程中能提出自己的见解及方案； 2. 在教学或生产管理上提出具有创新性的建议；	1. 方案的可行性及意义； 2. 建议的可行性；				
合　计						

【操作注意事项】

(1) 操作者应按安全操作规程正确操作机床。

(2) 刀具、工件应按要求正确装夹并夹紧。

(3) 对刀操作应准确熟练，时刻注意手动移动方向及调整进给倍率大小，避免因移动方向错误和进给倍率过大而发生撞刀事故。

(4) 加工时应关好防护门。

(5) 在进行首次切削时，应采用单段方式加工，以避免意外事故发生。

(6) 如有意外事故发生，应按紧急停止按钮，并查找原因。

1.4 练习巩固

(1) 数控铣床在铣削加工进行中可以用________指令打开切削液进行冷却。

(2) 数控机床的加工程序可以是绝对编程或增量编程，________混合使用。

(3) 数控铣床系统默认________，即每分钟进给（mm/min）。

(4) G91 指令后所指的尺寸均为________坐标值尺寸。

(5) G01 为续效代码，一经使用持续有效，直到被同组________取代为止。

(6) 以下指令字中，属于准备功能的是（　　）。

A. M03　　B. G90　　3. X25　　D. S800

(7) 以下指令字中，属于非模态代码的是（　　）。

A. G90　　B. G04　　C. G00　　D. M09

(8) 一个完整的加工程序要用（　　）指令进行结束。

A. M01　　B. M30　　C. G00　　D. M02

(9) M 代码控制机床的各种（　　）。

A. 运动状态　　B. 刀具变换　　C. 辅助动作状态　　D. 固定循环

(10) 切削用量中对切削温度影响最大的是（　　）。

A. 切削速度　　B. 进给量　　C. 切削深度

(11) 采用其他平面加工方式加工如图 4-1-9 所示的平面工件。

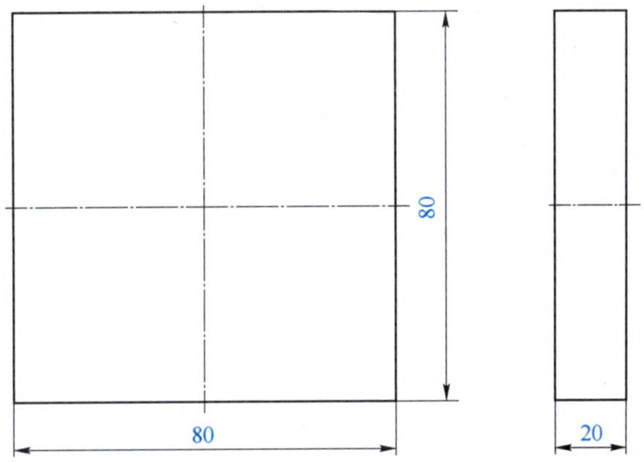

任务二　直线轮廓的加工

学习目标

1. 素质目标

(1) 培养中职生的爱国情怀；

(2) 培养中职生良好的学习创新能力；

(3) 培养中职生具有良好的安全认知能力。

直线轮廓仿真

2. 知识目标

(1) 会识读零件图；

(2) 掌握刀具半径补偿指令的相关知识；

(3) 掌握平面及外轮廓切向切入、切出方式。

3. 技能目标

(1) 掌握外轮廓铣削时进、退刀点的选择方法；

(2) 掌握平面及外轮廓加工方法及尺寸控制。

2.1　任务引入

如图 4-2-1 所示零件，材料为硬铝。根据图纸加工成 70 mm×70 mm 轮廓的工件，制定完成该产品生产的工艺过程，并编写零件的加工程序。

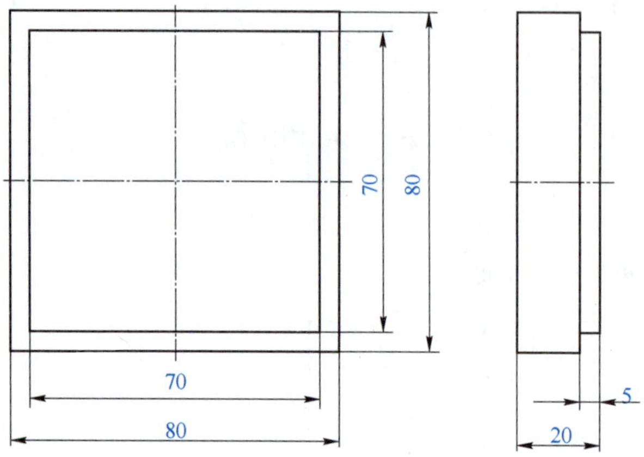

图 4-2-1　零件图

图 4-2-2　零件实物示意

2.2　相关知识

零件的轮廓表面一般是由直线、圆弧或曲线组成，是一个连续的二维表面，该表面展开后可以形成一个平面。二维轮廓类零件主要包括内轮廓、外轮廓、键槽、凹槽、沟槽、型腔等，如图 4-2-3 所示。

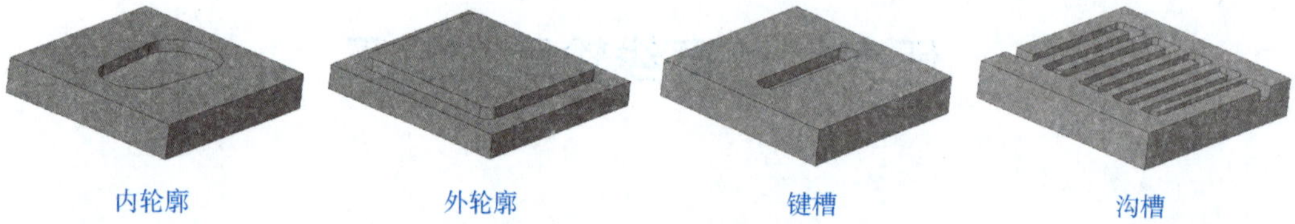

图 4-2-3　轮廓类型

内外轮廓的加工刀具一般选用键槽铣刀、立铣刀或硬质合金可转位立铣刀。图 4-2-4 所示为立铣刀，齿数一般为 2~10。

可转位立铣刀是由刀片和刀体组成，如图 4-2-5 所示。由于刀片耐用度高，因此可转位立铣刀的切削效率是普通高速钢铣刀的 2~4 倍。另外，刀片的切削刃在磨钝后，无须刃磨刀片，只须更换新刀片，因此可转位立铣刀在数控加工中得到广泛应用。

图 4-2-4　立铣刀

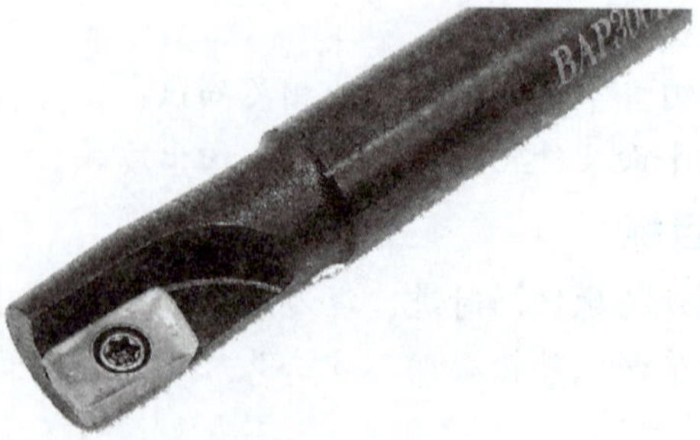
图 4-2-5　可转位立铣刀

2.2.1　刀具半径补偿指令（G41、G42）

1. 刀具半径补偿概念

数控铣床上进行轮廓铣削加工时，由于刀具总有一定的半径，刀具中心轨迹与工件轮廓不重合。若数控系统不具备刀具半径自动补偿，则只能按照刀具中心轨迹进行编程。如图 4-2-6 所示，数控程序需要沿轮廓 A 到 D 进行编程，这样既增加了编程前的计算，也不方便编程；另外，若刀具由于磨损或更换新刀而使刀具直径发生变化，则必须重新计算刀具中心轨迹，修改程序，这样既烦琐，又不易保证加工精度；若数控系统具备了刀具半径补偿功能，则只需要按照工件轮廓进行数控程序编写，而不必考虑刀具半径。图 4-2-6 所示的就是直接按照零件轮廓进行编程，加工时根据用户设置的补偿参数，系统自动使刀具中心沿着轨迹的法向方向偏移一定的距离，直至加工出合格的零件。

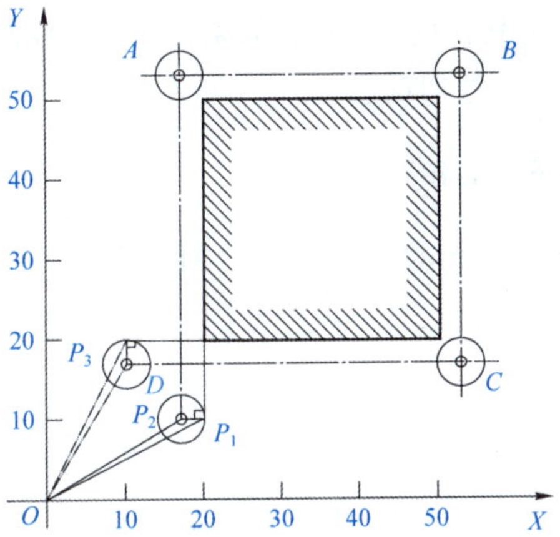

图 4-2-6　半径补偿

需要指出的是，刀具半径补偿功能并不是编程人员来完成的，编程人员只需要按零件轮廓编写加工程序。实际的刀具半径补偿是在 CNC 系统内部由计算机自动完成的。CNC 系统根据零件轮廓尺寸和刀具运动方向，以及实际加工中所用的刀具半径值等自动完成刀具补偿计算。

2. 刀具半径补偿指令格式

指令格式：

```
G41/G42 G00/G01  X____Y____D____F
```

说明：

G41 为刀具半径左补偿；

G42 为刀具半径右补偿；

X、Y、G00/G01 的参数，即刀补建立的终点（注：投影到补偿平面上的刀具轨迹受到补偿）；

D：刀具半径补偿号，对应存储器中存有刀具半径补偿数值

3. 指令使用说明

（1）刀具半径补偿方向判定：

G41、G42 指令刀具半径补偿方向的判定如图 4-2-7 所示，观察视角垂直于补偿平面（如 XOY 平面）的负方向看去，沿刀具的移动方向看，当刀具处在切削轮廓的右侧时，称为刀具半径右补偿；反之为刀具半径左补偿。

（2）G41、G42 都是模态指令，一旦建立便一直有效，直到被 G40 取消。

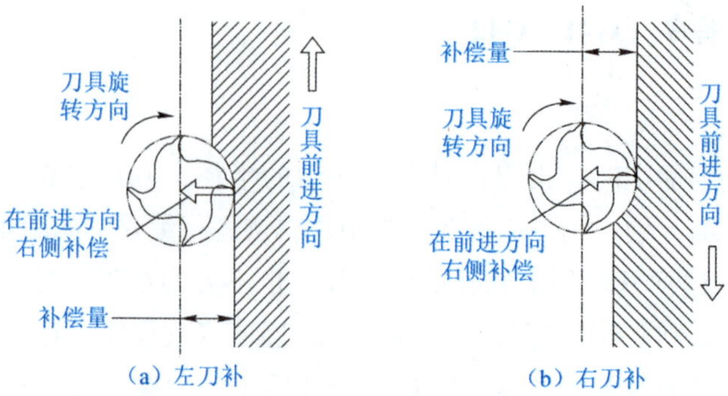

图 4-2-7　刀具补偿方向

(3) G41、G42 只能用 G00、G01 在同一个程序段中编程来实现。

(4) 在刀具半径补偿建立后的刀具补偿状态中，如果存在有连续两段以上没有移动指令或存在非指定平面轴的移动指令段，则有可能产生过切现象。

2.2.2　刀具半径补偿取消指令（G40）

(1) 指令功能 G40 指令必须与 G41/G42 指令成对使用，两者缺一不可。另外 G40 的实现也只能用 G00、G01 在同一个程序段中编程来实现。

(2) G40 指令格式

```
G40 G00/G01 X____ Y____ F____
```

说明：X、Y 为目标点的坐标；F 为刀具进给速度大小。

(3) 指令使用注意事项

①在执行 G41、G42、G40 指令时，刀具必须移动一定的距离，该距离必须大于刀具半径补偿值。

②刀具偏移轨迹完成后，就必须用 G40 取消刀具半径补偿，是刀具中心与编程轨迹重合。

③刀具半径补偿的取消只能用 G00、G01 在同一个程序段中编程来实现，不能用 G02、G03 及非指定平面内的轴来实现。

2.2.3　刀具半径补偿过程

刀具半径补偿的过程通常分为三步：半径补偿建立、半径补偿的进行和半径补偿的取消，如图 4-2-8 所示。

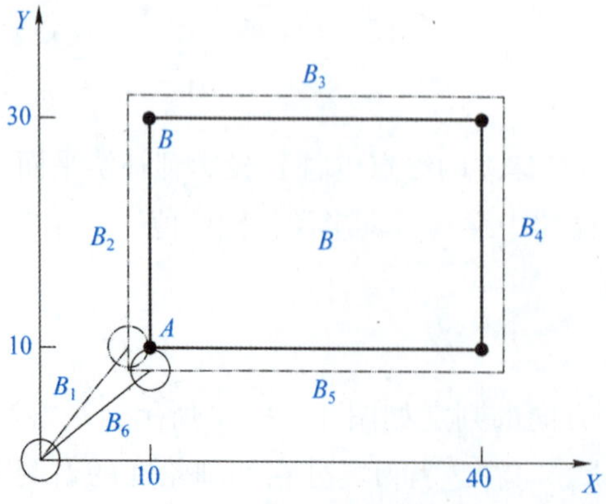

图 4-2-8　刀具补偿过程

```
O0001;                          程序名
……
N30 G00 X0 Y0;
N40 G41 G01 X10 Y10 D01 F40;    刀具半径左补偿的建立
N50 Y30;                        刀具补偿的进行
N60 X40;                        刀具补偿的进行
N70 Y10;                        刀具补偿的进行
N80 X10;                        刀具补偿的进行
N90 G40 G01 X0 Y0;              刀具补偿的取消
……
N130 M30;
```

(1) 半径补偿的建立　它是指刀具从起点接近终点时，刀具中心与编程轨迹重合过渡到与编程轨迹偏离一个偏置量的过程。该过程的实现只能在 G01 或 G00 移动指令模式下来建立。

(2) 半径补偿的进行　在 G41 或 G42 程序段后，程序进入到补偿模式，此时刀具中心与编程轨迹始终相距一个偏置量，直到刀补取消。

(3) 半径补偿的取消　刀具中心轨迹从偏置过渡到与编程轨迹重合的过程称为刀补的取消，刀补的取消用 G40 指令。

2.3　任务实施

直线轮廓实操

2.3.1　工件的加工工艺分析

(1) 工具选择　工件采用平口钳装夹，下用垫铁支承。

(2) 量具选择　工件的加工尺寸精度要求不高，量具用 0～150 mm 游标卡尺，另用百分表校正平口钳。

(3) 刀具选择　本任务图形加工材料为硬铝，刀具选取立铣刀，铣刀材料选用价格较低的普通高速钢。

直线轮廓工件加工工具、量具和刀具清单见表 4-2-1。

表 4-2-1　直线轮廓工件加工工具、量具、刀具清单

工、量、刀具清单				图号	图 4-2-1	
种类	序号	名称	规格/mm	精度/mm	单位	数量
工具	1	平口钳	QH135	—	个	1
	2	扳手	—	—	把	1
	3	平行垫铁	—	—	副	1
	4	塑胶锤子	—	—	个	1
量具	1	游标卡尺	0～150	0.02	把	1
	2	百分表及表座	0～10	0.01	个	1
刀具	1	立铣刀	ϕ10	—	个	1

2.3.2　加工工艺方案

(1) 以工件上表面中心为工件坐标原点，建立 G54 坐标系，先把平口钳装夹在数控铣床工作台上，用百分表校正平口钳定钳口，使钳口与机床工作台 X 轴平行。工件装夹在平口钳上，下面用垫铁支撑使工件高出钳口 10 mm。用橡胶锤轻轻敲打工件表面，使其与垫铁贴紧，夹紧工件。

（2）加工分粗、精加工，轮廓外形有一定的尺寸公差要求，编程时，需要通过采用刀补的方式进行编程，为保证零件加工表面的质量，刀补的建立和取消放在零件轮廓以外，并沿切线切入和切出工件。

（3）切削深度的选取　台阶的加工深度为 5 mm，台阶深度有一定的公差要求，为了保证尺寸精度，加工时分粗、精加工，粗加工选择切削深度为 4.5 mm，精加工选择切削深度为 0.5 mm。

（4）主轴转速（n）的计算方法　已知刀具直径 d_0 为 10 mm，材料为高速钢，取切削速度 v_c 为 20 000 m/min。其主轴转速为

$$n=\frac{v_c}{\pi\times d_0}=\frac{20000}{3.14\times10}\approx630 \text{ r/min}$$

（5）进给速度的计算方法　已知铣刀的齿数为 3 齿，取每齿进给量为 0.05 mm/s。其进给速度为

$$v_f=f_z\cdot z\cdot n=0.05\times3\times400=60 \text{ mm/min}$$

2.3.3 填写工艺卡片（表 4-2-2）

表 4-2-2　工艺卡片

数控加工工序			零件名称		零件图号	
			直线轮廓的加工		图 4-2-1	
材料名称	材料牌号	机床名称	机床型号		夹具名称	夹具编号
铝	6061	数控铣床	850E		平口虎钳	
序号	工艺内容	切削转速（r/min）	进给速度（mm/r）	量具		刀具
1	装夹工件	—	—	—		—
2	轮廓加工	630	60	游标卡尺		ϕ10 mm 立铣刀

2.3.4 参考程序（表 4-2-3）

表 4-2-3　直线轮廓加工的参考程序

O0001		主　程　序　名
N00	G54 G17 G90	建立工件坐标系，选择加工平面
N10	M03 S630 M08	主轴正转，转速 630 r/min，冷却液开
N20	G00 X-60 Y-60	刀具空间快速移动到安全点上方 5 mm 处
	Z5	
N30	G01 Z-5 F60	以 G01 速度垂直下刀，深 5 mm
N40	G41 G01 X-35 Y-35 D01	建立刀具半径补偿，移动到起点
N50	Y35	刀补进行，以 G01 速度加工轮廓
N60	X35	刀补进行，以 G01 速度加工到轮廓
N70	Y-35	刀补进行，以 G01 速度加工到轮廓
N80	X-35	刀补进行，以 G01 速度加工到轮廓
N90	G40 X-60 Y-60	取消刀补，移动到安全点
N120	G00 Z100	以 G00 速度抬刀
N130	M09	冷却液关
N140	M05	主轴停止
N150	M30	程序结束，并返回程序起点

2.3.5 任务评价（表4-2-4）

表4-2-4　任务评价

班级： 小组： 姓名：		指导教师： 日　期：				
评价项目	评价标准	评价依据	评价方式			小计
			学生自评 20%	小组互评 30%	教师评价 50%	
职业素养（30分）	1. 遵守企业规章制度、劳动纪律； 2. 按时按质完成工作任务； 3. 积极主动承担工作任务，勤学好问； 4. 工作岗位6S完成情况；	1. 出勤率； 2. 工作态度； 3. 劳动纪律； 4. 团队协作精神； 5. 设备卫生保养；				
专业能力（50分）	1. 熟练掌握直线轮廓的常见铣削方法； 2. 掌握工件装夹技巧； 3. 认真填写任务单上的相关问答题；	1. 直线轮廓加工的规范性； 2. 工件装夹的正确性； 3. 专业技能任务完成情况；				
创新能力（20分）	1. 在任务完成过程中能提出自己的见解及方案； 2. 在教学或生产管理上提出具有创新性的建议；	1. 方案的可行性及意义； 2. 建议的可行性；				
合　计						

【操作注意事项】

（1）G40、G41、G42只能与G00或G01一起使用，不能和G02、G03一起使用，使用G01指令来建立和取消刀补更安全，遵循“先下刀再建立刀补，先撤销再抬刀”的原则。

（2）编程时采用刀具半径补偿指令，加工前应设置好机床中半径补偿值，否则刀具将不按半径补偿加工。

（3）刀具半径补偿建立和取消过程中不要在两条线段交接处进行。

（4）可用切线配合圆弧切入切出方式建立和取消刀补。

（5）建立撤销刀补的位置一般放在毛坯的一半+1.5倍刀具直径位置处。

（6）在刀具半径补偿模式下，对于每个完整的封闭轮廓加工，有建必有撤。

2.4 练习巩固

1. 在数控铣床上铣削外轮廓时，应将刀具沿________方向进刀和退刀。

2. 零件的最终轮廓加工应安排在最后一次走刀连续加工，其目的主要是为了保证零件的________要求。

3. 改变刀具半径补偿值的________可以实现同一轮廓的粗、精加工。

4. 改变刀具半径补偿值的________可以实现统一轮廓的凸模和凹模的加工。

5. 进行刀补就是将________数据转换为刀具中心轨迹数据。

6. 在数控铣削过程中，顺铣、逆铣交替进行的方式（　　）。

A. 单向走刀　　B. 环切走刀　　C. 往复走刀

7. 半径补偿指令（　　）是将运动指令终点坐标值向左偏移一个偏置值。

A. G41　　B. G42　　C. G43　　D. G44

8. 已加工表面和待加工表面之间的垂直距离称为（　　）。

A. 切削深度　　B. 进给量　　C. 切削厚度

9. 刀具退刀过程中应使用（　　）指令。

A. G00　　B. G01　　C. G02　　D. G03

10. 程序段有效指令（　　）。

A. 在本程序段有效　　B. 在本程序段无效

C. 在本程序中有效　　D. 在本程序段后有效

11. 什么是刀具半径补偿？使用刀具半径补偿指令应注意哪些问题？编写如图 4－2－9 所示零件程序并加工。

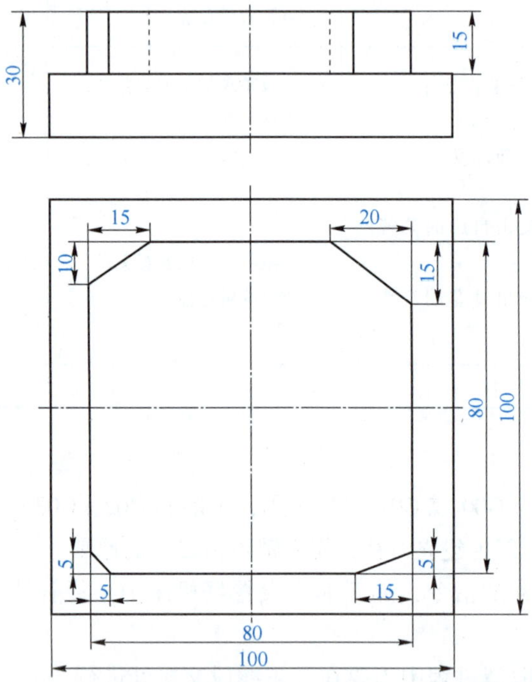

图 2－1－9　练习

任务三　圆弧轮廓的加工

学习目标

1. 素质目标

（1）培养中职生的爱国情怀；

(2) 培养中职生良好的学习创新能力；

(3) 培养中职生具有良好的安全认知能力。

2. 知识目标

(1) 了解顺铣的概念、特点及选用；

(2) 掌握 G02、G03 圆弧插补指令及其应用；

(3) 会计算圆弧的基点坐标。

3. 技能目标

(1) 掌握圆弧的加工方法；

(2) 掌握控制尺寸精度的基本方法。

3.1　任务引入

如图 4－3－1 所示零件，材料为硬铝。根据图样和生产要求，制定完成该产品生产的工艺过程，并编写零件的加工程序。

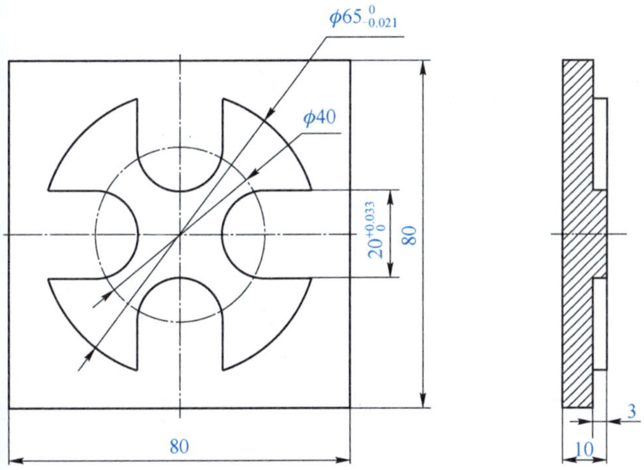

图 4－3－1　零件图

图 4－3－2　零件实物示意

3.2　相关知识

圆弧轮廓仿真

3.2.1　坐标平面选择指令（G17、G18 和 G19）

坐标平面选择指令（G17、G18 和 G19）是用来选择圆弧插补的平面和刀具补偿平面的。其中 G17 表示选择 *XY* 平面；G18 表示选择 *ZX* 平面；G19 表示选择 *YZ* 平面。图 4－3－3 所示为坐标平面指令的应用位置示意。

一般数控铣床默认 G17，即选择 *XY* 平面，故 G17 在初始状态可以省略不写。

在计算刀具半径时，必须首先确定一个平面，即确定一个两坐标轴的坐标平面，在此平面中可以进行刀具半径补偿。

同样地，平面选择的不同也影响圆弧插补时圆弧方向的定义：在圆弧插补的平面中规定横坐标和纵坐标，由此也就确定了顺时针和逆时针旋转方向；也可以在非当前平面 G17～G19 的平面中运行圆弧插补。

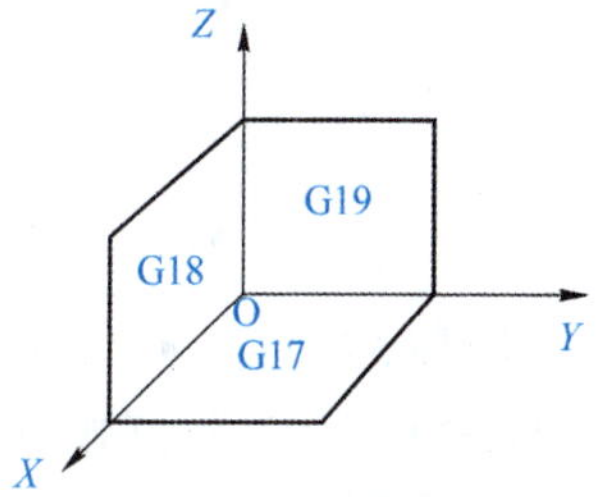

图 4－3－3　坐标平面指令的应用位置示意

3.2.2 顺铣和逆铣的概念、特点及选用

1. 顺铣、逆铣的概念

用铣刀圆周上的切削刃来铣削工件的平面叫作周铣法。其有逆铣和顺铣两种铣削方式。

①逆铣即铣刀的旋转切入方向与工件的进给方向相反；

②顺铣即铣刀的旋转切入方向与工件的进给方向相同。

2. 顺铣的特点及选用

(1) 顺铣、逆铣的特点及选用

①应用顺铣法切削时，切削的厚度由大逐渐减小直到为零，因而避免了刀具在已加工表面的冷硬层上的滑走过程。实践表明，顺铣法可以提高铣刀的耐用度 2~3 倍，工件的表面粗糙度值可以减小些。尤其在铣削难加工材料时，效果更为显著。但是，顺铣时，水平分力均与进给方向相同，铣削过程中切削面积也是变化的，因此水平分力也是忽大忽小的，由于进给丝杠和螺母之间不可避免地有一定间隙，故当水平分力超过铣床工作台摩擦时，使工作台带动丝杠向左窜动，丝杠与螺母传动右侧出现间隙。造成工作台颤动和进给不均匀，严重时会使铣刀崩刀。

②精加工时，加工余量小，切削力小，不易引起工作台窜动，可采用顺铣。

(2) 逆铣的特点及选用

①逆铣时刀具每齿所产生的水平分力均与进给方向相反，使铣刀工作台的丝杠与螺母在左侧始终接触。

逆铣时，工作台不会发生窜动现象，铣削较平稳。但是，逆铣时刀齿在加工表面上积压、滑行，不易切下切屑，且易使已加工表面产生严重冷硬层。

②粗加工或是加工有硬皮的毛坯时，多采用逆铣。

一般来说，在逆铣中刀具寿命比在顺铣中短。在逆铣中，当切屑厚度从零增加到最大时，由于切削刃受到的摩擦比在顺铣中大，因此会产生更多的热量。逆铣中径向力也明显增大，这对主轴轴承有不利影响。在顺铣中，切削刃主要受到的是压缩应力，与逆铣中产生的拉力比，对硬质合金刀片或整体硬质合金刀具的影响相对有利。特殊的情况时，当使用整体硬质合金立铣刀进行侧铣（精加工）时，特别是在淬硬材料中，应首选逆铣，这样更容易获得更小的直线度和更好的 90°角。不同轴向进给之间如果不重合，接刀痕也非常小。

3.2.3 圆弧插补指令（G02、G03）

1. G02/G03 指令的选择、编写格式及编写方法

G17 格式：

$$G17\begin{Bmatrix}G02\\G03\end{Bmatrix}X\underline{\quad}\;Y\underline{\quad}\begin{Bmatrix}I\underline{\quad}\;J\underline{\quad}\\R\underline{\quad}\end{Bmatrix}F\underline{\quad}$$

G18 格式：

$$G18\begin{Bmatrix}G02\\G03\end{Bmatrix}X\underline{\quad}\;Y\underline{\quad}\begin{Bmatrix}I\underline{\quad}\;K\underline{\quad}\\R\underline{\quad}\end{Bmatrix}F\underline{\quad}$$

G19 格式：

$$G19\begin{Bmatrix}G02\\G03\end{Bmatrix}X\underline{\quad}\;Y\underline{\quad}\begin{Bmatrix}J\underline{\quad}\;K\underline{\quad}\\R\underline{\quad}\end{Bmatrix}F\underline{\quad}$$

说明 G02 表示顺时针圆弧插补；

G03 表示逆时针圆弧插补；

R 为圆弧半径；

I、J 为圆心相对于圆弧起点的有向距离。

2. 指令使用注意事项

（1）圆弧插补只能在某平面内进行。

（2）一般系统默认 G17 平面，因此 G17 可以省略。

（3）当在 *ZX*（G18）和 *ZY*（G19）平面上编程时，平面指定代码不能省略。

（4）G02/G03 的判断：沿垂直圆弧所在平面的负方向看，G02 为顺时针圆弧插补；G03 为逆时针圆弧插补，如图 4-3-4 所示。

（5）采用圆弧半径 R 指令进行编程。

圆弧插补的指令格式：

```
G02/G03  X____Y____R____F____;
```

圆弧中心可用半径 R 指令，过起点和终点的圆弧有两个，即圆弧对应的圆心角小于 180°的圆弧 α 和对应的圆心角大于 180°的圆弧 b，如图 4-3-5 所示。

为了区分是指令哪段圆弧，对于圆弧对应的圆心角小于 180°的圆弧，则半径用正值（+*R*）表示；对于圆弧对应的圆心角大于 180°的圆弧，半径用负值（-*R*）表示；对于圆弧对应的圆心角等于 180°的圆弧，半径用正值、负值均可。

注意：*R* 为正值时“+”号可以省略。

（6）采用 I、J、K 指令进行编程。

当为整圆时，即终点坐标与起点坐标重合，若用半径 R 指令，则不移动，为零度的圆弧，因此必须用 I，J，K 指令整圆。

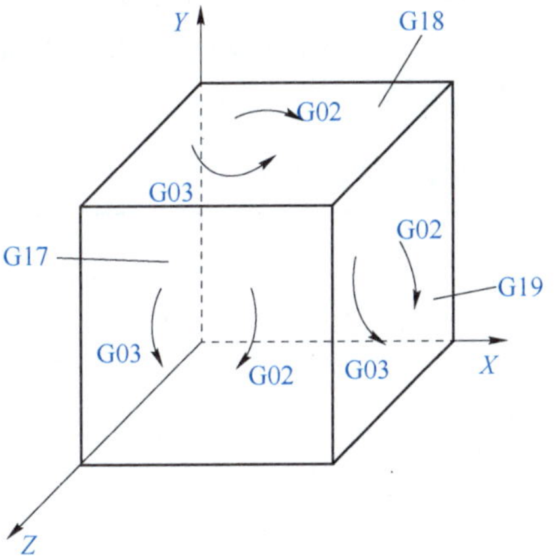

图 4-3-4　G02/G03 的判断示意

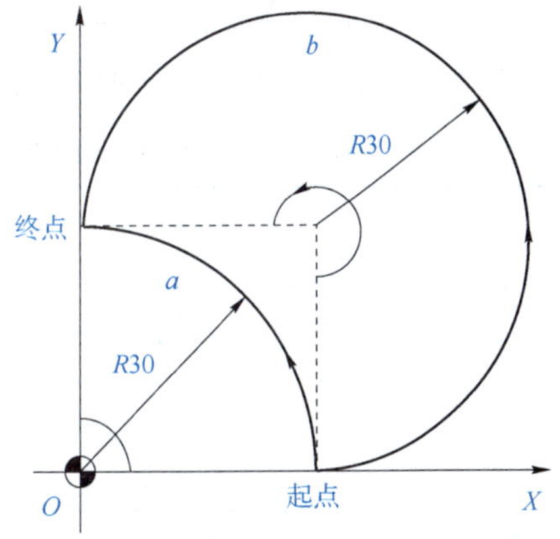

图 4-3-5　圆弧中心用半径 *R* 指令示意

圆弧中心可以用地址 I、J、K 指令，它们是圆弧起点指向圆心的矢量对应于 *X*、*Y*、*Z* 轴上的分量。I、J、K 是带正负符号的增量值，如果方向与坐标轴方向一致，则为正值；如果相反，则为负值，如图 4-3-6所示。

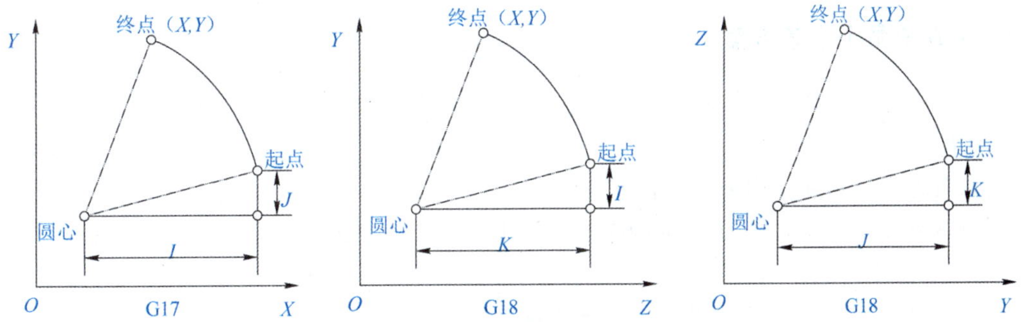

图 4-3-6

当I、J、K为零时可以省略，在同一程序段中，如I、J、K与R同时出现，则R有效，I、J、K无效。当X、Y、Z同时省略时，表示终点与起点是同一位置。若用I、J、K指令圆心时，则为360°的整圆。

在G17平面内，圆弧插补的指令为

G02/G03 X____ Y____ I____ J____ F____;

3.2.4 控制尺寸精度的原则

（1）根据加工要求采用正确的对刀工具，控制对刃误差。

（2）在对刀过程中，可通过改变微调进给量来提高对刀精度。

（3）对刀时需小心谨慎操作，尤其要注意移动方向，避免发生碰撞危险。

（4）对刀数据一定要存入与程序对应的存储地址，防止因调用错误而产生严重后果。

（5）认真输入和修改刀具补偿值，根据刀具的实际尺寸和位置，将刀具半径补偿值和刀具长度补偿值输入与程序对应的存储位置。

圆弧轮廓实操

3.3 任务实施

3.3.1 工件的加工工艺分析

（1）工具选择　工件采用平口钳装夹，下用垫铁支承。

（2）量具选择　加工尺寸精度要求不高，量具用0~150 mm游标卡尺，另用百分表校正平口钳。

（3）刀具选择　本任务图形加工材料为硬铝，刀具选取立铣刀，铣刀材料选用价格较低的普通高速钢。表4-3-1所示的是圆弧轮廓工件加工工具、量具和刀具清单。

表4-3-1　圆弧轮廓工件加工工具、量具和刀具清单

工、量、刃具清单				图号	图4-3-1	
种类	序号	名称	规格/mm	精度/mm	单位	数量
工具	1	平口钳	QH135		个	1
	2	扳手			把	1
	3	平行垫铁			副	1
	4	塑胶锤子			个	1
量具	5	游标卡尺	0~150	0.02	把	1
	2	百分表及表座	0~10	0.01	个	1
刀具	1	立铣刀	$\phi16$		个	1

3.3.2 工件的加工工艺方案

（1）选择编程零点：确定工件零点为坯料上表面的中心，并通过对刀设定零点偏置G54。

（2）以底面为定位基准，用平口钳装夹。

（3）选择$\phi16$ mm平底立铣刀铣削$\phi65$ mm圆柱凸台，并确定切削用量，进给路线如图4-3-7所示。

（4）选择$\phi16$ mm平底立铣刀铣削四个宽度为20 mm的圆弧槽，如图4-3-8所示。

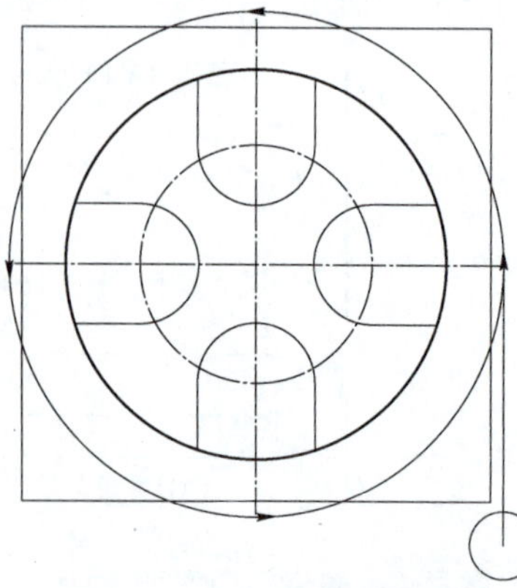

图4-3-7　凸台进给路线

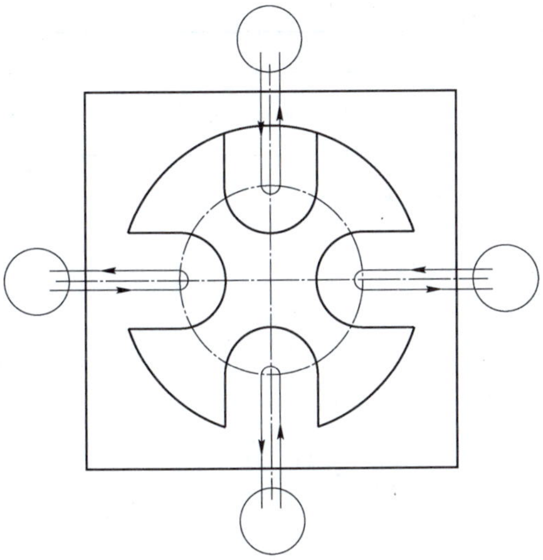

图 4-3-8　槽加工进给路线

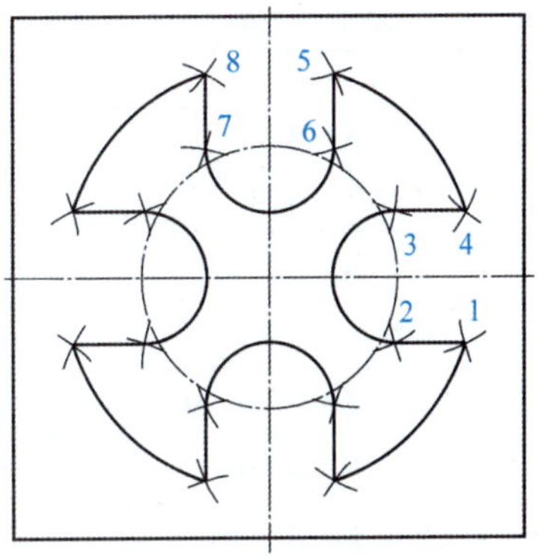

1—（30.92，-10）；2—（20，-10）；3—（20，10）；4—（30.92，10）；5—（10，30.92）；6—（10.20）；7—（-10，20）；8—（-10，30.92）

图 4-3-9　零件图各点坐标

3.3.3　填写工艺卡片（表 4-3-2）

表 4-3-2　工艺卡片

数控加工工序			零件名称		零件图号
			圆弧轮廓的加工		图 4-3-1
材料名称	材料牌号	机床名称	机床型号	夹具名称	夹具编号
铝	6061	数控铣床	850E	平口虎钳	

序号	工艺内容	切削转速（r/min）	进给速度（mm/r）	量具	刀具
1	装夹工件				
2	轮廓加工	630	60	游标卡尺	ϕ16 mm 立铣刀
3	铣槽	630	60	游标卡尺	ϕ16 mm 立铣刀

3.3.4　参考程序（表 4-3-3）

表 4-3-3　圆弧轮廓加工的参考程序

O0001		主　程　序　名
N10	G54 G17 G90	建立工件加工坐标系
N20	G00 Z100	刀具移到原点上方 100 mm
N30	M03 S1200	主轴正转，转速 1 200 r/min
N40	G00 X55 Y0	快速定位
N50	Z5	刀具移到原点上方 5 mm 处
N60	G01 Z-3 F200	下刀
N70	G41 X45 Y0 D1	建立刀补
N80	G02 I-45	切削加工
N90	G01 X32.5	切削加工
N100	G02 I-32.5	切削加工
N110	G01 G40 X55	取消刀补

表 4-3-3（续）

O0001		主 程 序 名
N120	G00 Z100	刀具移到原点上方 100 mm 处
N130	X0 Y0	并取消刀具半径补偿
N140	G42 X50 Y-10 D1	加工左面槽
N150	Z5	
N160	G01 Z-3 F200	
N170	X30.92 Y-10	
N180	X20 Y-10	
N190	G02 X20 Y10 R10	
N200	G01 X50	
N210	G00 Z100	
N220	G40 X0 Y0	
N230	G42 X10 Y50 D1	加工上面槽
N240	Z5	
N250	G01 Z-3 F200	
N260	X10 Y30.92	
N270	X10 Y20	
N280	G02 X-10 Y20 R10	
N290	G01 Y50	
N300	G00 Z100	
N310	G40 X0 Y0	
N320	G41 X-50 Y-10 D1	加工右面槽
N330	Z5	
N340	G01Z-3 F200	
N350	X-30.92 Y-10	
N360	X-20 Y-10	
N370	G03 X-20 Y10 R10	
N380	G01 X-50	
N390	G00 Z100	
N400	G40 X0 Y0	
N410	G41 X10 Y-50 D1	加工下面槽
N420	Z5	
N430	G01Z-3 F200	
N440	X10 Y-30.92	
N450	X10 Y-20	
N460	G03 X-10 Y-20 R10	
N470	G01 Y-50	
N480	G00 Z100	
N490	G40 X0 Y0	
N500	M05	主轴停止
N510	M30	程序结束

3.3.5 任务评价（表4-3-4）

表4-3-4　任务评价

班级：________ 小组：________ 姓名：________		指导教师： 日　期：				
评价项目	评价标准	评价依据	评价方式			小计
			学生自评 20%	小组互评 30%	教师评价 50%	
职业素养（30分）	1. 遵守企业规章制度、劳动纪律； 2. 按时按质完成工作任务； 3. 积极主动承担工作任务，勤学好问； 4. 工作岗位6S完成情况；	1. 出勤率； 2. 工作态度； 3. 劳动纪律； 4. 团队协作精神； 5. 设备卫生保养；				
专业能力（50分）	1. 熟练掌握圆弧轮廓的常见铣削方法； 2. 掌握工件装夹技巧； 3. 认真填写任务单上的相关问答题；	1. 圆弧轮廓加工的规范性； 2. 工件装夹的正确性； 3. 专业技能任务完成情况；				
创新能力（20分）	1. 在任务完成过程中能提出自己的见解及方案； 2. 在教学或生产管理上提出具有创新性的建议；	1. 方案的可行性及意义； 2. 建议的可行性；				
合　计						

【操作注意事项】

(1) 加工前应仔细检查程序，尤其检查关键程序，垂直下刀时要用G01指令；一个轮廓加工完毕须设置抬刀，以防止撞刀。

(2) 在轮廓与轮廓之间抬刀前后要注意刀补的建立和取消，以防过切。

(3) 圆弧编程要注意R值的正负号；用I、J、K编程注意正负值。

(4) 注意G02/G03的应用，防止用错产生过切或欠切现象。

3.4 练习巩固

1. G17平面是指________面，G18平面是指________面，G19平面是指________面。

2. 数控铣床默认圆弧插补平面为________平面。

3. G02指令表示________，G03指令表示________。

4. 在 *YZ* 平面内加工圆弧，指令格式为________。

5. 在同一程序段中，如I、J、K与R同时出现，________。

6. G18平面是指（　　）。

A. *XY* 平面　　B. *YZ* 平面　　C. *XZ* 平面

7. 在程序段G03 X60 Z-30 I0 K-30中，I、K表示________。

A. 圆弧终点坐标　　B. 圆弧起点坐标

C. 圆心相对于圆弧起点的增量　　D. 圆心相对于圆弧终点的增量

8. 指令 G02 X ____ Y ____ R ____；不能用于（　　）的加工。

A. 四分之一圆　　B. 二分之一圆　　C. 整圆

9. 当加工圆心角大于 180°的圆弧时，圆弧插补半径指令格式中 R 为（　　）。

A. 正值　　B. 负值　　C. 0

10. 相同条件下，圆弧加工的进给速度应比直线加工的进给速度（　　）。

A. 大　　B. 小　　C. 一样

11. 数控系统中的 G54 与下列（　　）代码的用途相同。

A. G03　　B. G56　　C. G01

12. 针对图 4－3－10 所示零件外轮廓面，试编写程序并加工。

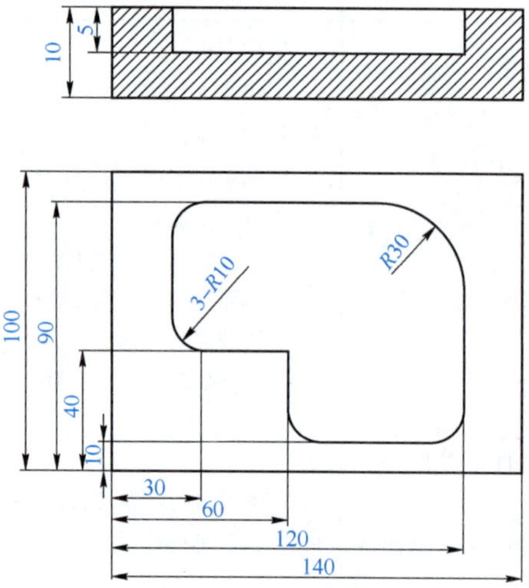

图 4－3－10　练习

任务四　腔槽零件的加工

学习目标

1. 素质目标

(1) 培养中职生的爱国情怀；

(2) 培养中职生良好的学习创新能力；

(3) 培养中职生具有良好的安全认知能力。

腔槽零件仿真

2. 知识目标

(1) 掌握坐标偏转指令及使用；

(2) 掌握直沟槽、圆弧槽加工工艺制定方法。

3. 技能目标

(1) 掌握直沟槽、圆弧槽加工方法；

(2) 掌握尺寸测量及精度控制方法；

4.1 任务引入

如图 4 - 4 - 1 所示零件，材料为硬铝。根据图样和生产要求，制定完成该产品生产的工艺过程，并编写零件的加工程序。

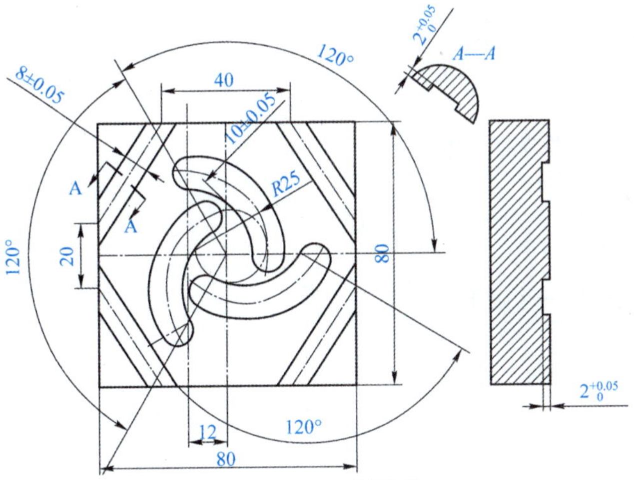

图 4 - 4 - 1 零件图

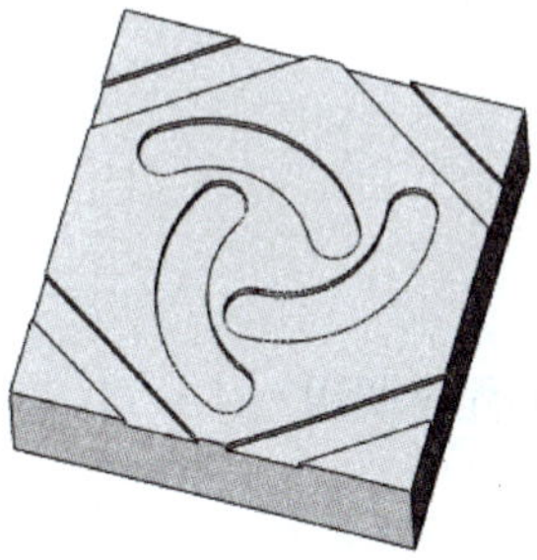

图 4 - 4 - 2 零件实物示意

4.2 相关知识

在平面腔槽零件的加工中，一般选用能垂直下刀的键槽铣刀（图 4 - 4 - 3），刀具的半径要小于或等于内轮廓的最小圆弧半径。其切削用量可按平面铣削中有关参数选取。键槽铣刀的材料有硬质合金和高速钢两种。

图 4 - 4 - 3 键槽铣刀

4.2.1 子程序（M98、M99）

在一个加工程序的若干位置上，如果包括有一个或多个在写法上完全相同或相似的内容，为了简化程序编制，把这些程序段单独抽出，并按一定格式编成子程序并单独加以命名，称之为子程序；而原来的程序称为主程序。主程序在执行过程中如果需要某一子程序，可以通过调用指令来调用子程序，执行完子程序后又可返回到主程序，继续执行后面的程序段。

1. 子程序格式

子程序与主程序相似，由子程序名、子程序内容和子程序结束指令组成，例如

```
% ××××        子程序名
…             子程序内容
M99;          子程序结束并返回主程序
```

主程序在执行过程中，如果需要某一子程序，可以通过一定指令调用。一个子程序也可以调用下一级的子程序。子程序必须在主程序结束指令后建立，其作用相当于一个固定循环，例如

```
O1234;               主程序
…                    主程序内容
```

```
M98  P1001;          调用子程序 1
…                    主程序内容
M30;                 主程序结束
%1001                子程序 1
…;                   子程序 1 内容
M98  P1002           调用子程序 2
…                    子程序 1 内容
M99;                 子程序 1 结束并返回主程序
%1002;               子程序 2
…;                   子程序 2 内容
M99                  子程序 2 结束并返回子程序 1
```

2. 子程序调用

格式：

M98 P____ L____;

说明：

M98：调用子程序；

P：地址，后面四位数字为子程序名；

L：地址，后面的数字表示重复调用次数；如果只调用一次，此项可省略不写。

主程序可以调用子程序，同时子程序可以调用另一个子程序，即子程序嵌套。

4.2.2 坐标旋转变换指令（G68、G69）

（1）建立旋转指令（G68）

格式：

$$\left.\begin{matrix}\text{G17}\\ \text{G18}\\ \text{G19}\end{matrix}\right\}\ \text{G68}\left\{\begin{matrix}\text{X\_\_\_\_ Y\_\_\_\_}\\ \text{X\_\_\_\_ Z\_\_\_\_}\\ \text{Y\_\_\_\_ Z\_\_\_\_}\end{matrix}\right\}\ \text{P\_\_\_\_\_\_}$$

说明：

G68：建立旋转指令；

X、Y、Z：旋转中心坐标值；

P：旋转角度，单位是（°），$0° \leqslant P \leqslant 360°$。

（2）取消旋转指令（G69）

格式：

```
G68 X________ Y________ P________;        建立旋转
…;                                        程序内容
G69;                                      取消旋转
```

在有刀具补偿的情况下，先旋转后刀补（刀具半径补偿，长度补偿）；

G68、G69 为模态指令，可相互注销，G69 为默认值。

例 4-1 使用旋转功能编制如图 4-4-4 所示轮廓的加工程序。设刀具起点距工件上表面 50 mm，切削深度为 5 mm。

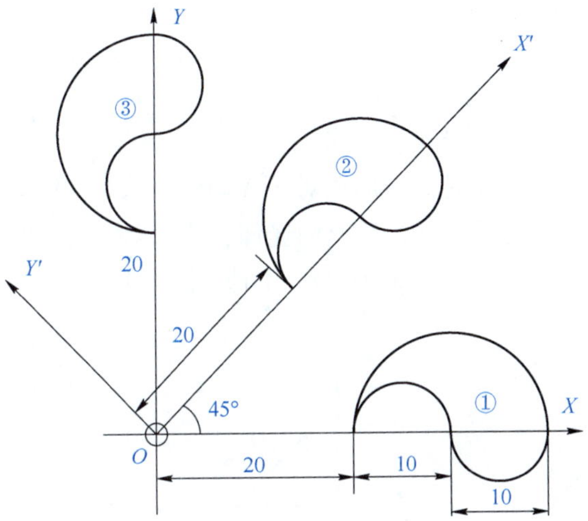

图 4-4-4　例 4-1 图示

解　例 4-1 的加工程序如下：

```
%0332                         主程序
N10 G92 X0 Y0 Z50
N20 G90 G17 M03 S600
N30 Z-5
N40 M98 P200                  加工①
N50 G68 X0 Y0 P45             旋转 45
N60 M98 P200                  加工①
N70 G68 X0 Y0 P90             旋转 90
N80 M98 P200                  加工①
N90 Z50
N100 G69                      取消旋转
N110 M30
%200          子程序（①的加工程序）
N120 G41 G01 X20 Y-5 D02 F300
N130 Y0
N140 G02 X40 I10
N150 X30 I-5
N160 G03 X20 I-5
N170 G00 Y-6
N180 G40 X0 Y0
N190 M99
```

4.2.3　镜像功能指令（G24、G25）

(1) 建立镜像指令（G24）

格式：

```
G17
G18 } G24 X ____ Y ____ Z ____;
G19
```

说明：

G24：建立镜像指令；

X、Y、Z：镜像轴位置。如当 $X=0$ 时，图形相对于 $X=0$ 这个轴，即相对于 Y 轴对称，如图 4-4-5（a）所示，就如同在 Y 轴上放一面镜子一样，所以叫镜像；当 $Y=0$ 时，图形相对于 $Y=0$ 这个轴，即相对于 X 轴对称，如图 4-4-5（b）所示；当 $X=0$，$Y=0$ 时，图形相对于原点 O 对称，如图 4-4-5（c）所示。

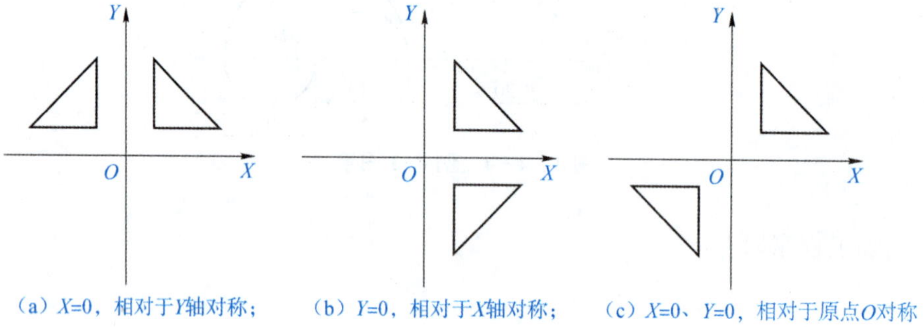

图 4-4-5

当工件相对于某一轴具有对称形状时，可以利用镜像功能和子程序，只对工件的一部分进行编程，而能加工出工件的对称部分，这就是镜像功能。当某一轴的镜像有效时，该轴执行与编程方向相反的运动。

（2）取消镜像指令（G25）

格式：

```
G24 X ________ Y ________;        建立镜像
…;                                镜像内容
G25 X ________ Y ________;        取消镜像
```

G24、G25 为模态指令，可相互注销，G25 为默认值。

例 4-2 使用镜像功能，编制如图 4-4-6 所示刀心轨迹的加工程序。刀具为 $\phi 2$ mm 的中心钻，切削深度为 1 mm。

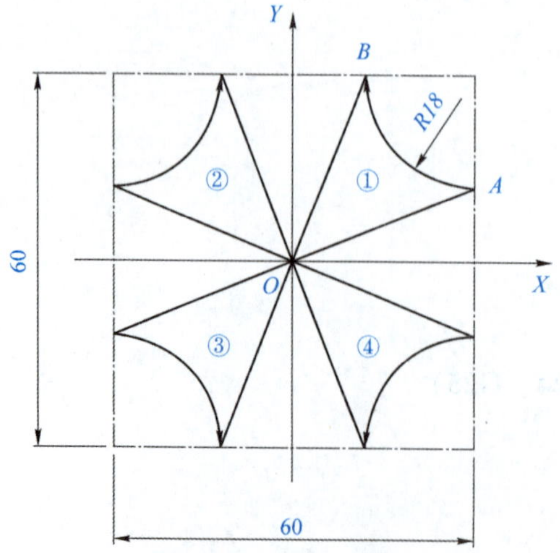

图 4-4-6 例 2 图示

解　计算坐标：*A*（*X*30，*Y*12）；*B*（*X*12，*Y*30）。把图形①编制成子程序，然后采用镜像功能调用子程序加工其他图形。加工程序代码如下：

主程序：

```
O0001;                       主程序名
N10 G90 G55;                 绝对值方式，建立 G55 工件坐标系
N20 M03 S1000;               主轴正转，1000 r/min
N30 G00 X0 Y0;               快速定位
N40 Z10;                     Z 向快速定位
N50 G01 Z-1 F100;            Z 向进给
N60 M98 P0002;               调用子程序 O0002，加工图形①
N70 G24 X0;                  Y 轴（X=O）镜像，相对于 Y 轴对称
N80 M98 P0002;               调用子程序 O0002，加工图形②
N90 G24 Y0;                  X、Y 轴镜像（X0 继续有效），相对于原点对称
N100 M98 P0002;              加工图形③
N110 G25 X0;                 只取消 Y 轴（X=0）镜像，X 轴镜像继续有效
N120 M98 P0002;              调用子程序 O0002，加工图形④
N130 G25 X0 Y0;              取消 X、Y 轴镜像功能
N140 G00 Z10;                Z 向快速定位
N150 M05;                    主轴停止
N160 M30;                    程序结束
N170% O0002;                 子程序名
N180 G01 X30 Y12 F100;       O→A
N190 GO2 X12 Y30 R18;        A→B
N200 G01 X0 Y0;              B→O
N210 M99;
```

4.3　任务实施

腔曹零件实操

4.3.1　工件的加工工艺分析

（1）工具选择　工件采用平口钳装夹，下用垫铁支承。

（2）量具选择　槽宽尺寸用游标卡尺测量；槽深尺寸用深度游标卡尺测量；表面质量用表面粗糙度样板检测；另用百分表校正平口钳及工件上表面。

（3）刀具选择　刀具直径选择主要应考虑槽拐角圆弧半径值大小、槽宽等因素，本项目最小圆弧轮廓半径 *R*5 mm，槽宽最小为 8 mm，所选铣刀直径应小于或等于 ϕ8 mm，此处选 ϕ6 mm；粗加工用键槽铣刀铣削，精加工用能垂直下刀的立铣刀或用键槽铣刀替代。加工材料为硬铝，铣刀材料用普通高速钢铣刀即可。

表 4－4－1 所示为腔槽零件加工工具、量具和刀具清单。

表 4－4－1　腔槽零件加工工具、量具、刀具清单

工、量、刀具清单				图号	图 4－4－1	
种类	序号	名称	规格/mm	精度/mm	单位	数量
工具	1	平口钳	QH135		个	1
	2	扳手			把	1
	3	平行垫铁			副	1
	4	塑胶锤子			个	1

表 4-4-1（续）

工、量、刃具清单				图号	图 4-4-1	
量具	1	游标卡尺	0~150	0.02	把	1
	2	深度游标卡尺	0~150	0.02	把	1
	3	百分表及表座	0~10	0.01	个	1
	4	粗糙度样板	N0~N1	12 级	副	1
刃具	1	键槽铣刀	$\phi 6$		个	1

4.3.2 工件的加工工艺方案

（1）粗加工四个斜槽；

（2）粗加工三个圆弧槽；

（3）精加工四个斜槽；

（4）精加工三个圆弧槽。

四个直槽编写一个子程序，然后用镜像功能加工其余三个，粗、精加工分别由不同子程序完成零件加工。加工中采用刀具半径补偿指令并从轮廓延长线进刀。

中间三个圆弧槽编写一个子程序（粗、精加工也各编写一个子程序进行加工）。其余两个圆弧槽用坐标轴偏转指令调用子程序加工。由于槽宽度尺寸较小，因此只能沿法向切入、切出进行加工。

合理切削用量选择加工材料为硬铝，粗铣铣削深度除留精铣余量，其余一刀切完。切削速度可较高，但由于铣刀直径较小，因此进给量选择较小。

工件坐标系建立在工件几何中心上与设计基准重合。斜槽、圆弧槽子程序坐标系仍然建立在工件坐标系上，即局部坐标系与工件坐标系一致，如图 4-4-7 所示，并找出各基点的坐标值，如图 4-4-8 所示。

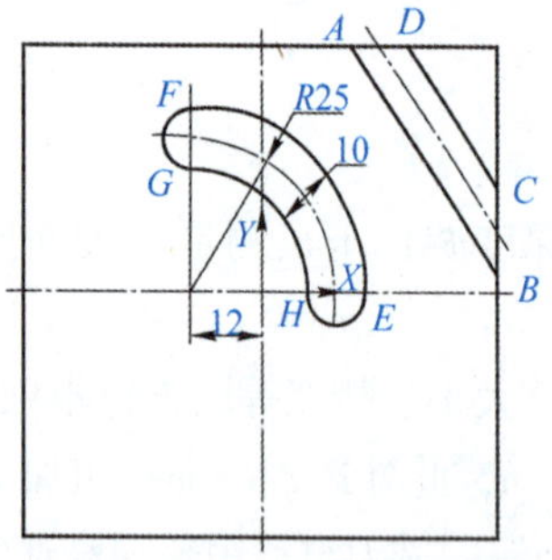

图 4-4-7　工件坐标系

基点	坐标(X，Y)
A	(15.193,40)
B	(40,2.79)
C	(40,17.212)
D	(24.807,40)
E	(18,0)
F	(-12,30)
G	(-12,20)
H	(8,0)

图 4-4-8　图 4-4-7 中各基点的坐标值

加工时先安装粗加工键槽铣刀进行粗加工，后换精加工刀具进行精加工。粗加工时，精加工余量由设置刀具半径补偿修值控制。用 $\phi 6$ mm 键槽铣刀粗铣时，机床中刀具半径补偿值 T01 D01 输入 3.3 mm，轮廓留 0.3 mm 精加工余量，深度方向通过设定 Z 坐标值为-1.7 mm，深度方向留 0.3 mm 精加工余量。精加工时，根据加工测量结果修调刀具半径补偿值来控制轮廓尺寸。例如把精铣刀 T02 D02 半径补偿值设置为 3.1 mm，运行精加工程序，若测得直槽宽度（8±0.05）mm 实际尺寸为 7.74 mm，比图样尺寸小 0.31~0.21 mm，取中间值 0.26 mm，单边小 0.13 mm，则把 T02 D02 半径补偿值修改为3.1-0.13 mm = 2.97 mm，重新运行精加工程序即可。同样，深度尺寸也根据加工测量结果逐步修调长度磨损，以达到尺寸要求。

3.3.3 填写工艺卡片（表 4－4－2）

表 4－4－2　工艺卡片

数控加工工序	零件名称	零件图号
	腔槽零件的加工	图 4－4－1

材料名称	材料牌号	机床名称	机床型号	夹具名称	夹具编号
铝	6061	数控铣床	850E	平口虎钳	

序号	工艺内容	切削转速（r/min）	进给速度（mm/r）	量具	刀具
1	装夹工件				
2	斜槽粗加工	1 000	180	游标卡尺	ϕ6 键槽铣刀
3	圆弧槽粗加工	1 000	180	游标卡尺	ϕ6 键槽铣刀
4	斜槽精加工	1 200	120	游标卡尺	ϕ6 键槽铣刀
5	圆弧槽精加工	1 200	120	游标卡尺	ϕ6 键槽铣刀

4.3.4 参考程序（表 4－4－3）

表 4－4－3　腔槽零件加工参考程序

程　　序		注　　释
O0001		粗加工主程序
N10	G54 G17 G90	建立工件坐标系
N20	M03 S1000	主轴正转，转速 1 000 r/min
N30	M98 P0010	调用斜槽粗加工子程序
N40	G24 X0	*Y* 轴镜像，镜像位置为 *X*=0
N50	M98 P0010	调用斜槽粗加工子程序
N60	G24 Y0	*X*、*Y* 轴镜像，镜像位置为（0，0）
N70	M98 P0010	调用斜槽粗加工子程序
N80	G25 X0	*X* 轴镜像继续有效，取消 *Y* 轴镜像
N90	M98 P0010	调用斜槽粗加工子程序
N100	G25 Y0	取消镜像功能
N110	M98 P0020	调用圆弧槽粗加工子程序
N120	G68 X0 Y0 P120	坐标轴偏转 120°
N130	M98 P0020	调用圆弧槽粗加工子程序
N140	G68 X0 Y0 P240	坐标轴偏转 240°
N150	M98 P0020	调用圆弧槽粗加工子程序
N160	G69	取消旋转
N170	G00 Z100	抬刀到安全平面
N180	M30	程序结束并返回程序起点
N190	%0010	斜槽粗加工子程序
N200	G00 G43 X30 Y45 Z5 H01	刀具移动到 *X*30 *Y*45 处
N210	G01 Z－1. 7 F100	下刀
N220	G41 X15. 193 Y40 D01 F180	建立刀具半径补偿到 *A*
N230	X40 Y2. 79	加工直槽一侧到 *B* 点
N240	G40 X45 Y6. 91	取消刀补

表 4-4-3（续）

程　序		注　释
O0001		粗加工主程序
N250	G41 X40 Y17.212 D01	建立刀具半径补偿到 *C*
N260	X24.807 Y40	加工直槽另一侧到 *D* 点
N270	G40 X30 Y45	取消刀补
N280	G00 Z5	抬刀
N290	M99	子程序结束
N300	%0020	圆弧槽粗加工子程序
N310	G00 G43 X13 Y3 Z5 H01	刀具移动到 *X*13 *Y*3
N320	G01 Z-1.7 F40	下刀
N330	G41 X8 Y0 D01 F180	建立半径左补偿至 *H* 点
N340	G03 X18 Y0 R5	圆弧加工至 *E* 点
N350	G03 X-12 Y30 R30	圆弧加工至 *F* 点
N360	G03 X-12 Y20 R5	圆弧加工至 *G* 点
N370	G02 X8 Y0 R20	圆弧加工至 *H* 点
N380	G01 G40 X13 Y3	取消刀具半径补偿
N390	G00 Z5	抬刀
N400	M99	子程序结束
O0002		精加工主程序
N10	G54 G17 G90	建立工件坐标系
N20	M03 S1200	主轴正转，转速 1 200 r/min
N30	M98 P0100	调用斜槽精加工子程序
N40	G24 X0	*Y* 轴镜像，镜像位置为 *X*=0
N50	M98 P0100	调用斜槽精加工子程序
N60	G24 Y0	*X*、*Y* 轴镜像，镜像位置为（0，0）
N70	M98 P0100	调用斜槽粗加工子程序
N80	G25 X0	*X* 轴镜像继续有效，取消 *Y* 轴镜像
N90	M98 P0100	调用斜槽精加工子程序
N100	G25 Y0	取消镜像功能
N110	M98 P0200	调用圆弧槽精加工子程序
N120	G68 X0 Y0 P120	坐标轴偏转 120°
N130	M98 P0200	调用圆弧槽精加工子程序
N140	G68 X0 Y0 P240	坐标轴偏转 240°
N150	M98 P0200	调用圆弧槽粗加工子程序
N160	M05	主轴停止
N170	G00 Z100	抬刀到安全平面
N180	M30	程序结束并返回程序起点
N190	%0100	斜槽精加工子程序
N200	G00 G43 X30 Y45 Z5 H02	刀具移动到 *X*30 *Y*45 处
N210	G01 Z-2 F100	下刀
N220	G41 X15.193 Y40 D02 F120	建立刀具半径补偿到 *A*

表 4-4-3（续）

程　序		注　释
O0002		精加工主程序
N230	X40 Y2.79	加工直槽一侧到 *B* 点
N240	G40X45 Y6.91	取消刀补
N250	G41 X40 Y17.212 D02	建立刀具半径补偿到 *C*
N260	X24.807 Y40	加工直槽另一侧到 *D* 点
N270	G40 X30 Y45	取消刀补
N280	G00 Z5	抬刀
N290	M99	子程序结束
N300	%0200	圆弧槽精加工子程序
N310	G00 G43 X13 Y3 Z5 H02	刀具移动到 *X*13 *Y*3
N320	G01 Z-2 F40	下刀
N330	G41 X8 Y0 D02 F120	建立半径左补偿至 *H* 点
N340	G03 X18 Y0 R5	圆弧加工至 *E* 点
N350	G03 X-12 Y30 R30	圆弧加工至 *F* 点
N360	G03 X-12 Y20 R5	圆弧加工至 *G* 点
N370	G02 X8 Y0 R20	圆弧加工至 *H* 点
N380	G01 G40 X13 Y3	取消刀具半径补偿
N390	G00 Z5	抬刀
N400	M99	子程序结束

4.3.5　任务评价（表 4-4-4）

表 4-4-4　任务评价

班级：________ 小组：________ 姓名：________		指导教师： 日　期：				
评价项目	评价标准	评价依据	评价方式			小计
			学生自评 20%	小组互评 30%	教师评价 50%	
职业素养（30 分）	1. 遵守企业规章制度、劳动纪律； 2. 按时按质完成工作任务； 3. 积极主动承担工作任务，勤学好问； 4. 工作岗位 6S 完成情况；	1. 出勤率； 2. 工作态度； 3. 劳动纪律； 4. 团队协作精神； 5. 设备卫生保养；				
专业能力（50 分）	1. 熟练掌握腔槽零件的常见铣削方法； 2. 掌握工件装夹技巧； 3. 认真填写任务单上的相关问答题；	1. 腔槽零件加工的规范性； 2. 工件装夹的正确性； 3. 专业技能任务完成情况；				
创新能力（20 分）	1. 在任务完成过程中能提出自己的见解及方案； 2. 在教学或生产管理上提出具有创新性的建议；	1. 方案的可行性及意义； 2. 建议的可行性；				
合　计						

【操作注意事项】

（1）加工前应注意刀具半径、长度补偿等参数的设定。

（2）精加工时，斜槽从侧边下刀，可选用不能垂直下刀的立铣刀进行加工。

（3）中间圆弧形槽精加工时，应选用能垂直进刀的立铣刀或用键槽刀替代。

4.4 练习巩固

1. 镜像功能可以实现________零件结构的加工。

2. M98 P1001 L2；表示调用子程序名________，调用________次。

3. 执行镜像功能后 G02、G03、G41、G42 指令将被________。

4. 凹槽加工铣刀半径应________凹槽拐角圆弧半径。

5. 沿凹槽顺时针方向铣削为________，逆时针方向铣削为________。

6. 用直径 8 mm 铣刀铣削凹槽，若需留 0.25 mm 精加工余量，则机床刀具半径值应设置为（　　）mm。

A. 8.25　　B. 7.75　　C. 4.25　　D. 3.75

7. 顺时针方向铣削凹槽时，切削厚度将________。

A. 由大变小　　B. 由小变大　　C. 保持不变

8. 程序 G18 G68 X10 Y5 R30；坐标系将围绕________点旋转。

A.（0，5）　　B.（10，0）　　C.（10，5）

9. 顺时针铣削凹槽时，切削厚度将（　　）。

A. 由大变小　　B. 由小变大　　C. 保持不变

10. 坐标系旋转指令格式中的转角 *R*（　　）。

A. 只能为正值　　B. 只能为负值　　C. 只能小于 360°、大于-360°

11. 编制如图 4-4-9 所示零件程序并加工练习。

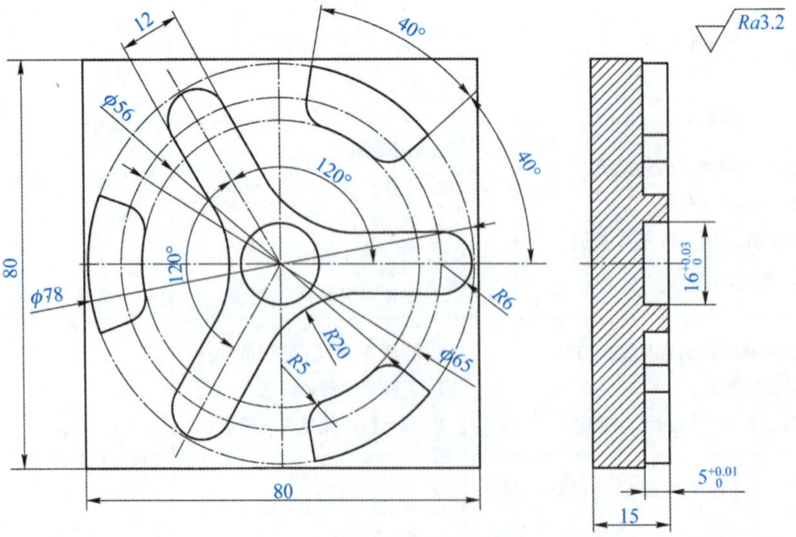

图 4-4-9　练习

任务五　钻孔的加工

学习目标

钻孔零件仿真

1. 素质目标

(1) 培养中职生的爱国情怀；
(2) 培养中职生良好的学习创新能力；
(3) 培养中职生具有良好的安全认知能力。

2. 知识目标

(1) 了解孔的类型及加工方法；
(2) 了解麻花钻、钻孔工艺及工艺参数选择；
(3) 掌握刀具长度补偿指令；
(4) 掌握孔加工循环指令。

3. 技能目标

(1) 掌握浅孔、深孔加工；
(2) 掌握循环指令加工浅孔、深孔的方法。

5.1　任务引入

如图 4-5-1 所示零件，毛坯尺寸为 80 mm×80 mm×20 mm，材料为铝。4 个 ϕ16 mm 孔为通孔。制定完成该产品生产的工艺过程，并编写零件的加工程序。

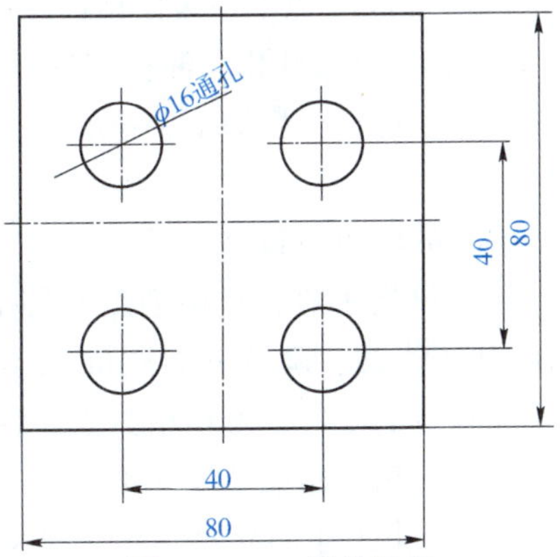

图 4-5-1　零件示意

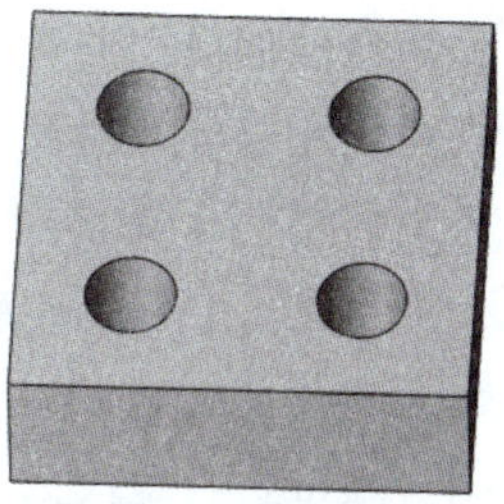
图 4-5-2　零件实物示意

5.2　相关知识

5.2.1　孔的加工方法

内孔的表面也是机械零件上的主要表面之一，根据零部件在机械产品上的作用不同，不同的内孔有不同的精度要求和表面质量要求，也有不同的加工工艺方法。这些方法总结起来可以分为两类，一类是对实体零部件进行孔的加工，既从实体上加工出孔来；另一类是对已经存在的孔进行半精加工和精加工。非配合孔一般是采用钻削加工，配合孔则需要在现有孔的基础上根据被加工孔的精度要求和表面质量要求，采用铰削、镗削、磨削等加工方法进一步加工。

孔的加工在金属切削中占很大的比重，应用非常广泛。在数控铣床和加工中心上孔的加工方法很多，根据孔的尺寸精度、位置精度及表面粗糙度值等要求，一般有钻孔、扩孔、锪孔、铰孔、镗孔及铣孔等。孔的加工方法与步骤见表 4-5-1。

表 4-5-1　孔的加工方法与步骤

序号	加工方法	精度等级	表面粗糙度值 Ra/μm	适用范围
1	钻	11~13	50~12.5	用于加工未淬火钢及铸铁的实心毛坯，也可用于加工有色金属（但粗糙度值较大），孔径<15~20 mm
2	钻-铰	9	3.2~1.6	
3	钻-粗铰-精铰	7~8	1.6~0.8	
4	钻-扩	11	6.3~3.2	用于加工未淬火钢及铸铁的实心毛坯，也可用于加工有色金属（但粗糙度值较大），但孔径>15~20 mm
5	钻-扩-铰	8~9	1.6~0.8	
6	钻-扩-粗铰-精铰	7	0.8~0.4	
7	粗镗（扩孔）	11~13	6.3~3.2	除淬火钢外的各种材料，毛坯有铸出孔或锻出孔
8	粗镗(扩孔)-半精镗(精扩)	8~9	3.2~1.6	
9	粗镗(扩孔)-半精镗(精扩)-精镗	6~7	1.6~0.8	

5.2.2　钻孔加工

1. 钻削的应用与工艺特点

（1）钻削的应用

由于钻削的精度较低，表面粗糙度较高，一般加工精度在 IT10 以下，表面粗糙度值大于 Ra12.5 μm，因此钻孔主要用于粗加工，如加工精度和表面粗糙度要求不高的螺钉孔、油孔和螺纹底孔等。对于表面粗糙度要求小的中小直径孔，在钻削后，常采用扩孔和铰孔来进行半精加工和精加工。

（2）钻削的工艺特点

钻削时，由于钻头弯曲而易引起孔径扩大、孔不圆或孔的轴线歪斜等。

钻孔时，由于切屑较宽，容屑槽尺寸又受到限制，造成排屑困难，且切削热不易排出。排屑过程中，切屑与孔表面发生较大的摩擦，易挤压、拉毛和刮伤已加工表面，降低表面质量。有时，切屑可能阻塞在钻头的容屑槽里，卡死钻头，甚至将钻头扭断。为了改善排屑条件，可在钻头上修磨出分屑槽。

常用的钻头主要有麻花钻、扁钻、中心钻、深孔钻和套料钻。麻花钻如图 4-5-3 所示。麻花钻是应用最广的孔加工刀具。通常直径范围为 0.25~80 mm。它主要由工作部分和柄部分构成。麻花钻的螺旋角主要影响切削刃上前角的大小、刃瓣强度和排屑性能，通常为 25°~32°。

标准麻花钻柄部形式有直柄和锥柄两种，加工时夹在钻夹头中或专用刀柄中。

一般麻花钻用高速钢制造。焊硬质合金刀片或齿冠的麻花钻适于加工铸铁、淬硬钢和非金属材料等，整体硬质合金小麻花用于加工仪表零件和印刷线路板等。

2. 钻削用量的选择与优化

钻削用量的选择包括确定钻头直径 D、进给量 F 和切削速度 Vc。应尽可能选大直径钻，选大的进给量，再根据钻头的寿命选取合适的钻削速度，以取得高的钻削效率。

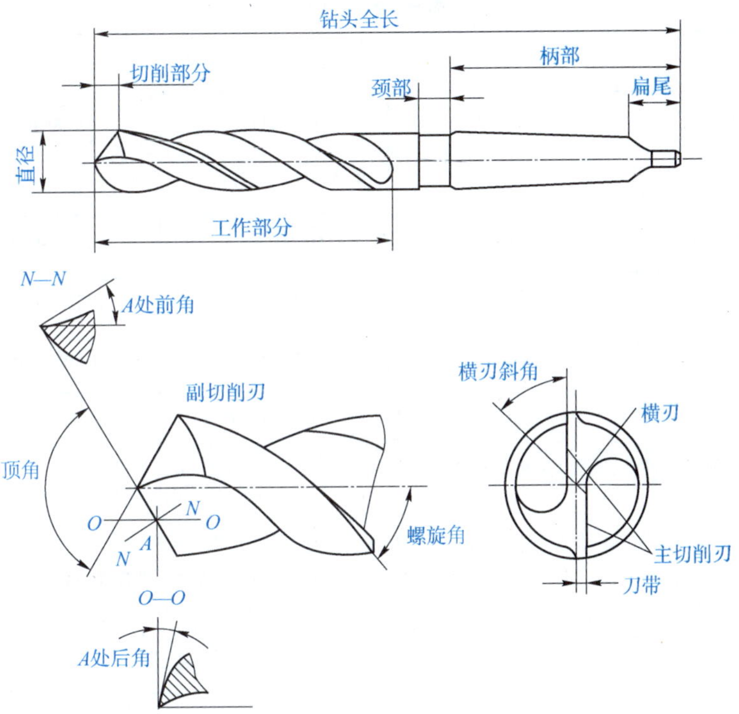

图 4-5-3　麻花钻结构组成以及主要切削刃

(1) 钻头直径

钻头直径由工艺尺寸确定，孔径不大时，可将孔一次钻出。工件孔径大于 35 mm 时，若仍一次钻出孔径，往往由于受机床刚度的限制，必须大大减小进给量。若两次钻出，可取大的进给量，既不降低生产效率，又提高了孔的加工精度。先钻后扩时，钻孔的钻头直径可取孔径的 50%~70%。

(2) 进给量　小直径钻头主要受钻头的刚性及强度限制，大直径钻头主要受机床进给机构强度及工艺系统刚性限制。在以上条件允许的情况下，应取较大的进给量，以降低加工成本，提高生产效率。加工条件不同时，其进给量可查阅切削用量手册，如表 4-5-2 所示。

表 4-5-2　高速钢钻头钻孔时的进给量

钻头直径 d_0/mm	钢 σ_b/MPa			铸铁、铜、铝合金硬度	
	<800	800~1000	>1000	≤200HBS	>200HBS
	进给量 f (mm/r)				
≤2	0.05~0.06	0.04~0.05	0.03~0.04	0.09~0.11	0.05~0.07
>2~4	0.08~0.10	0.06~0.08	0.04~0.06	0.18~0.22	0.11~0.13
>4~6	0.14~0.18	0.10~0.12	0.01~0.10	0.27~0.33	0.18~0.22
>6~8	0.18~0.22	0.13~0.15	0.11~0.13	0.36~0.44	0.22~0.26
>8~10	0.22~0.28	0.17~0.21	0.13~0.17	0.14~0.57	0.28~0.34
>10~13	0.25~0.31	0.19~0.23	0.15~0.19	0.52~0.64	0.31~0.39
>13~16	0.31~0.37	0.22~0.28	0.18~0.22	0.61~0.75	0.37~0.45

表 4-5-2（续）

钻头直径 d_0/mm	钢 σ_b/MPa			铸铁、铜、铝合金硬度	
	<800	800~1000	>1000	≤200HBS	>200HBS
	进给量 f（mm/r）				
>16~20	0.35~0.43	0.26~0.32	0.21~0.25	0.70~0.86	0.43~0.53
>20~25	0.39~0.47	0.29~0.35	0.23~0.29	0.78~0.96	0.47~0.57
>25~30	0.45~0.55	0.32~0.40	0.27~0.33	0.90~1.10	0.54~0.65
>30~60	0.60~0.70	0.40~0.50	0.30~0.40	1.00~1.20	0.70~0.80

注：1. 表列数据适用于在大刚性零件上钻孔，精度在 H12-H13 级以下，或未注公差，钻孔后还用钻头、扩孔钻或镗刀加工。在下列条件下需修正系数：

（1）在中等刚性零件上（箱体形状的薄壁零件、零件上薄的突出部分）钻孔时，应乘以系数 0.75；

（2）钻孔后要用铰刀加工的精确孔、低刚性零件上钻孔、斜面上钻孔以及钻孔后用丝锥攻螺纹的孔，应乘以系数 0.5；

2. 钻孔深度大于 3 倍直径时应乘以如下修正系数：

钻孔深度（孔深以直径的倍数表示）	$3d_0$	$5d_0$	$7d_0$	$10d_0$
修正系数 K	1.0	0.9	0.8	0.75

（3）钻削速度　钻削的切削深度、进给量及切削速度都对钻头耐用度产生影响，但切削深度对钻头耐用度的影响与车削不同。当钻头直径增大时，尽管增大了切削力，但钻头体积也显著增大，因而使散热条件明显改善。实践证明，钻头直径增大时，切削温度有所下降。因此，钻直径较大时，可选取较高的切削速度。

5.2.3 固定循环指令

在数控加工中，一般来说，一个动作就应编制一个程序段。但是在钻孔、镗孔等加工时，往往需要快速接近工件、工进速度钻孔，以及孔加工完后快速返回三个固定动作。固定循环指令是数控系统为简化编程工作，将一系列典型动作预先编好程序，成为一个特定指令，执行固定循环动作。固定循环功能主要用于孔加工，包括钻孔、镗孔、攻丝等，使用一个程序段就可以完成一个孔加工的全部动作，从而简化编程工作。表 4-5-3 所示为孔加工固定循环功能一览表。

表 4-5-3　孔加工固定循环功能一览表

G 代码	加工动作	孔底动作	返回方式	用　途
G73	间歇进给	—	快速进给	高速深孔加工
G74	切削进给	暂停、主轴正转	切削进给	攻左旋螺纹孔
G76	切削进给	主轴准停、刀具位移	快速进给	精镗孔
G80	—	—	—	取消固定循环
G81	切削进给	—	快速进给	钻孔、钻中心孔
G82	切削进给	暂停	快速进给	钻、锪、镗阶梯孔、

表 4-5-3（续）

G 代码	加工动作	孔底动作	返回方式	用　途
G83	间歇进给	—	快速进给	排屑深孔加工
G84	切削进给	暂停、主轴反转	切削进给	攻右旋螺纹孔
G85	切削进给	—	切削进给	精镗孔、铰孔
G86	切削进给	主轴停	快速进给	镗孔
G87	切削进给	刀具位移、主轴正转	快速进给	反镗孔
G88	切削进给	暂停、主轴停	手动进给	镗孔
G89	切削进给	暂停	切削进给	精镗阶梯孔

固定循环的六个基本动作如图 4-5-4 所示。

孔加工固定循环中的三个平面如图 4-5-5 所示。

(1) 初始平面　在循环前由 G00 定位。

(2) 安全平面　其位置由指令中的参数 R 设定，又叫 R 点平面。在此处刀具由快进转为工进，其安全高度一般为 2~5 mm。

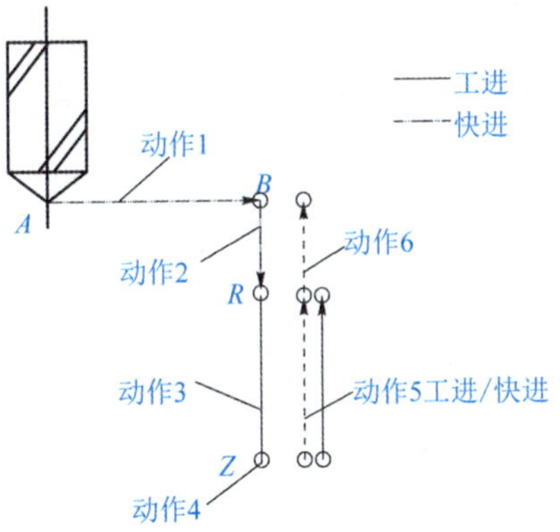

动作 1—G17 平面快速定位；动作 2—Z 向快速进给到 R 点；
动作 3—Z 向切削进给至孔底；动作 4—孔底部的动作；
动作 5—Z 向退刀；动作 6—Z 轴快速返回起始位置

图 4-5-4　固定循环的六个基本动作示意

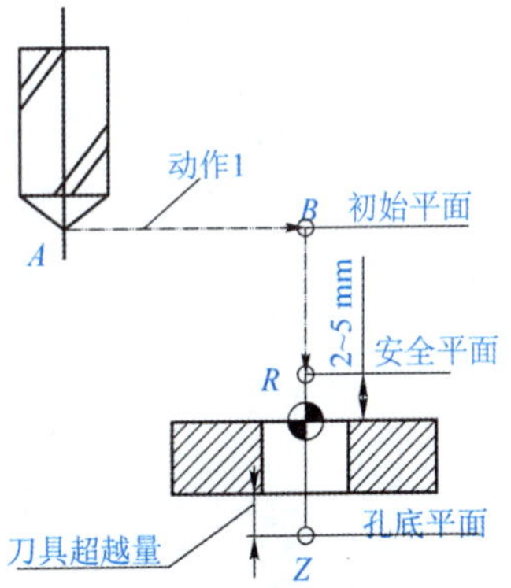

图 4-5-5　固定循环的三个平面

(3) 孔底平面　其位置由指令中的参数 Z 设定，又叫 Z 平面，它决定了孔的加工深度。注意，通孔加工要留有一定的超越量 3~5 mm。

5.2.4　固定循环指令格式

格式：

$\begin{Bmatrix} G90 \\ G91 \end{Bmatrix} \begin{Bmatrix} G98 \\ G99 \end{Bmatrix}$ G□□X____ Y____ Z____ R____ Q____ P____ F____ K____;

说明：

G□□表示固定循环 G73~G89。

G90、G91：绝对方式与增量方式选择。固定循环指令中地址 *R* 与 *Z* 的数值指定与 G90 或 G91 的方式选择有关。如图 4-5-6 所示，采用绝对方式 G90 时，*R* 与 *Z* 一律取其终点绝对坐标值；采用增量方式 G91 时，*R* 是指自初始点到 *R* 点的增量距离；*Z* 是指自 *R* 点到孔底的增量距离。

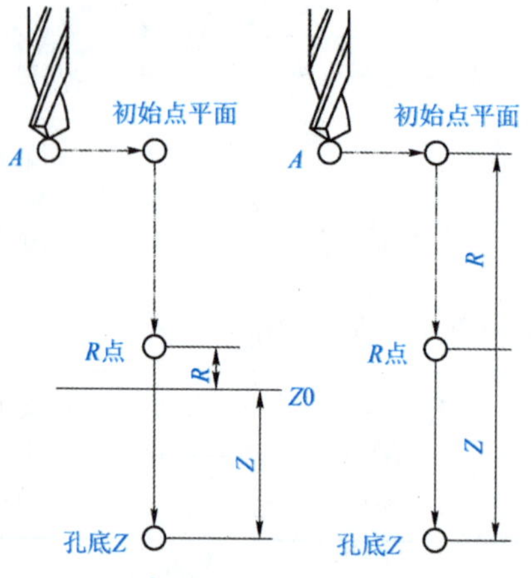

图 4-5-6　G90 和 G91 固定循环指令

G98、G99：返回点平面选择。在返回动作中，G98 指令返回到初始点平面，G99 指令返回到 *R* 点平面，如图 4-5-7 所示。通常，最初的孔加工用 G99，最后加工用 G98，可以减少辅助时间。用 G99 状态加工孔时，初始点平面也不变化。

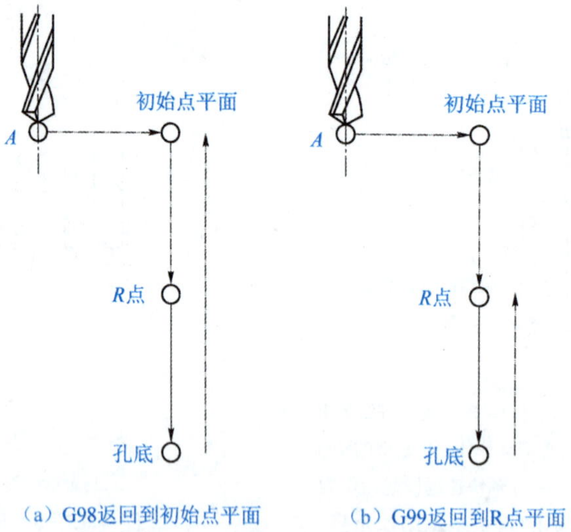

图 4-5-7　G98 和 G99 固定循环指令

X、Y：孔加工位置 *X*、*Y* 轴坐标值。

Z：孔加工位置 *Z* 轴坐标值。采用 G90 指令时，*Z* 值为孔底绝对坐标值；采用 G91 方式时，*Z* 值为 *R* 点到孔底的增量距离，如图 4-5-6 中所示。

R：采用 G90 方式时，为 *R* 点平面的绝对坐标值；采用 G91 方式时，为初始点到 *R* 点的增量距离，如图 4-5-6 中所示。

Q：在 G73、G83 方式中，Q 规定每次加工的深度；在 G76、G87 方式中，*Q* 为刀具的偏移量。*Q* 值始终为增量值，且用正值表示，与 G91 的选择无关。

P：规定在孔底的暂停时间，用整数表示，以毫秒（ms）为单位。

F：切削进给速度，一般用 mm/min 为单位。这个指令是模态的，即使取消了固定循环，在其后的加工中仍然有效。

K：用 K 值规定固定循环重复加工次数，表示对等间距孔进行重复钻孔，因此循环指令中的 X、Y 值应为增量值。K 仅在被指定的程序段内有效。以增量方式 G91 编程时，指定第一孔位置；以绝对方式 G90 编程时，则会在相同的位置重复钻孔。K 省略不写时系统默认为 $K=1$。当 $K=0$ 时，系统存储加工数据，但不执行加工。

固定循环指令是模态指令，一旦指定则一直有效，直到用 G80 指令取消为止。此外，G00、G01、G02 和 G03 指令也可以起取消固定循环指令的作用。固定循环指令中的数据不一定全部都写，根据需要可省去若干地址和数据。

5.2.5　钻孔循环指令（G81）

格式：

G81 X ____ Y ____ Z ____ R ____ F ____;

说明：

本指令用于一般孔钻削加工固定循环。

暂停指令格式：

G04 X ____;或 G04 P ____;

说明：

X 后面可用小数点或不用小数点来表示，单位为秒（s）；但 P 后面的数值不可用小数点方式表示，单位为千分之一秒（$s/10^3$）。

一般情况下，用于主轴有高速、低速挡切换时，用 G04 暂停几秒，使主轴真正停上再行换挡，以防损坏主轴的伺服。用于孔底加工时，暂停几秒，使孔的深度正确及增加孔底面的光度。

5.3　任务实施

钻孔零件实操

5.3.1　工件的加工工艺分析

（1）工具选择　工件采用平口钳装夹，下用垫铁支承。

（2）量具选择　加工尺寸精度要求不高，量具用 0~150 mm 游标卡尺，另用百分表校正平口钳。

（3）刀具选择　本任务图形加工材料为铝，刀具选取 $\phi16$ mm 锥柄高速钢钻头。

表 4－5－4 所示为钻孔加工工具、量具和刀具清单。

表 4－5－4　钻孔加工工具、量具和刀具清单

工、量、刀具清单				图号	图 4－5－1	
种类	序号	名称	规格/mm	精度/mm	单位	数量
工具	1	平口钳	QH135		个	1
	2	扳手			把	1
	3	平行垫铁			副	1
	4	塑胶锤子			个	1
量具	1	游标卡尺	0~150	0.02	把	1
	2	百分表及表座	0~10	0.01	个	1
刀具	1	钻头	$\phi16$		个	1

5.3.2 工件的加工工艺方案

1. 确定机床类型和机床坐标系

选择在立式数控铣床上加工该零件，机床坐标系为 *XY* 平面与工作台平面，*Z* 轴为主轴轴线方向，且与工作台面垂直。

2. 确定工件原点

（1）选择编程零点。

（2）确定工件零点为坯料且设在工件左下角，*Z* 轴零点设在工件上表面，并通过对刀设定零点偏置 G54。

（3）以底面为定位基准，用平口钳装夹。

（4）选择 ϕ16 mm 的钻头。

5.3.3 填写工艺卡片（表 4-5-5）

表 4-5-5 工艺卡片

数控加工工序			零件名称		零件图号
			钻孔的加工		图 4-5-1
材料名称	材料牌号	机床名称	机床型号	夹具名称	夹具编号
铝	6061	数控铣床	850E	平口虎钳	

序号	工艺内容	切削转速（r/min）	进给速度（mm/r）	量具	刀具
1	装夹工件				
2	打中心孔	1 000	20	游标卡尺	中心钻
3	钻孔	600	50	游标卡尺	ϕ16 mm 钻头

5.3.4 参考程序（表 4-5-6）

表 4-5-6 钻孔的加工参考程序

O0002		主 程 序 名
N10	G54 G17 G90	建立工件坐标系
N20	G00X0 Y0 Z100	刀具移到原点上方 100 mm
N30	M03 S600	主轴正转，转速 600 r/min
N40	G99 G81 X20 Y20 Z-25 R5 F50	在（20，20）位置钻孔，深度为 25 mm
N50	X-20	在（-20，20）位置钻孔
N60	Y-20	在（-20，-20）位置钻孔
N70	X20	在（20，-20）位置钻孔
N80	G80	取消固定循环
N90	G00 Z50	返回安全平面
N100	X0 Y0	
N110	M30	程序结束

5.3.5　任务评价（表 4-5-7）

表 4-5-7　任务评价

<table>
<tr><td colspan="3">班级：________
小组：________
姓名：________</td><td colspan="5">指导教师：

日　期：</td></tr>
<tr><td rowspan="2">评价项目</td><td rowspan="2">评价标准</td><td rowspan="2" colspan="2">评价依据</td><td colspan="3">评价方式</td><td rowspan="2">小计</td></tr>
<tr><td>学生自评 20%</td><td>小组互评 30%</td><td>教师评价 50%</td></tr>
<tr><td>职业素养（30 分）</td><td>1. 遵守企业规章制度、劳动纪律；
2. 按时按质完成工作任务；
3. 积极主动承担工作任务，勤学好问；
4. 工作岗位 6S 完成情况；</td><td colspan="2">1. 出勤率；
2. 工作态度；
3. 劳动纪律；
4. 团队协作精神；
5. 设备卫生保养；</td><td></td><td></td><td></td><td></td></tr>
<tr><td>专业能力（50 分）</td><td>1. 熟练掌握孔的常见铣削方法；
2. 掌握工件装夹技巧；
3. 认真填写任务单上的相关问答题；</td><td colspan="2">1. 孔加工的规范性；
2. 工件装夹的正确性；
3. 专业技能任务完成情况；</td><td></td><td></td><td></td><td></td></tr>
<tr><td>创新能力（20 分）</td><td>1. 在任务完成过程中能提出自己的见解及方案；
2. 在教学或生产管理上提出具有创新性的建议；</td><td colspan="2">1. 方案的可行性及意义；
2. 建议的可行性；</td><td></td><td></td><td></td><td></td></tr>
<tr><td colspan="4">合　计</td><td colspan="4"></td></tr>
</table>

【操作注意事项】

（1）在使用固定循环之前，必须使主轴旋转，例如“M03 S600”。在使用主轴停止指令 M05 之后，一定要再次使主轴旋转。

（2）在固定循环指令中，其程序段必须有 X、Y、Z、R 的位置数据，否则不执行固定循环功能。

（3）在固定循环指令的程序段尾，若指令了“G04 P ____”，则是在完成固定循环之后执行暂停指令 G04，而固定循环指令中的 P 不被 G04 变更。

（4）取消固定循环指令除了 G80 外，G00、G01、G02、G03 也能起到取消固定循环作用，编程时应注意。

（5）当主轴旋转控制指令使用 G74、G84、G86、G88 指令时，如果连续加工的孔间距较小或初始点到 *R* 点的距离很短，则在进入孔加工的切削动作前，主轴可能没有达到正常转速。在这种情况下，必须在每个孔加工动作间插入一个暂停指令（G04 指令），使主轴获得正常的转速。

（6）在固定循环中途，若按下复位或急停按钮，使数控系统停止，但这时孔加工方式和孔加工数据还被存着，所以在重新开始加工时要特别注意，应使固定循环剩余动作进行到结束后，再执行其他动作。

5.4　练习巩固

1. 标准麻花钻的顶角为________。
2. 普通麻花钻有一条横刃、两条副刃和________条主刃。
3. 钻孔前需用________（刀具）钻中心孔，以便于麻花钻定心。

4. G98 指令表示__________________；G99 指令表示__________________。

5. G04 为________指令。

6. 下列选项中，（　　）是起钻孔定位和引导作用的。

A. 麻花钻　　B. 中心钻　　C. 扩孔钻　　D. 锪钻

7. G99 指令是指刀具返回________平面。

A. 初始平面　　B. *R* 平面　　C. 参考平面

8. 小孔的精加工常采用的加工方法是（　　）。

A. 钻孔　　B. 镗孔　　C. 铰孔

9. 暂停 5 s，下列选项中正确的是（　　）。

A. G04 P5　　B. G04 P50　　C. G04 P500

10. 加工 M12 螺纹，底孔直径为（　　）mm。

A. 13.3　　B. 12　　C. 10.3

11. 简述固定循环的程序格式以及每个参数的含义。针对图 4－5－8 所示零件，编写钻 4 个ϕ5 mm 孔的加工程序并加工练习。

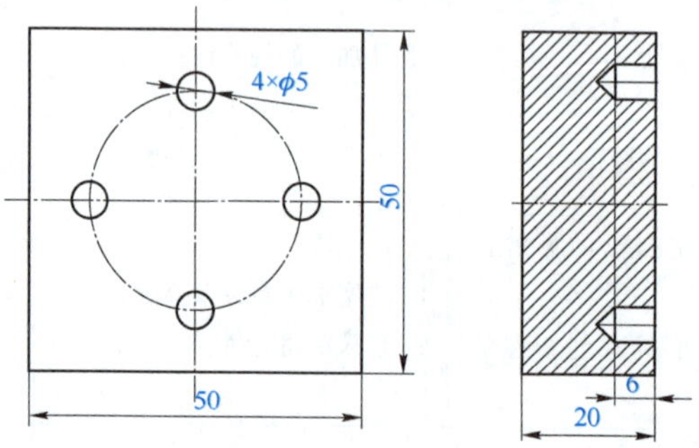

图 4－5－8　练习

任务六　镗孔的加工

学习目标

1. 素质目标

（1）培养中职生的爱国情怀；

（2）培养中职生良好的学习创新能力；

（3）培养中职生具有良好的安全认知能力。

镗孔零件仿真

2. 知识目标

（1）了解镗孔工艺；

（2）了解镗刀及镗削尺寸控制方法；

（3）掌握镗孔循环指令；

（4）掌握孔加工循环指令。

3. 技能目标

(1) 掌握镗刀安装方法；
(2) 掌握循环指令粗、精镗方法。

6.1　任务引入

如图 4-6-1 所示零件，毛坯尺寸为 80 mm×80 mm×20 mm，材料为 45 钢。工件上ϕ40 mm 孔已半精加工，留精加工余量 0.3 mm（直径值）。试编写孔的加工程序。

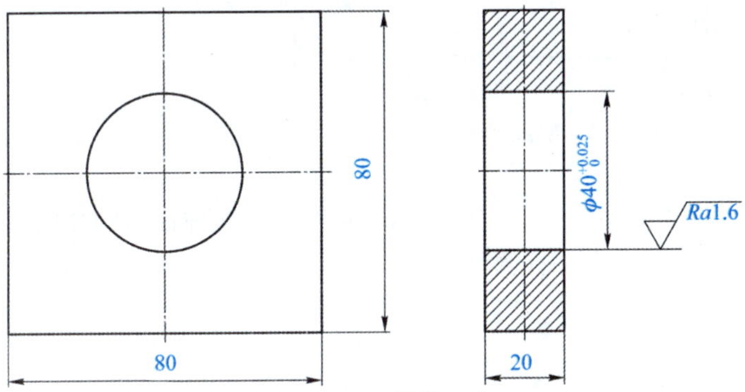

图 4-6-1　零件示意

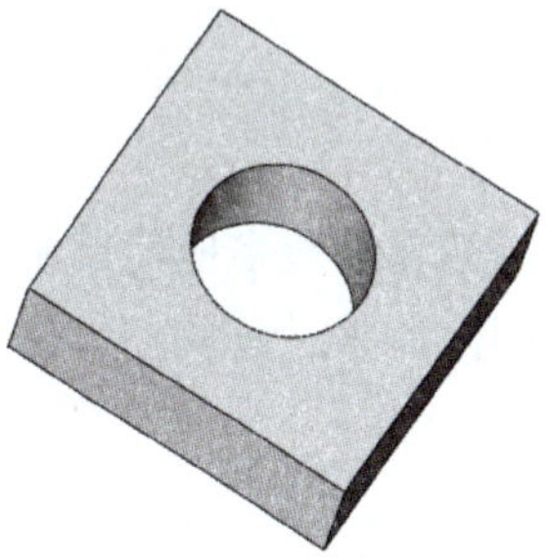

图 4-6-2　零件实物示意

6.2　相关知识

6.2.1　镗孔的加工方法

镗孔是对锻出、铸出或钻出孔的进一步加工，镗孔可扩大孔径，提高精度，减小表面粗糙度，还可以较好地纠正原来孔轴线的偏斜，具有修正形状误差和位置误差的能力。镗孔可分为粗镗、半精镗和精镗。

1. 粗镗

粗镗是圆柱孔镗削加工的重要工艺过程，它主要是对工件毛坯（铸、锻孔）或对钻、扩后的孔进行预加工，为下一步半精镗、精镗加工达到要求奠定基础，并能及时发现毛坯的缺陷，如裂纹、夹砂、砂眼等。

2. 半精镗和精镗

半精镗是精镗的预备工序，主要是解决粗镗时残留下来的余量不均部分。半精镗后一般留精镗单边余量为 0.3~0.4 mm，对精度要求不高的孔，粗镗后可直接进行精镗，不必设半精镗工序。

精镗是在粗镗和半精镗的基础上，用较高的切削速度、较小的进给量，切去粗镗或半精镗留下的较少的余量，达到零件的加工要求。

6.2.2　镗孔的加工工具——镗刀

镗刀用来加工机座、箱体、支架等零件上的直径较大的孔，特别是精度要求高的孔和孔系。镗刀的类型按切削刃数量可分为单刃镗刀、双刃镗刀和多刃镗刀；按工件的加工表面特征可分为通孔镗刀、盲孔镗刀、阶梯孔镗刀和端面镗刀；按加工精度可分为粗镗刀和精镗刀；按刀具结构可分为整体式、装配式和可调式。

粗镗刀结构简单，用螺钉将镗刀刀头装夹在镗杆上（图 4-6-3）。镗孔时，由于所镗孔径的大小要靠调整刀头的悬伸长度来保证，所以调整麻烦，效率低，大多用于单件小批量生产。

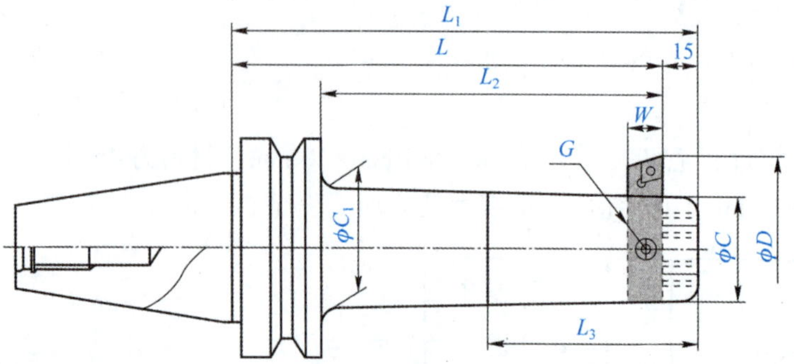

图 4-6-3　粗镗刀

精镗刀目前较多地使用精镗可调镗刀和精镗微调镗刀，如图 4-6-4 所示。这种镗刀的径向尺寸可在一定范围内调整，其调整精度可达 0.002 mm，精度高，且调节方便。

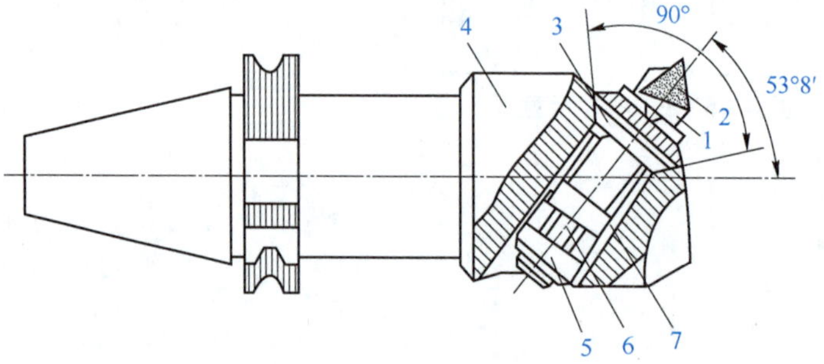

1—刀体；2—刀片；3—调整螺母；
4—刀杆；5—螺母；6—拉紧螺钉；7—导向键

图 4-6-4　精镗刀

6.2.3　镗削加工尺寸控制

1. 对刀

已经加工出较大的孔，需要以孔的中心为 X、Y 的坐标原点，采用杠杆百分表或千分表对刀，如图 4-6-5所示，操作步骤如下。

（1）用磁性表座将杠杆百分表吸在机床主轴上，用手拨着主轴转动。

（2）手动操作使表头按 X、Y、Z 的顺序逐渐靠近孔壁（或圆柱面），并压在测量表面。

（3）使用小进给倍率，转动手摇脉冲发生器，逐步调整到使表头随主轴转动一周时，表针的跳动量在允许的范围内，例如 0.05 mm，此时可以认为主轴的旋转中心与工件孔的中心重合。

（4）然后进行 X、Y 轴的对刀设置。

Z 向对刀可以采用试切法或 Z 轴设定器进行对刀。

2. 零件加工尺寸控制

镗孔时、孔径尺寸的控制方法是通过对镗刀进行调整、试切、试测的步骤实现的。

（1）如图 4-6-6 所示，对于普通单刃镗刀，松开刀头调整螺钉，调节刀头伸出长度后锁紧，伸出长度按下式计算

$$l=\frac{d_1-d_2}{2}$$

$$L=l+d_2$$

式中　l——刀头伸出长度；

d_1——预加工孔直径；

d_2——镗刀杆直径

L——游标卡尺测量长度（L 应比所需尺寸小 0.5~0.3 mm）。

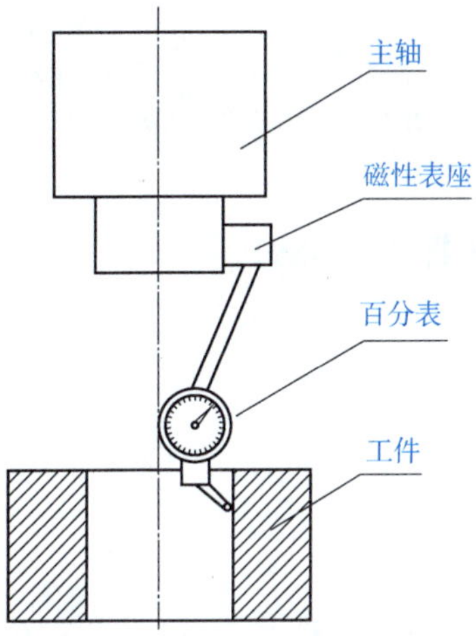

图 4-6-5　百分表找中心

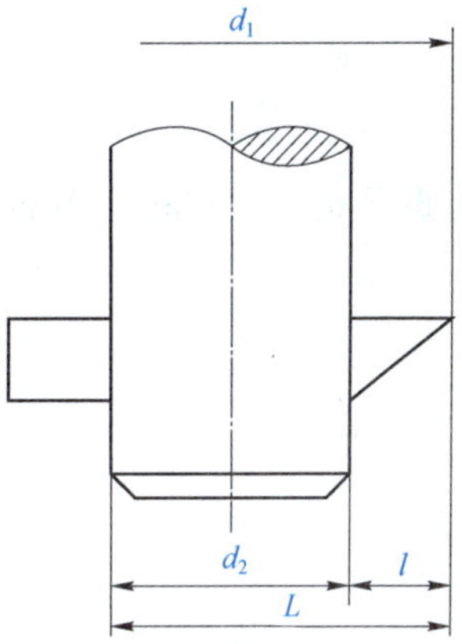

图 4-6-6　零件加工尺寸示意

(2) 试切与试测，用自动方式在孔口试切深度 1~2 mm，根据孔直径的测量尺寸调整刀头伸出长度，然后在孔口处试切并测量，直到达到要求。

(3) 试切法调整镗刀一定要遵循“少进多试”的原则。如果镗刀尺寸偏大，则出现废品。

粗镗刀调整精度可在±0.05 mm 内，精镗刀一定要调整到精度要求的范围内。

用螺栓夹紧的普通镗刀，一般用轻轻敲击刀头的方法调整伸出长度。具有微调功能的镗刀可以利用微调装置调节。为了提高效率和精度，最好是在对刀仪上进行调节对刀。

6.2.4　镗孔循环指（G86）与手动镗孔循环指令（G88）

格式：

$$\begin{Bmatrix}G90\\G91\end{Bmatrix}\begin{Bmatrix}G98\\G99\end{Bmatrix}G86\ X\_\_\ Y\_\_\ Z\_\_\ R\_\_\ F\_\_;$$

$$\begin{Bmatrix}G90\\G91\end{Bmatrix}\begin{Bmatrix}G98\\G99\end{Bmatrix}G88\ X\_\_\ Y\_\_\ Z\_\_\ R\_\_\ P\_\_\ F\_\_;$$

如图 4-6-7 所示，G86 指令在镗孔到底后主轴停止，然后快速退回到 R 平面或初始平面，主轴恢复旋转。

G86 指令从孔底退回时是快速移动，所以镗刀刀尖在孔壁会划出一条线，对孔壁质量要求较高的场合是不适合用此指令的。

G88 指令在镗孔到底后主轴停止，系统进入进给保持状态，在此情况下可执行手动方式操作，但为了安全起见，应当先把刀具从孔中退出，手动使刀具刀尖离开孔壁微量距离后沿轴向上升，手动操作后再换到自动方式，按循环启动按钮，刀具快速返回到 R 点（G99）或初始点（G98），然后主轴正转。

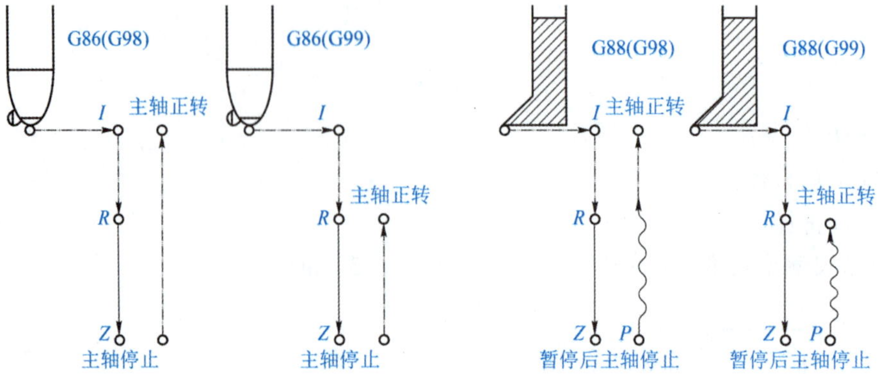

图 4-6-7　镗孔循环指令（G86）和手动镗孔循环指令（G88）

6.2.5　精镗孔循环指令（G85）与精镗阶梯孔循环指令（G89）

格式：

$$\begin{Bmatrix} G90 \\ G91 \end{Bmatrix}\begin{Bmatrix} G98 \\ G99 \end{Bmatrix} G85\ X\_\_\ Y\_\_\ Z\_\_\ R\_\_\ F\_\_;$$

$$\begin{Bmatrix} G90 \\ G91 \end{Bmatrix}\begin{Bmatrix} G98 \\ G99 \end{Bmatrix} G89\ X\_\_\ Y\_\_\ Z\_\_\ R\_\_\ P\_\_\ F\_\_;$$

孔加工动作如图 4-6-8 所示。这两种孔加工方式，刀具沿着 *X*、*Y* 轴快速定位后，快速移动到 *R* 点，从 *R* 点至 *Z* 点进行镗孔加工到孔底，然后又以切削进给方式返回到点 *R* 平面，如果是 G98 则还要向上快速退回到初始平面，因此 G85 适用于精镗孔等情况；G89 在孔底有暂停，所以适宜精镗阶梯孔。

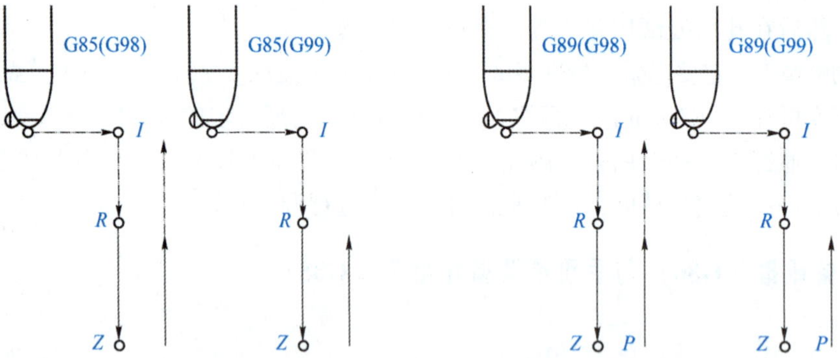

图 4-6-8　精镗孔循环指令（G85）和精镗阶梯孔循环指令（G89）

说明：G99，G98：返回点平面选择。在返回动作中 G99 指令返回到 *R* 点平面，G98 指令返回到初始点平面；

G90，G91：绝对方式与增量方式选择；

X、Y：孔加工位置 *X*、*Y* 轴坐标值；

Z：孔加工位置 *Z* 轴坐标值。采用 G90 指令时，*Z* 值为孔底绝对坐标值；采用 G91 方式时，Z 值为孔底 Z 相对于参考点 *R* 的增量坐标值；

R：采用 G90 方式时，为 *R* 点平面的绝对坐标值，采用 G91 方式时，为参考点 *R* 相对于初始点的增量距离；

P：规定在孔底的暂停时间，用整数表示，以毫秒（ms）为单位；

F：切削进给速度，一般用 mm/min 为单位。这个指令是模态的，即使取消了固定循环，在其后的加工中仍然有效。

6.2.6　精镗孔循环指令（G76）

格式：

$$\begin{Bmatrix} G90 \\ G91 \end{Bmatrix}\begin{Bmatrix} G98 \\ G99 \end{Bmatrix} G76\ X\_\_\_\ Y\_\_\_\ Z\_\_\_\ R\_\_\_\ Q\_\_\_\ P\_\_\_\ F\_\_\_;$$

说明，

G99，G98：返回点平面选择。在返回动作中 G99 指令返回到 *R* 点平面，G98 指令返回到初始点平面；

Q：为刀具的偏移量。*Q* 值始终为增量值，且用正值表示，与 G91 的选择无关；

这种指令只能用于有主轴定向停止（主轴准停）的加工中心。

G76 指令加工动作如图 4－6－9 所示。沿着 *X*、*Y* 轴快速定位后，快速移动到 *R* 点，从 *R* 点至 *Z* 点进行镗孔加工，达到深度后主轴定向停止，向刀尖反方向移动一个 *Q*（一般取 0.5～1 mm），快速退刀至 *R* 点或初始平面，刀尖向正方向移动，恢复到孔中心的位置，最后主轴转动。这种带有让刀的退刀不会划伤已加工表面，保证了镗孔精度。

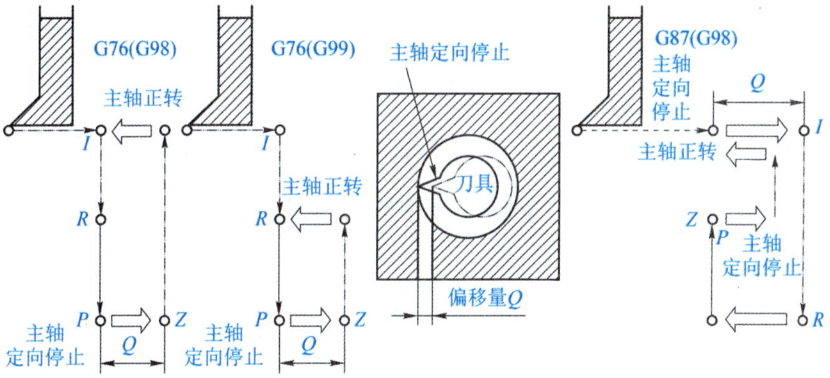

图 4－6－9　精镗孔循环指令 G76

镗孔编程常用固定循环指令（G85 和 G76）。

G85 指令使刀具以切削进给的方式加工到孔底，然后又以切削进给方式返回到点 *R* 平面，如果是 G98，则还要向上快速退回到初始平面。因而 G85 适用于精镗孔等情况，但退刀时会在已加工孔的表面留下划痕，因此对于表面质量要求较高的孔不适合。

G76 指令加工动作是沿着 *X*、*Y* 轴快速定位后，快速移动到 *R* 点，从 *R* 点至 *Z* 点进行镗孔加工，达到深度后主轴定向停止，向刀尖反方向移动一个 *Q*（一般取 0.5～1 mm），快速退刀至 *R* 点或初始平面，刀尖向正方向移动，恢复到孔中心的位置，最后主轴转动。这种带有让刀的退刀不会划伤已加工表面，保证了镗孔精度。

在应用 G76 指令时应当注意，由于在孔底主轴定向停止，刀尖向反方向退后一个 *Q* 值，因此该指令要求用于有主轴定向停止（主轴准停）功能的加工中心上。

主轴定向停止指令是 M19，在换刀指令 M06 和固定循环指令 G76 中包含着 M19 功能。在自动换刀时，先执行“M06 T____;”，把镗刀装在主轴上，使刀尖向前；在手动换刀时，在 MDI 方式下执行指令 M19，主轴定向停止，然后把镗刀刀尖向前装在主轴上；由于主轴定向停止。

M19 可以在系统内部设置，在执行指令 G76 中的 Q 时，向反方向移动一个距离 *Q*，而这个方向可以是+*X*，-*X*，+*Y*，-*Y* 中的一个（由系统设定），一定要事先搞清楚，否则在让刀时会撞刀，因此必须先以 MDI 方式执行指令 M19，然后空运行程序，看看结束后往那边让刀，在装刀的时候用手把刀装上去使刀尖朝让刀的反方向。例如如果是向后让刀（*Y* 方向），则装刀时把刀尖向前；如果是向左让刀

（X 方向），则把刀尖向右。

在镗削同轴度要求比较高的阶梯孔时，为了避免机床自动换刀时的重复定位误差对加工精度造成的影响，可以不用自动换刀，而是用手动换刀方式提高加工精度。

镗刀的选择应根据所加工孔的直径，尽可能选择截面面积大的刀杆；选择刀杆的长度时，只需选择刀杆伸出长度略大于孔深即可；为了减少在切削过程中由于受直径向力的作用而产生振动，镗刀的主偏角一般选得较大。镗铸铁孔或精镗孔时，一般取 $\kappa_r=90°$，粗镗孔时，一般取 $\kappa_r=60°\sim75°$，以提高刀具的使用寿命。对于微调镗刀的调整应先用对刀板或百分表将镗刀刀尖预调至较精确的尺寸（±0.1 mm），然后再进行微调。微调后，将镗刀紧固即可使用。

6.3 任务实施

6.3.1 工件的加工工艺分析

（1）工具选择　工件采用平口钳装夹，下用垫铁支承。

（2）量具选择　加工尺寸精度要求较高，量具用采用 35～50 mm 内径百分表测量，使用前要进行校正

（3）刀具选择　采用 ϕ40 mm 精镗刀。

表 4－6－1 所示为进行镗孔加工时所需的工具、量具和刀具清单。

表 4－6－1　镗孔加工所需工具、量具、刀具清单

工、量、刀具清单				图号	图 4－6－1	
种类	序号	名称	规格/mm	精度/mm	单位	数量
工具	1	平口钳	QH135		个	1
	2	扳手			把	1
	3	平行垫铁			副	1
	4	塑胶锤子			个	1
量具	1	内径百分表	35～50	0.02	把	1
	2	百分表及表座	0～10	0.01	个	1
刀具	1	精镗刀	ϕ40		个	1

6.3.2 工件的加工工艺方案

（1）根据本任务已知，工件上 ϕ40 mm 孔已半精加工，留精加工余量 0.3 mm（直径值）。假如该孔半精加工完成以后重新装夹，由于精加工余量非常小，将使得工件找正和对刀变得非常困难，因此镗孔之前一般需要进行钻孔、扩孔，要留有足够的加工余量，然后才可以重新装夹，然后进行粗镗、半精镗、精镗。一般来说，最好在一台设备上一次装夹进行钻孔、扩孔和镗孔加工更为方便，也更能保证加工精度。如果工件上的孔已经铸出，则先粗加工孔，然后半精加工孔，最后精镗孔。如果工件的孔没有铸造出，则必须先用中心钻钻中心孔定心，用小直径钻头钻孔，再用大直径钻头扩孔，然后用粗镗或铣孔方法半精加工，最后用镗削方法精加工完成。

（2）以工件上表面孔的中心为工件坐标系原点建立工件坐标系。

6.3.3 填写工艺卡片（表 4-6-2）

表 4-6-2　工艺卡片

<table>
<tr><td colspan="3" rowspan="2">数控加工工序</td><td colspan="2">零件名称</td><td colspan="2">零件图号</td></tr>
<tr><td colspan="2">镗孔的加工</td><td colspan="2">图 4-6-1</td></tr>
<tr><td colspan="2">材料名称</td><td>材料牌号</td><td>机床名称</td><td>机床型号</td><td>夹具名称</td><td>夹具编号</td></tr>
<tr><td colspan="2">铝</td><td>6061</td><td>数控铣床</td><td>850E</td><td>平口虎钳</td><td></td></tr>
<tr><td>序号</td><td colspan="2">工艺内容</td><td>切削转速
(r/min)</td><td>进给速度
(mm/r)</td><td>量具</td><td>刀具</td></tr>
<tr><td>1</td><td colspan="2">装夹工件</td><td></td><td></td><td></td><td></td></tr>
<tr><td>2</td><td colspan="2">镗孔</td><td>800</td><td>80</td><td>内径百分表</td><td>精镗刀</td></tr>
</table>

6.3.4 参考程序（表 4-6-3）

表 4-6-3　镗孔加工的参考程序

O0002		主 程 序 名
N10	G54 G17 G90	建立工件坐标系
N20	G00 X0 Y0 Z100	刀具移到原点上方 100 mm
N30	M03 S800	主轴正转，转速 800 r/min
N40	G98 G76 X0 Y0 Z-23 R10 Q1 F80	镗孔
N50	G80	取消固定循环
N60	G00 Z50	返回安全平面
N70	X0 Y0	
N80	M30	程序结束

6.3.5 任务评价（表 4-6-4）

表 4-6-4　任务评价

<table>
<tr><td colspan="2">班级：________
小组：________
姓名：________</td><td colspan="5">指导教师：

日　期：</td></tr>
<tr><td rowspan="2">评价项目</td><td rowspan="2">评价标准</td><td rowspan="2">评价依据</td><td colspan="3">评价方式</td><td rowspan="2">小计</td></tr>
<tr><td>学生自评
20%</td><td>小组互评
30%</td><td>教师评价
50%</td></tr>
<tr><td>职业素养
(30 分)</td><td>1. 遵守企业规章制度、劳动纪律；
2. 按时按质完成工作任务；
3. 积极主动承担工作任务，勤学好问；
4. 工作岗位 6S 完成情况</td><td>1. 出勤率；
2. 工作态度；
3. 劳动纪律；
4. 团队协作精神；
5. 设备卫生保养</td><td></td><td></td><td></td><td></td></tr>
</table>

表 4-6-4（续）

评价项目	评价标准	评价依据	评价方式			小计
			学生自评 20%	小组互评 30%	教师评价 50%	
专业能力（50分）	1. 熟练掌握孔的常见镗削方法； 2. 掌握工件装夹技巧； 3. 认真填写任务单上的相关问答题	1. 镗孔加工的规范性； 2. 工件装夹的正确性； 3. 专业技能任务完成情况				
创新能力（20分）	1. 在任务完成过程中能提出自己的见解及方案； 2. 在教学或生产管理上提出具有创新性的建议	1. 方案的可行性及意义； 2. 建议的可行性				
合　计						

【操作注意事项】

（1）对刀时尽量准确，使精加工余量分配均匀。

（2）根据工件材料选择合适的切削液。

（3）装夹工件用的下面的垫铁不要与加工部位干涉，要防止撞刀。

（4）如果采用数控铣床加工，进行钻孔、扩孔和镗孔手工换刀时，机床最好只在 *Z* 轴方向提刀，不要做 *X*、*Y* 方向移动，这样可避免机床由于重复定位误差而带来的影响，以提高加工精度。在加工中心也可以不用自动换刀，使用手动换刀以提高加工精度。

6.4　练习巩固

1. 镗孔一般用于________。

2. 如果用 G76 编程，数控机床主轴必须有________。

3. 镗孔可以扩大直径，提高________，减小表面粗糙度，还可以较好地纠正原来孔轴线的偏斜，具有修正________和________的能力。

4. 精镗是在粗镗和半精镗的基础上，用较高的________、较小的________，切去粗镗或半精镗留下的较少的余量，达到零件的加工要求。

5. G88 指令为________镗孔循环指令。

6. 镗削精度高的孔时，粗镗后，在工件上的切削热达到（　　）后再进行精镗。

A. 热平衡　　B. 热变形　　C. 热膨胀　　D. 热伸长

7. 主轴准停是指主轴能实现准确的轴向定位，可用于（　　）。

A. 手动换刀　　B. 钻孔　　C. 镗孔退刀

8. 用于精镗孔的指令是（　　）。

A. G76　　B. G85　　C. G86　　D. G87

9. 对于孔径较大的孔，精加工常采用的加工方法是（　　）。

A. 铣孔　　B. 铰孔　　C. 镗孔

10. G99指令是指刀具返回（　　）平面。

A. 初始平面　　B. R平面　　C. 参考平面　　D. 绝对平面

11. 编写如图4-6-10所示程序

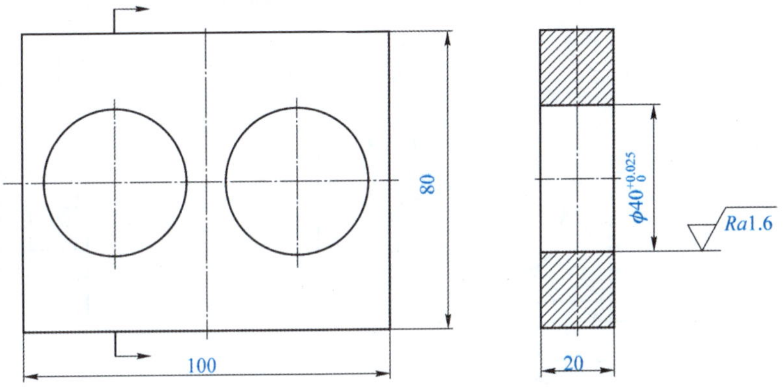

图4-6-10　练习

任务七　综合零件的加工

学习目标

综合零件仿真

1. 素质目标

（1）培养中职生的爱国情怀；

（2）培养中职生良好的学习创新能力；

（3）培养中职生具有良好的安全认知能力。

2. 知识目标

（1）能熟练选择钻孔、镗孔及加工简单型腔所需的刀具及夹具；

（2）掌握钻孔、镗孔及加工简单型腔的工艺知识及切削用量的选择；

（3）掌握台阶工件轮廓的加工工艺制定及程序编制方法。

3. 技能目标

（1）掌握外轮廓和孔的精度控制方法；

（2）会选择适当的量具检测工件；

（3）掌握*Z*轴设定器的使用方法。

7.1　任务引入

如图4-7-1所示零件，如图4-7-2所示的零件的加工。工件毛坯尺寸为80 mm×80 mm×20 mm，四周及底面已经加工，材料为铝。制定完成该产品生产的工艺过程，并编写零件的加工程序。

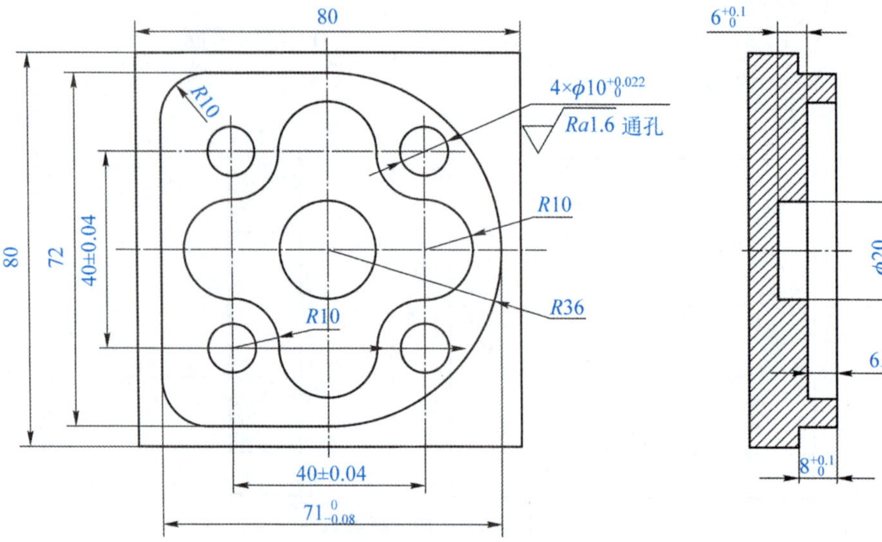

图 4-7-1　零件示意

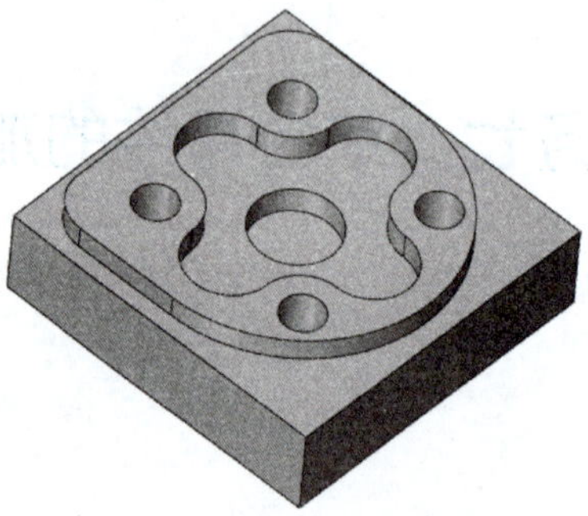

图 4-7-2　零件实物示意

7.2　相关知识

数控铣削加工工艺分析所要解决的主要问题大致可分为以下三个方面。

（1）选择并确定数控铣床铣削加工部位及工序内容。在选择加工对象及加工内容时一般是以解决生产加工中的难题为主，充分发挥数控铣床的优势和关键作用。

（2）零件图样的工艺性能分析。对零件图样尺寸的正确标注，保证获得要求的加工精度，统一零件轮廓内圆弧的有关尺寸，保证基准同一原则。

（3）零件毛坯的工艺性分析。在进行零件铣削加工时，由于加工过程的自动化，使余量的大小以及如何定位装夹等问题在设计毛坯时就要仔细考虑好；否则，如果毛坯不适合数控铣削，加工将很难继续下去。

7.3　任务实施

该零件主要由平面、外轮廓、内轮廓和孔组成，对零件的外轮廓、深度尺寸、4 个 $\phi10$ mm 通孔的形状和位置精度有一定要求，因此在加工中应重点考虑。

在深度尺寸上，应先进行平面精加工，以保证深度尺寸精度；外轮廓尺寸$71_{-0.08}^{0}$ mm，可以通过调整刀具半径补偿的方法保证加工精度要求。$4\times\phi10^{+0.022}_{0}$孔的位置精度通过数控机床本身加工精度来保证，其尺寸精度采用先钻孔后铰孔来加工。

工件 80 mm×80 mm 外形面以及下表面已经铣削加工，因此在这里可以作为定位基准面，不需要加工了。

由于加工需要刀具较多，因此采用立式加工中心来加工，减少手工换刀以提高加工效率。零件材料为 45 钢，切削用量根据有关推荐值或根据经验进行选择。

综合零件实操

7.3.1 加工工艺方案

以工件上表面中心为原点，建立工件坐标系 G54。

如图 4－7－3 所示，将平口钳固定在机床工作台上，钳口用百分表校正。工件装夹在平口钳上，下用精度较高的垫铁支承，使工件上表面高于钳口约 11 mm。

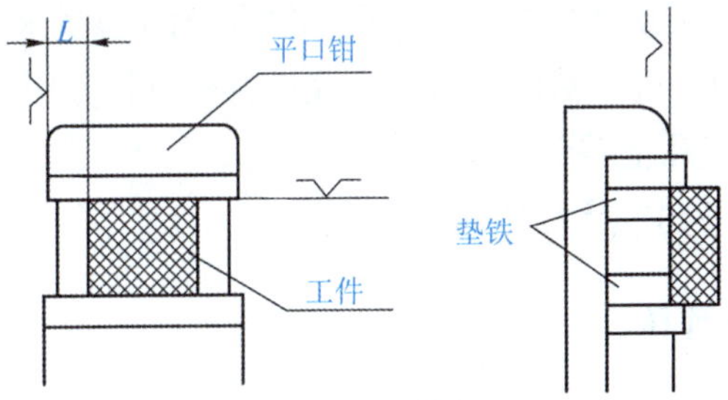

图 4－7－3　工件的装夹与定位

加工顺序及走刀路线如下。

(1) 用 $\phi50$ 面铣刀铣坯料上表面。采用平行双向切削，可以提高加工效率。每刀之间有一定的重叠量，由于加工余量为 2 mm，一次下刀完成切削。

(2) 用 $\phi16$ 立铣刀加工外轮廓达到尺寸要求。

如图 4－7－4 所示，外轮廓在平面上多次铣削。采用刀具半径补偿功能，分粗、精加工，留精加工余量 0.5 mm，通过调用不同半径补偿偏置值完成加工。刀具路径为 $O\to A\to1\to2\to3\to4\to5\to6\to1\to C\to O$，从 O 点到 A 点建立刀具半径左补偿 G41，顺铣加工，当加工 1 周回到 1 点时，采用圆弧切出到 C 点，然后到 O 点，同时取消刀具半径补偿。将外轮廓加工设为子程序，可多次调用。

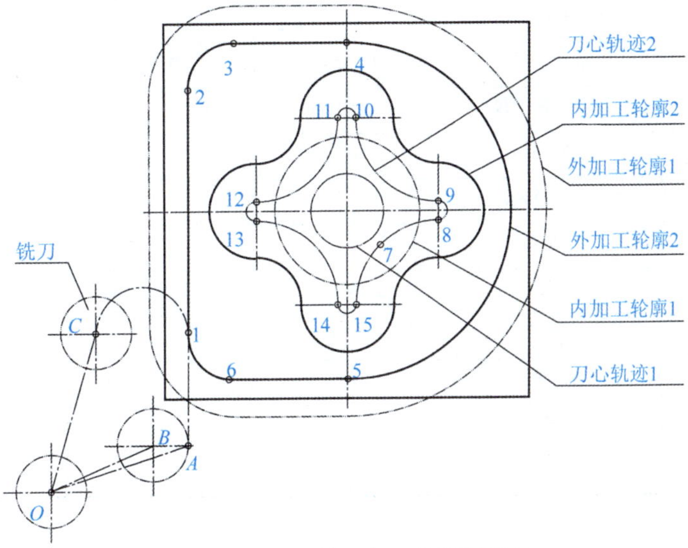

图 4－7－4　立铣刀加工外轮廓示意

①粗加工　调用子程序加工平面第 1 层，调用刀具半径补偿 D1，偏置值设为 16，加工外轮廓 1。调用子程序加工平面第 2 层，调用刀具半径补偿 D2，偏置值设为 8.5，加工外轮廓 2，留精加工余量 0.5 mm。

②精加工　根据粗加工的测量结果，修改半径补偿偏置值 D3。调用子程序，调用刀具半径补偿 D3，完成外轮廓的精加工。

该例使用了调用不同刀具补偿值的加工技巧。首件试切完成后，将补偿偏置值确定下来后，不必反复改变半径补偿值就可以进行批量加工了。

（3）用中心钻钻 $4\times\phi10^{+0.022}_{0}$ 和 $\phi20$ 孔的中心孔。

（4）用 $\phi9.7$ 麻花钻钻 $4\times\phi10^{+0.022}_{0}$ 和 $\phi20$ 孔至 $\phi9.7$。

（5）用 $\phi16$ 键槽铣刀加工内轮廓以达到尺寸要求。

在加工内轮廓前，首先在 $\phi20$ 孔的中心钻一个 $\phi9.7$ 的小孔，其次，第 1 刀先以刀心轨迹 1 铣内轮廓 1 至 $\phi32$ mm；然后以刀心轨迹 2 进行内轮廓 2 的加工。由于内轮廓没有精度要求，因此不采用半径补偿，1 次完成。

内轮廓和外轮廓在 Z 轴方向上进行精确对刀 1 次完成，不进行分层加工和粗、精加工。

（6）用 $\phi16$ 键槽铣刀铣 $\phi20$ 孔至需求尺寸。

（7）用 $\phi10$H8 铰刀铰削 $4\times\phi10^{+0.022}_{0}$ 孔达到要求。

7.3.2　工具、量量和刀具选择

（1）工具选择　工件采用平口钳装夹，下用垫铁支承。

（2）量具选择　量具包括 0~150 mm 游标卡尺、0~150 mm 深度游标卡尺、$\phi10^{+0.022}_{0}$mm 塞规。

（3）刀具选择　采用 $\phi4$ mm 中心钻、$\phi9.7$ mm 麻花钻、$\phi16$ mm 立铣刀、$\phi16$ mm 键槽铣刀、$\phi50$ mm面铣刀和 $\phi10$H7 铰刀。

表 4-7-1　综合零件加工工具、量具和刀具清单

工、量、刀具清单				图号	图 4-1-1	
种类	序号	名称	规格/mm	精度/mm	单位	数量
工具	1	平口钳	QH135		个	1
	2	扳手			把	1
	3	平行垫铁			副	1
	4	塑胶锤子			个	1
量具	1	游标卡尺	0~150	0.02	把	1
	2	深度游标卡尺	0~150 mm	0.02	把	1
	3	塞规	H7		个	1
	4	百分表及表座	0~10	0.01	个	1
刀具	1	中心钻	$\phi4$		个	1
	2	麻花钻	$\phi9.7$		个	1
	3	立铣刀	$\phi16$		个	1
	4	键槽铣刀	$\phi16$		个	1
	5	面铣刀	50 mm		个	1
	6	铰刀	$\phi10$H7		个	1

7.3.3 填写工艺卡（表4-7-2）

表4-7-2 工艺卡片

数控加工工序			零件名称		零件图号
			综合零件的加工		图4-7-1
材料名称	材料牌号	机床名称	机床型号	夹具名称	夹具编号
钢	45号	数控铣床	850E	平口虎钳	

序号	工艺内容	切削转速（r/min）	进给速度（mm/r）	量具	刀具
1	装夹工件				
2	铣平面	800	80	游标卡尺	ϕ50 mm面铣刀
3	铣外轮廓	1 000	100	游标卡尺	ϕ16 mm立铣刀
4	钻中心孔	1 000	50	游标卡尺	ϕ4 mm中心钻
5	钻孔	800	100	游标卡尺	ϕ9.7 mm钻头
6	铣内轮廓至要求	1 000	100	深度游标卡尺	ϕ16键槽铣刀
7	铣孔ϕ20 mm至尺寸	1 000	80	游标卡尺	ϕ16键槽铣刀
8	铰孔	200	100	塞规	铰刀

7.3.4 参考程序（表4-7-3）

表4-7-3 综合零件加工参考程序

O0002		主 程 序 名
N10	G17 G40 G80 G49 G90	设置初始状态
N20	M06 T1	换ϕ50面铣刀，铣平面
N30	M03 S600	主轴正转，转速600 r/min
N40	G90 G54	绝对方式编程，建立G54工件坐标系
N50	M03 S800	主轴正转
N60	G00 X70 Y-20	快速定位
N70	G43 Z10 H1 M08	长度补偿，Z轴快速定位，切削液开
N80	G01 Z-2 F80	切深2 mm
N90	X-70	
N100	Y20	
N110	X70	
N120	G00 Z100 M09	提刀
N130	M05	主轴停止
N140	M06 T2	换ϕ16立铣刀，铣外轮廓
N150	M03 S1000	主轴正转
N160	G00 X-65 Y-60	快速定位
N170	G43 Z10 H2 M08	长度补偿，Z轴快速定位，切削液开
N180	G01 Z-8 F100	Z向进给
N190	G01 G41 X-65 Y-20 D1	刀具半径补偿，D_1值为16
N200	M98 P2001	调用子程序2001加工外轮廓
N210	G00 G40 X-65 Y20	取消刀具半径补偿，快速定位到O点
N220	G41 G01 X-65 Y-20 D2	刀具半径补偿，D_2值为8.5

表 4-7-3（续）

O0002		主　程　序　名
N230	M98 P2001	调用子程序 2001 加工外轮廓
N240	G00 G40 X-65 Y20	取消刀具半径补偿
N250	G41 G01 X-65 Y-20 D3	刀具半径补偿，精铣外轮廓
N260	M98 P2001	调用子程序 2001 加工外轮廓
N270	G00 G40 X-65 Y-60	取消刀具半径补偿
N280	G00 Z100 M09	提刀
N290	M05	主轴停止
N300	M06 T3	换 ϕ4 中心钻，点钻孔
N310	M03 S1000	主轴正转
N320	G00 X0 Y0 M08	快速定位，切削液开
N330	G43 Z30 H3	长度补偿
N340	G99 G81 X0 Y0 Z-3 R10 F100	钻孔循环，点钻 ϕ20 孔
N350	X-20 Y20	
N360	X20 Y20	
N370	X20 Y-20	
N380	X-20 Y-20	
N390	G00 Z100 M09	提刀，切削液关
N400	X0 Y0	快速定位
N410	M05 G80	主轴停止，取消固定循环
N420	M06 T4	换 ϕ9.7 麻花钻，钻孔
N430	M03 S800	主轴正转
N440	G00 X0 Y0 M08	快速定位，切削液开
N450	G43 Z30 H4	长度补偿
N460	G99 G81 X0 Y0 Z-12 R10 F100	钻孔循环，钻 ϕ20 底孔
N470	X-20 Y20 Z-25	钻 ϕ10 底孔
N480	X20 Y20 Z-25	
N490	X20 Y-20 Z-25	
N500	X-20 Y-20 Z-25	
N510	G00 Z100 M09	提刀，切削液关
N520	M05 G80	主轴停止，取消固定循环
N530	M06 T5	换 ϕ16 键槽铣刀，铣内轮廓
N540	M03 S1000	主轴正转
N550	G00 X8 Y0 M08	X、Y 快速定位，切削液开
N560	G43 G00 Z10 H5	Z 轴定位，长度补偿
N570	G01 Z1 F100	Z 向进给
N580	M98 P2002 L7	调用子程序 2002，7 次，铣孔
N590	G90 G03 I-8 F80	铣平底面
N600	G01 X0 Y0 F200	到中心
N610	G01 X7.272 Y-7.272 F100	铣内轮廓
N620	G02 X20 Y-2 R18	
N630	G03 X20 Y2 R2	
N640	G02 X2 Y20 R18	
N650	G03 X-2 Y20 R2	
N660	G02 X-20 Y2 R18	
N670	G03 X-20 Y-2 R2	

表 4-7-3（续）

O0002		主　程　序　名
N680	G02 X-2 Y-20 R18	
N690	G03 X2 Y-20 R2	
N700	G02 X7.272 Y-7.272 R18	
N710	G01 X0 Y0 F200	到中心点
N720	G00 Z100 M09	切削液关
N730	M05	主轴停止
N740	M03 S1000	主轴正转
N750	G00 X0 Y0 M08	*X*、*Y* 快速定位，切削液开
N760	G43 G00 Z10 H6	*Z* 轴定位，长度补偿
N770	G01 Z-12 F60	*Z* 向进给到 ϕ20 孔底
N780	G01 Z10 F100	提刀
N790	G00 X2 Y0	到圆弧起点
N800	G01 Z-5 F200	*Z* 向进给
N810	M98 P2003 L7	调用子程序 2003，7 次，铣孔
N820	G90 G03 I-2 F80	铣平底面
N830	G01 X0 Y0 F200	到中心
N840	G00 Z100 M09	切削液关
N850	M05	主轴停止
N860	M06 T6	调用 ϕ10H8 铰刀，铰孔
N870	M03 S200	主轴正转
N880	G00 X-20 Y20	快速定位
N890	G00 G43 H7 Z30 M08	*Z* 轴定位，长度补偿
N900	G99 G81 X-20 Y20 Z-25 R10 F100	铰孔加工
N910	X20 Y20	
N920	X20 Y-20	
N930	X-20 Y-20	
N940	G00 Z100 M09	切削液关
N950	G80 M05	取消固定循环，主轴停止
N960	M30	程序接受并返回程序起点
N970	%2001	子程序 2001
N980	G90 G01 X-35.5 Y-20 F100	铣外轮廓
N990	Y26	
N1000	G02 X-25 Y36 R10	
N1010	G01 X0 Y36	
N1020	G02 X0 Y-36 R36	
N1030	G01 X-25 Y-36	
N1040	G01 Y-20	
N1050	M99	返回程序
N1060	%2002	子程序 2002
N1070	G91 G03 I-8 Z-1 F80	铣孔
N1080	M99	返回主程序
N1090	%2003	子程序 2003
N1100	G91 G03 I-2 Z-1 F80	铣孔
N1110	M99	返回主程序

7.3.5 任务评价（表 4-7-4）

表 4-7-4 任务评价

班级： 小组： 姓名：		指导教师： 日　期：				
评价项目	评价标准	评价依据	评价方式			小计
			学生 自评 20%	小组 互评 30%	教师 评价 50%	
职业 素养 （30 分）	1. 遵守企业规章制度、劳动纪律； 2. 按时按质完成工作任务； 3. 积极主动承担工作任务，勤学好问； 4. 工作岗位 6S 完成情况；	1. 出勤率； 2. 作态度； 3. 劳动纪律； 4. 团队协作精神； 5. 设备卫生保养；				
专业 能力 （50 分）	1. 熟练掌握综合零件的常见铣削方法； 2. 掌握一般工件装夹技巧； 3. 认真填写任务单上的相关问答题；	1. 综合零件加工的规范性； 2. 工件装夹的正确性； 3. 专业技能任务的完成情况；				
创新 能力 （20 分）	1. 在任务完成过程中能提出自己的见解及方案； 2. 在教学或生产管理上提出具有创新性的建议；	1. 方案的可行性及意义； 2. 建议的可行性；				
合　计						

【操作注意事项】

（1）工件装夹时应检查垫铁与加工部位是否干涉。

（2）将铰刀装夹在刀柄上，装在主轴上，用手拨动使刀具转动，用百分表测量，如果铰刀不正，则重新装夹，或对铰刀进行校直。否则会影响铰孔的尺寸精度。

（3）铰削通孔时，铰刀校准部分不能全部铰出，以免将孔的出口处刮坏。

（4）铰孔时，切削液对孔表面质量和尺寸精度影响较大，应合理选用切削液。

（5）使用数控铣床加工时，当机床 Z 向抬刀到执行指令 M00 暂停时，不要手动移动机床，要在停止位置手动换刀，以防止产生定位精度误差，提高加工精度。

7.4 练习巩固

1. 在数控编程时，使用________指令后，就可以按工件的轮廓尺寸编程，而不需要按照刀具的中心运动轨迹编程。

2. 切削的三要素包括进给量、切削深度和________。

3. 刀具位置补偿包括________和________。

4. 精铣时加工余量较小，为提高生产效率，保证精度，应选用较高的________。

5. 数控机床坐标系三坐标轴 X、Y、Z 及其正方向用________判定。

6. 世界上第一台数控机床是（　　）年研制出来的。

A. 1942　　B. 1948　　C. 1952　　D. 1958

7. 切削用量中，对切削刀具磨损影响最大的是（　　）。

A. 切削深度　　B. 进给量　　C. 切削速度

8. X、Y 轴常采用（　　）进行对刀。

A. 塞尺　　B. 芯棒　　C. 寻便器　　D. Z 轴设定器

9. $\phi10^{+0.022}_{0}$ mm 的孔可以采用（　　）进行测量。

A. 游标卡尺　　B. 外径千分尺　　C. 内径千分尺　　D. 塞规

10. 钻深孔时，断屑方式是指（　　）。

A. 钻入一定深度后，钻头退出一定距离后再次钻孔

B. 钻入一定深度后，钻头停留一定时间后再次钻孔

C. 钻至孔底停留一定时间，退出

11. 针对图 4-7-5 所示零件，编写加工程序并加工练习。

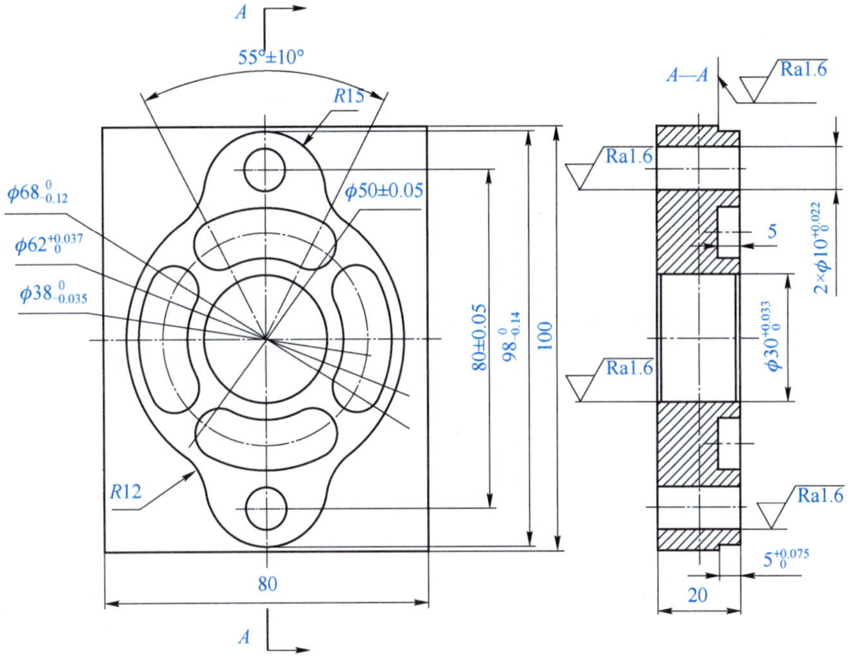

图 4-7-5　练习